U0938008

普通高等教育“十三五”重点规划教材·计算机基础教育系列

Visual FoxPro 程序设计与 SQL 数据库应用教程

高　昱　张　宇　黄　和　主　编

赵　慧　韩智涌　张丽君　宋敏杰　副主编

科学出版社

北　京

内 容 简 介

本书根据教育部考试中心"全国计算机等级考试二级 Visual FoxPro 数据库程序设计考试大纲"的要求编写。本书全面系统地介绍了 Visual FoxPro 6.0 的编程方法及应用技术，对于面向对象的程序设计和结构化程序设计两种方式，都做了深入浅出的讲解，并侧重于面向对象的程序设计。对于操作方式的解读则侧重于鼠标模式，以适应全国计算机等级考试（二级）全部机考的要求。

本书还配有《Visual FoxPro 程序设计与 SQL 数据库应用实践教程》（高昱、姜雪、黄和主编，科学出版社出版），提供了大量的操作步骤详细、延展性强的上机操作例题和习题，从而使整套书结构更合理，思路更清晰，例题更丰富。

本书既可作为高等院校非计算机专业学生的学习用书，也可作为 Visual FoxPro 程序设计的教材使用，还可作为全国计算机等级考试（二级）Visual FoxPro 程序设计的辅导和培训教材。

图书在版编目（CIP）数据

Visual FoxPro 程序设计与 SQL 数据库应用教程/高昱，张宇，黄和主编. —北京：科学出版社，2017

（普通高等教育"十三五"重点规划教材・计算机基础教育系列）

ISBN 978-7-03-053882-6

Ⅰ. ①V… Ⅱ. ①高… ②张…③黄… Ⅲ. ①关系数据库系统－程序设计－高等学校－教材 Ⅳ.①TP311.138

中国版本图书馆 CIP 数据核字（2017）第 153565 号

责任编辑：宋　丽　陈将浪 / 责任校对：陶丽荣

责任印制：吕春珉 / 封面设计：东方人华平面设计部

科学出版社 出版

北京东黄城根北街 16 号

邮政编码：100717

http://www.sciencep.com

新科印刷有限公司 印刷

科学出版社发行　各地新华书店经销

*

2017 年 8 月第 一 版　开本：787×1092　1/16

2019 年 7 月第二次印刷　印张：20

字数：472 000

定价：48.00 元

（如有印装质量问题，我社负责调换〈新科〉）

销售部电话 010-62136230　编辑部电话 010-62135927-2014

前　言

目前，面向对象的程序设计方法越来越成熟，受到人们的普遍欢迎，而 Visual FoxPro 6.0 拥有面向对象的技术支持，可以通过窗口设计，又快又好地完成设计任务。本书突出两大特色：第一，开辟了一种全新的、以面向对象为轴心的学习模式；第二，先无关数据库学编程，后按照数据库学设计，针对数据库语言特点设计课程。

传统的结构化程序设计是自顶向下的功能设计，通过顺序、条件分支和循环 3 种控制流程进行编程。但随着软件规模的扩大、功能的提高和需求的变化，结构化程序设计方法的开发效率和维护问题越来越突出。一个简单的用户界面，如菜单、按钮，往往都需要花费大量的时间编写程序代码。Visual FoxPro 6.0 引进面向对象的程序设计方法，只需使用鼠标便可完成这些工作，使开发人员从最底层的程序设计中解放出来。该方法可以使用相对较少的代码完成相对较多的功能，有利于降低软件的开发成本并缩短开发周期。

Visual FoxPro 6.0 关系数据库系统是新一代小型关系数据库系统的杰出代表。这种软件被如此广泛应用的原因是结构简单，使用方便，实现容易。Visual FoxPro 是自含型数据库管理系统，是解释型和编译型混合的系统，既可以用解释的方式定义、操纵数据库，也可以将操作过程编写成程序进行编译和脱离系统直接运行，所以特别受欢迎。它不以工程计算见长，更适合用于管理数据，适合作为各专业人士的第一门计算机语言学习使用。

全书由浅入深地引导学生步步深入，激发学生的学习兴趣和探索欲望。结构新颖、示例丰富、充分展示面向对象的程序设计优势是本书的一大亮点，也很好地适应了全国计算机等级考试（二级）全部机考的要求，强调了应用性、适用性和先进性。

全书共包括 11 个章节和 1 个附录，主要内容包括 Visual FoxPro 6.0 系统概述，面向过程的程序设计基础，面向对象的程序设计基础，项目、数据库和表操作，查询与视图，关系数据库标准语言 SQL，报表与标签设计，菜单设计与应用，面向过程的程序设计，面向对象的程序设计和数据库基础；附录中收集了本书所用的 8 个基本数据表和两个拓展数据表。

本书编者全部都是多年从事教学的一线教师，是本着程序设计知识由浅入深、数据库理论知识全面、教学课件全部公开、教学资源交流共享的原则来编写本书的。为方便教师教学和学生学习，本书提供配套的多媒体电子课件和所有案例相关素材，如有需要请与作者（lnyxy0606@163.com）联系。

本书由高昱、张宇、黄和担任主编，赵慧、韩智涌、张丽君、宋敏杰担任副主编，其中高昱负责整体结构设计及统稿，高昱、张宇、黄和负责编审。具体编写分工如下：赵慧编写第 1 章和第 11 章，韩智涌编写第 2 章和第 9 章，高昱编写第 3 章和第 10 章，张丽君编写第 4 章，宋敏杰编写第 5 章，李锦平编写第 6 章，姜涌编写第 7 章，佟力编写第 8 章，吴静编写附录，尚丹梅、常青、张鹤等参编第 10 章。

由于编者水平有限，书中难免存在不足之处，敬请广大读者批评指正。

编　者

2017 年 3 月

目 录

第1章 Visual FoxPro 6.0系统概述

Visual FoxPro 是一种计算机高级语言，本章介绍其发展历史、特点、窗口界面及工作方式、性能指标等，为学习其他各章打好基础。

1.1 Visual FoxPro 6.0 简介

根据不同的数据模型可以开发出不同的数据库管理系统，Visual FoxPro 6.0（简称 VF6）是基于关系模型开发的数据库。

1.1.1 Visual FoxPro 的发展历史

xBase（dBASE、FoxBASE、FoxPro、Visual FoxPro）数据库管理系统在我国具有广泛的应用基础，随着版本的不断更新，增加了许多新功能。

1978 年，美国人 Wayne Ratliff 为了在家用计算机上监视足球场的情况，以加利福尼亚 Pasadena 喷气发动机实验室的人工智能软件作为模型，设计了一个类数据库，Ratliff 把它命名为“VULCAN”，这样第一个微型机数据库管理系统就问世了。该软件被 George Tate 看重，George Tate 购买了软件的版权，并将该软件作为 Ashton-Tate 公司的 dBASE Ⅱ 2.0 版重新发布。经过该公司再开发、维护和推广，dBASE Ⅱ 2.0 发展成为 dBASEⅢ。dBASEⅢ一时成为微型机上较受欢迎的数据库之一。为了打破 dBASE 一统天下的局面，许多公司推出了一系列称为“xBASE”的兼容产品，这些产品同样受到欢迎。其中最为突出的就是 Fox Software 公司的 FoxBASE，它的优点是比 dBASE 快，且其他方面完全与 dBASE 兼容。

1991 年，Fox Software 公司推出 FoxPro 1.0 的升级版本 FoxPro 2.0。1992 年，dBASE 和 FoxPro 之间的一场版权官司，导致这两家公司都有被其他公司收购，dBASE 沿着 dBASEⅣ、dBASEⅤ方向发展。Microsoft 公司兼并了 Fox Software 公司。

1993 年，Microsoft 公司推出 FoxPro 2.5，该产品是一个跨平台产品，能在 MS-DOS 和 Windows 等多种操作系统下运行。1995 年，Microsoft 公司推出可视化产品 Visual FoxPro 3.0，该产品是一个运行在 Windows 3.x、Windows 95、Windows 98 和 Windows NT 环境下的 32 位数据库管理系统。1997 年，Microsoft 公司推出 Visual FoxPro 5.0，首次在 FoxPro 中实现了 Active 技术。1998 年，Microsoft 公司推出 Visual FoxPro 6.0，该版本全面支持 Internet 和 Intranet 的应用。FoxPro 产品一直作为我国普及教育数据库的软件，具有广泛的用户群。

1.1.2 Visual FoxPro 6.0 的安装、卸载和启动

1. 安装 Visual FoxPro 6.0 系统的准备

（1）空间问题

不同的软件，需要不同的空间。Visual FoxPro 6.0 约需要 100MB 磁盘空间。

（2）文件夹

系统提供一个默认目录供安装使用，可以根据个人习惯更改在非系统盘的目录下。

2. 按向导提示安装软件

进入安装向导，打开“安装初始”对话框，在该对话框中有以下几个选项，如表 1-1 所示。具体安装步骤如下。

表 1-1 软件安装选项

服务器应用程序和工具	服务器端
工作站工具和组件	客户端
其他 Microsoft 工具	其他工具
MSDN	Microsoft 域名

1）如果在客户端，选中“工作站工具和组件”单选按钮，然后单击“下一步”按钮，打开“安装程序”对话框。

2）单击“添加/删除”按钮，在打开的对话框中单击“继续安装”按钮，进入下一步操作。

3）可以选择需要安装的内容，操作方式是单击指定的选项，使其复选框中有“√”标记，表示选中。或者单击“全部选中”按钮，表示选择所有组件。

4）选择安装文件夹，默认为 C:\VFP。也可以单击“更改文件夹”按钮，然后选定其他磁盘和文件夹，设置完成后返回。

5）单击“确定”按钮，系统开始安装，安装完成后会出现一个提示画面，说明安装成功。

3. 安装帮助信息

Visual FoxPro 6.0 作为 Microsoft Visual Studio 6.0 的成员，其帮助信息是以单独的光盘形式提供的，所以需要单独安装帮助信息部分。

将 MSDN Library 光盘插入驱动器中，系统自启动并安装。在安装过程中单击“自定义”按钮，然后选择 Visual FoxPro 6.0 的帮助信息进行安装。

4. 卸载

在 Windows 系统中，被安装的程序都在其注册表中填写了相应参数，这些参数需要专门的软件进行填写和删除，用户一般不宜随便更改。

卸载软件的工作分两步，第一步是删除其程序，第二步是删除注册表中的相关信息。所以，简单地从系统中删除文件并没有删除注册表中的信息，并不能真正地从机器中卸载该软件。卸载 Visual FoxPro 6.0 的操作是在“安装程序”对话框中单击“全部删除”按钮，然后系统自动完成上述两步操作。

5. *启动与退出*

（1）启动

软件安装完成之后，会在“程序”菜单中自动添加相应菜单项。启动操作的方法是选择“开始”→“程序”→“Visual FoxPro 6.0”中的相关选项即可。

如果经常使用该软件，可以将该软件的图标发送到桌面上。操作方法是在“程序”菜单中选择“Visual FoxPro 6.0”的有关选项，然后右击，在弹出的快捷菜单中选择“发送到”→“桌面快捷方式”选项，即可将该软件的图标发送到桌面上。此后，启动该软件只要在桌面上双击该图标即可。

VFP6 是 Windows 的一个应用程序，所以所有应用程序的启动方法都适应于它，如运行它的应用程序文件“VFP6.EXE”，在资源管理器中双击项目文件、数据库文件或表文件等。同样，Windows 窗口的所有操作方法（如移动、拉伸、最小化等）对它都适用。

（2）退出

退出 Visual FoxPro 6.0 的方法有以下几种。

1）在命令窗口中输入命令“QUIT”，然后按 Enter 键。

2）选择系统菜单中的“文件”→“退出”选项。

3）单击系统主窗口右上角的“关闭”按钮。

4）使用 Alt+F4 组合键退出系统。

1.2 Visual FoxPro 6.0 集成工作环境

Visual FoxPro 6.0 给用户提供了一个可直接操作的菜单系统，利用这个菜单系统可以方便地建立和操纵数据库，而不需要了解命令和函数的细节。由于该菜单系统涉及各个方面的知识和内容，所以大部分菜单内容将在后续章节进行讨论。

1.2.1 主窗口

正常启动 Visual FoxPro 6.0 系统后，首先进入系统主窗口，如图 1-1 所示。

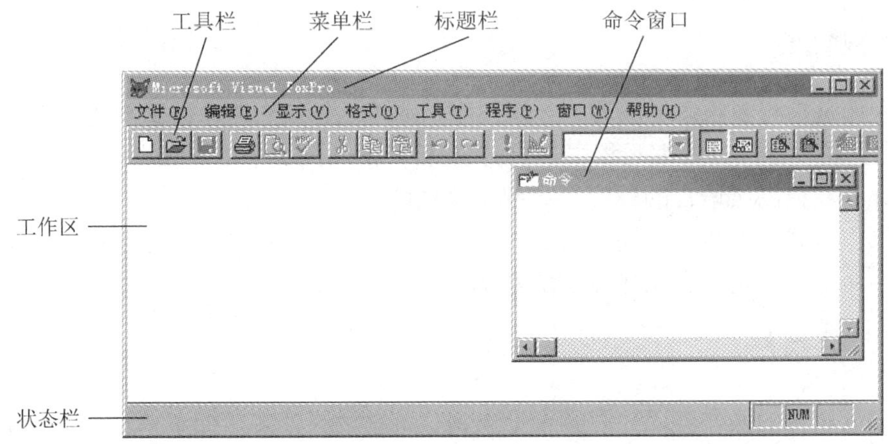

图 1-1　系统主窗口

由图 1-1 可以看出，Visual FoxPro 6.0 的主窗口主要由标题栏、菜单栏、工具栏、状态栏、工作区及命令窗口组成。用户既可以在命令窗口中输入命令，也可以使用菜单和对话框来完成所需操作。

1.2.2 操作方式

在 Visual FoxPro 6.0 中，系统提供交互和程序操作两种操作方式。

1. 交互方式

交互方式又分为可视化操作和命令方式。可视化操作主要包括菜单操作、设计器操作、向导操作、生成工具类操作。

（1）菜单操作方式

系统将若干命令做成菜单接口，用户可以通过菜单来操作。这些菜单项相当于将系统的一些命令做成了用户操作界面，这样用户不必记忆命令的具体格式，而是通过对话来完成相应的命令输入操作，从而达到按指定要求操作数据库的目的。有了这种操作方法，用户无须编写程序，就可以完成数据库的操作和管理。

（2）工具操作方式

在 Visual FoxPro 6.0 系统中提供了许多工具，分为设计器、向导、生成器 3 种交互式的可视化开发工具。这些工具使创建表、表单、数据库、查询和报表及管理数据变得轻而易举。进入某一工具之后，系统提供了围绕该工具的许多选择和对话框，用户可以很方便地进行操作。另外，为了更方便用户，系统将菜单中的一些常用功能通过工具栏的方式放置在屏幕上，双击相应工具图标就可以进行操作。

（3）命令操作方式

命令操作是指在命令窗口中输入一个命令就可以进行操作。例如，创建一个表单，输入 CREATE FORM 命令就可以实现。命令操作为用户提供了一个直接操作的手段，这种方法能够直接使用系统的各种命令和函数有效地操纵数据库，但需要熟练掌握命令和函数的细节。通常，在测试一个命令和函数时，需要使用命令操作方式。

2. 程序操作方式

程序操作是指将多条命令编写成一个程序，通过运行这个程序达到操作数据库的目的。制作一些实际应用系统需要编写程序，以提供更简洁的画面交给用户去操作。Visual FoxPro 6.0 的程序设计和其他高级语言的程序设计都是这样的。

几种操作方式可以相互补充，既可以在程序中增加菜单操作，也可以在菜单中增加程序操作，其中命令操作是所有操作方法的基础。

1.2.3 菜单系统

菜单作为软件的操作界面，内容十分丰富。菜单种类繁多，如菜单栏、下拉菜单、快捷菜单、层叠菜单和列表菜单，其中前 3 项是最为常用的菜单。

1. 菜单系统的组成结构

通常菜单系统（Menu System）由菜单栏和下拉菜单组成。快捷菜单是在操作过程中通过右击弹出的一种菜单，也叫浮动菜单或对象菜单。

（1）菜单栏

菜单栏（Menubar）是指屏幕上或窗口中一个水平放置的、由若干菜单项组成的菜单，菜单栏由“文件”“编辑”“显示”等菜单项组成。

（2）下拉菜单

下拉菜单是指在屏幕或窗口中垂直放置的、由若干菜单项组成的菜单。相应的菜单项被激活后，该下拉菜单就弹出显示；用完后，又隐藏起来，如图 1-2 所示。

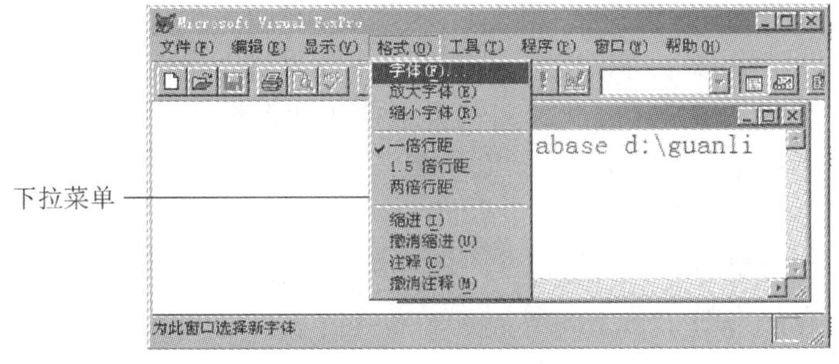

图 1-2 下拉菜单

（3）快捷菜单

快捷菜单通常是在某一区域右击时弹出的一种菜单，这种菜单的组成和下拉菜单的结构相同，只是所处的位置不同而已，如图 1-3 所示。

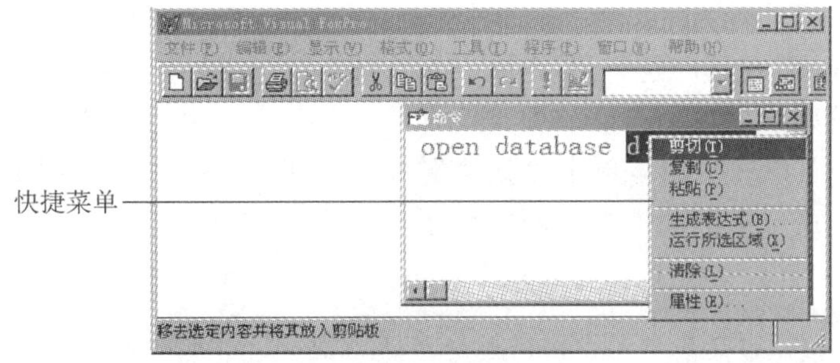

图 1-3 快捷菜单

2. 菜单属性

菜单结构说明了菜单的具体组成形式和名称，其中菜单栏、下拉菜单、快捷菜单、菜单项和下拉菜单项都有各自的相应属性。

（1）位置

每一个菜单或菜单项都在屏幕或窗口上有一个固定的位置（Location）。例如，菜单栏可以在屏幕顶行，下拉菜单的位置对应菜单栏的相应菜单项。快捷菜单是根据当前鼠标右击的位置弹出的。对于较长的下拉菜单，菜单项是通过折叠展开的。

（2）热键

每个菜单或菜单项都可以用热键控制。在菜单栏中，要选择一个菜单项，可以移动鼠标指针到相应菜单项，然后确认选中；也可以通过热键选择相应菜单项，无须用鼠标指针定位。

（3）快捷键

快捷键（Shortcut）一般由两个键组成，如 Ctrl+F1，表示按下 Ctrl 键的同时按 F1 键。使用快捷键可以直接操作菜单项的功能，不需要通过鼠标指针选择菜单项。

（4）标记

每个菜单或菜单项都可以加一个“√”标记（Mark）。如果在某个菜单项前面有一个“√”标记，则说明该菜单项被选中。

（5）选择逻辑（Skip For）

每个菜单项在什么条件下可以选择，可通过一个逻辑表达式来控制，如在数据库没有打开之前，不可浏览数据库记录。因此，浏览菜单项需要逻辑表达式控制。亮显示的菜单项表示可以选择，暗显示的菜单项表示不可以选择。

（6）子菜单

在下拉菜单和快捷菜单中，当显示某个菜单项时，在其菜单项的右边有一个“▸”标记，移动鼠标指针到该标记将显示其子菜单。

3. 系统菜单及工具栏

（1）系统菜单

Visual FoxPro 6.0 的菜单由一个菜单栏控制，初始状态下由“文件”“编辑”“显示”“格式”“工具”“程序”“窗口”等菜单组成。

（2）动态菜单项

Visual FoxPro 6.0 在程序运行过程中，当用到某些功能时，系统将会动态地增加或修改一些菜单项，这类菜单项叫动态菜单项。选择“文件”→“新建”选项，在打开的“新建”对话框中选中“表”单选按钮，单击“新建文件”按钮后，主菜单如图 1-4 所示。此时可看到主菜单中的“格式”菜单项消失，而新增了“表”菜单项。

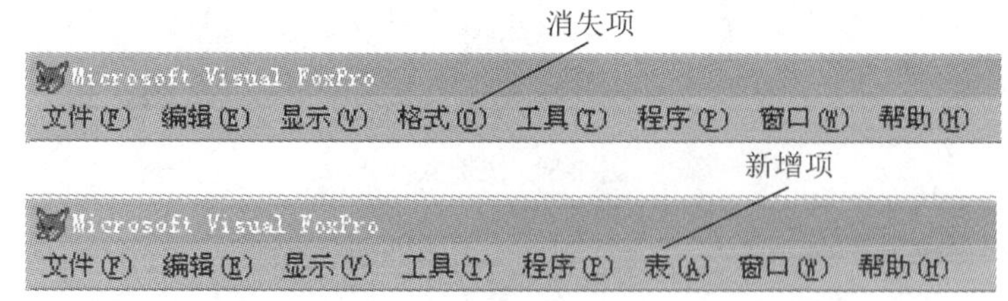

图 1-4　动态菜单

（3）工具栏

工具栏实际上也是一种窗口，只是这种窗口只能改变形状而不能改变大小。

选择“显示”→“工具栏”选项，打开“工具栏”对话框，如图 1-5 所示。或右击已打开的任一工具栏区域，在弹出的快捷菜单中选择“工具栏”选项，如图 1-6 所示。此后，就

可以利用它控制任何工具条的显示及关闭。单击工具条右上角的“关闭”按钮，也可关闭工具条。

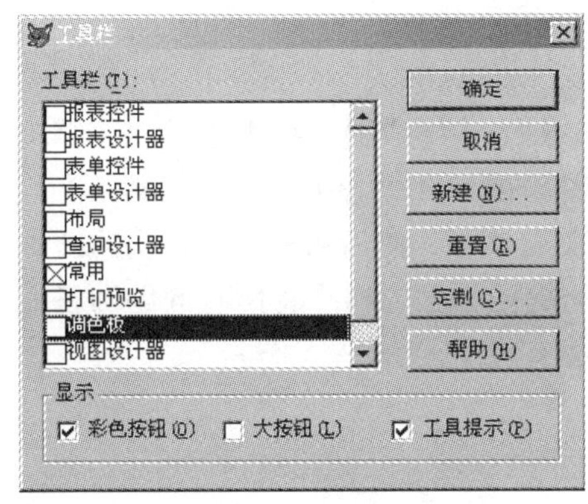

图 1-5 “工具栏”对话框

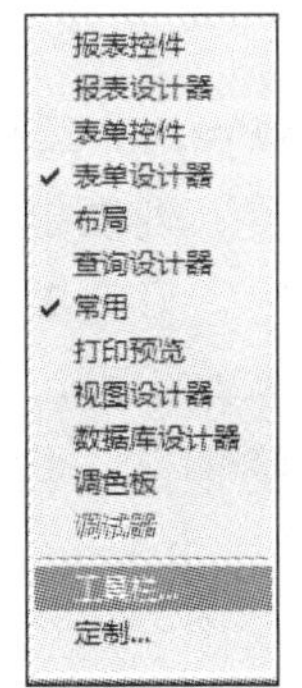

图 1-6 快捷菜单

若要改变其形状，只需要将鼠标指针移到其边框上，使鼠标指针呈双箭头显示，然后按住鼠标左键上、下、左、右移动就可以了；若要移动它，只需要将鼠标指针移至工具条上任意空白区域或标题区，然后按住鼠标左键拖动即可。

当鼠标指针在工具条上稍作停留时，系统将会给出一个鼠标指针所在位置的工具按钮的功能提示。该特性可在“工具栏”对话框中关闭。

为了有效地利用窗口，可将工具栏中暂时用不到的项目删除，而将另外常用的项目放到工具栏中，重新组织适合自己需要的工具栏。定制工具栏的方法是在“工具栏”对话框中单击“定制”按钮，然后在打开的“定制工具栏”对话框中操作即可。

工具栏的显示方式分为固定显示和浮动显示两种。固定显示方式就是始终显示在系统工具栏中，而浮动显示方式就是以一个独立的小窗口形式显示，位置可以任意移动，这两种方式可以相互转换。把浮动工具栏变成固定工具栏的方法是，将鼠标指针指向浮动工具栏小窗口标题栏上，然后将其拖动到工具栏区域，当出现单条的矩形框时释放鼠标即可；反之，将固定工具栏变成浮动工具栏的方法是将鼠标指针移至工具栏上任意空白区，然后拖动该工具栏离开工具栏区域即可。

1.2.4 对话框

Visual FoxPro 6.0 下拉菜单中的某些选项带有省略号（…），当选择这样的选项时，屏幕上会打开相应的对话框。在 Visual FoxPro 6.0 中，几乎所有的工作都可通过各种对话框来完成。对话框按其功能来分，主要有以下几种。

1. 设计器

设计器（Designer）对话框主要包括表设计器、数据库设计器、查询设计器、视图设计器、表单设计器和菜单设计器等。其中，某些设计器可直接生成程序，如查询设计器；某些设计器仅生成一个中间文件，如菜单设计器仅生成一个菜单文件.mnx，若要生成菜单程序，还必须选择“菜单”→“生成”选项（但若用户是在项目文件中使用的菜单设计器，则在用户连编项目时，由系统自动完成该工作）；还有某些设计器在其他设计器打开时才能使用，如数据环境设计器，只有在表单设计器打开后才能使用，它仅起一种辅助作用。

2. 生成器

Visual FoxPro 6.0 提供的生成器（Builder）有表达式生成器、列表生成器、编辑框生成器、网格生成器、列表框生成器等。大多数生成器均被列在“表单控件”工具条上，当用户进行表单设计时，只需要单击这些工具并将其放在表单中，然后右击，在弹出的捷菜单中选择“生成器”选项即可，系统随后将显示一系列的提问画面，用户将所有问题回答完也就完成了对该控件的定义。当然，用户也可利用属性窗口来完成这些工作。

3. 向导

通常情况下，向导（Wizard）和设计器是对应的，它用于根据已有的一些实例来引导用户一步步创建用户的表、报表、标准表单等。

4. 窗口

Visual FoxPro 6.0 提供了众多窗口（Windows），如命令（Command）窗口、浏览（Browse）窗口、代码（Code）窗口、调试（Debug）窗口、跟踪（Trace）窗口、编辑（Edit）窗口、属性（Properties）窗口等，这些窗口大多可直接通过菜单打开，但编辑窗口和属性窗口除外。

属性窗口主要是针对控件、表单、数据环境而言的，因此该窗口是在进行表单设计时使用的。编辑窗口的使用最为广泛，如命令窗口本身就是一个编辑窗口（它还具有一些其他编辑窗口所不具备的特点），用户进行表单设计时，定义各控件的方法窗口（即代码窗口）使用的也是编辑窗口。

系统利用不同的窗口完成各种任务，用户可以同时打开多个窗口，并可对窗口进行放缩、移动、恢复等操作。

5. 其他对话框

其他对话框还包括创建对话框、打开对话框、记录删除对话框等。

1.2.5 常用控件

Windows 系统使用控件进行操作，Visual FoxPro 6.0 是 Windows 操作系统下的软件，所以也使用控件来操作，常用控件如图 1-7 所示。

1. 表单

Visual FoxPro 6.0 中，为了能够更多地显示一些信息，使用了一种称为表单的控件来显示和操作。在早期的版本中使用窗口来作为人机接口的界面，现在更多的是使用表单。

2. 标签

标签是显示在表单中的一个固定文本串。当在表单中显示一串信息时，通常使用标签方式来显示信息。

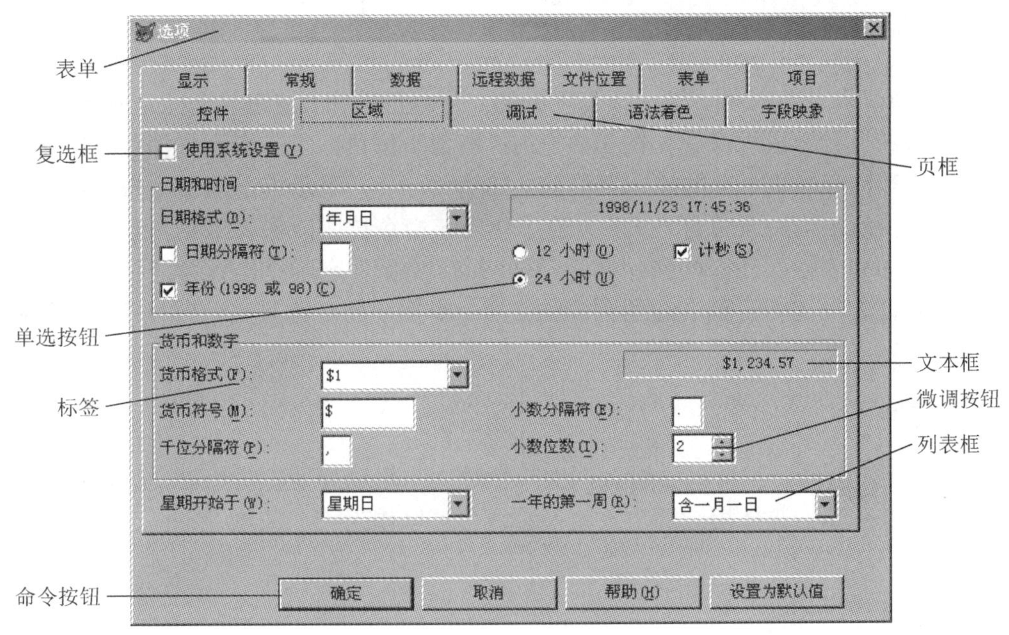

图 1-7 常用控件

3. 文本框

文本框包含字符变量，可以从文本框中获取它的值，也可以显示值。这是一个交互输入/输出信息的控件。

4. 列表框

列表框的作用是显示一串选项，操作时，单击列表框右边的“▼”按钮，就可以弹出所有的选项，然后单击其中一项，就表示选中该项，并将该项放置到最上面显示。

5. 单选按钮

单选按钮是指多个选择只能选一个控件。在图 1-7 中，如果选中“12 小时”单选按钮，就不能选中“24 小时”单选按钮，两者只能选中一个，不可以两者都选。选中时小圆圈中标有黑点。选中方法是单击该小圆圈即可。

6. 复选框

复选框是二值状态，打上“ √ ”标记表示选中（操作方法是单击小方框），去掉“ √ ”标记表示没有选中。几个复选框在一起时，可以选择 0 个、1 个、几个或全部。

7. 微调按钮

微调按钮实际上是一个加减器，一般单击“▲”图标表示加 1，单击“▼”图标表示减 1。在这些按钮的左边显示其值。

8. 命令按钮

命令按钮（即按压式按钮）显示为带阴影的立体矩形按钮。按钮的功能通常是单击之后，完成一项任务或执行一段程序。如图 1-7 中的“取消”按钮，单击表示取消当前的所有的设置。通常按钮都标有名称，有的按钮名称后面带有“…”，表示单击该命令按钮将打开一个对话框；有的按钮名称后面带有“▶”，表示单击该命令按钮能够将数据从左边的列表框逐个转换到右边的列表框；还有的按钮名称后面带有“▶▶”表示单击该命令按钮能够将数据从左边的列表框成批地转换到右边的列表框。当命令按钮的名称呈暗色时，表示该按钮当前处于无效状态，不能使用。

9. 组合框

在图 1-7 中没有给出组合框。组合框实际上是文本框和列表框的组合，既可以在其中输入信息，又可以在其中选择相应的项。输入的内容可以作为一个选项存在，下次再使用时直接选择即可。

10. 编辑框

在图 1-7 中也没有给出编辑框。编辑框实际上是文本框的扩展，通常将文本框又称为单行文本框，即只能编辑一行信息，而编辑框可编辑多行信息。

11. 页框（选项卡）

页框是包容控件，以上所有的控件都可以放置在页框中。页框内可以设置许多页面，如“显示”“文件位置”等。每个页面有一个页标题，单击该页标题即可进入该页面。

在实际操作过程中，还有一些其他控件将在碰到它们时介绍。

1.2.6 系统设置

Visual FoxPro 6.0 被安装和启动之后，系统中所有的配置都采用默认配置。如果需要调整则进行系统设置，系统设置的优劣直接影响到系统的运行效率和操作方便性。现以区域设置为例，说明系统设置的方法。

Visual FoxPro 6.0 软件适合在世界范围内使用，但在不同的地区使用时，其日期、货币等内容的设置是不同的。例如，在中国使用，日期就应该设置成汉语格式。

在 Visual FoxPro 6.0 启动后，选择“工具”→“选项”选项，打开“选项”对话框，然后选择“区域”选项卡。在“日期格式”下拉列表中选择“年月日”选项，则日期就自动变成年月日的格式；在“货币符号”文本框中输入“￥”符号就显示为中国使用的货币符号等。做好所有的设置后，单击“设置为默认值”按钮，再单击“确定”按钮，即配置好了系统。

又如，在命令窗口中书写命令时，命令中的不同组成成分，系统将显示为不同的颜色，这称为语法着色。系统默认的语法着色中，命令动词和其他系统使用的字用蓝色显示。用户可以根据自己的使用习惯进行调整，调整操作界面如图 1-8 所示。

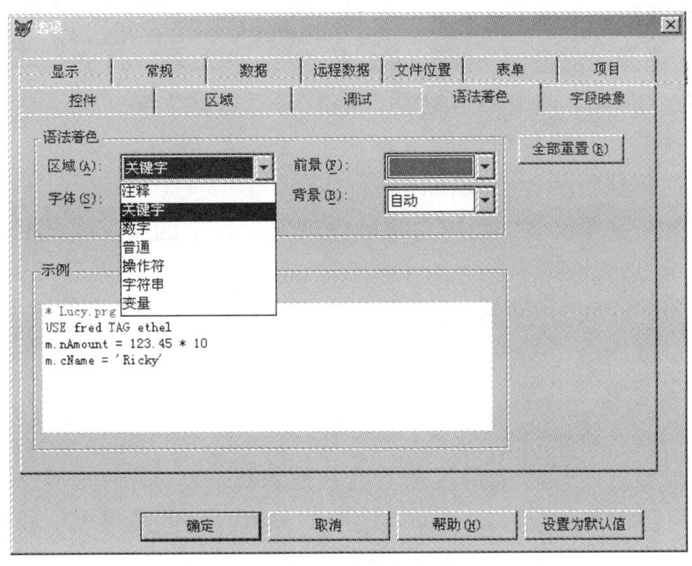

图 1-8　“语法着色”选项卡

1.2.7　获取帮助

在使用 Visual FoxPro 6.0 的过程中，可以通过阅读一些图书来了解操作命令的含义等信息。但是，最直观的方法是阅读系统帮助信息。帮助信息是系统操作和设计的说明书。获取系统帮助的操作是单击“帮助”菜单项。

1.3　编 辑 窗 口

在学习 Visual FoxPro 6.0 过程中，需要经常编写文本（如程序）等，系统自带的编辑器可以通过命令或菜单启动。

1.3.1　“编辑”菜单

使用常用工具栏中的一些工具可以直接进行文本编辑，同时也可以选择“编辑”菜单中的一些选项。单击系统菜单中的“编辑”菜单项，弹出如图 1-9 所示的下拉菜单，其各选项的含义如下。

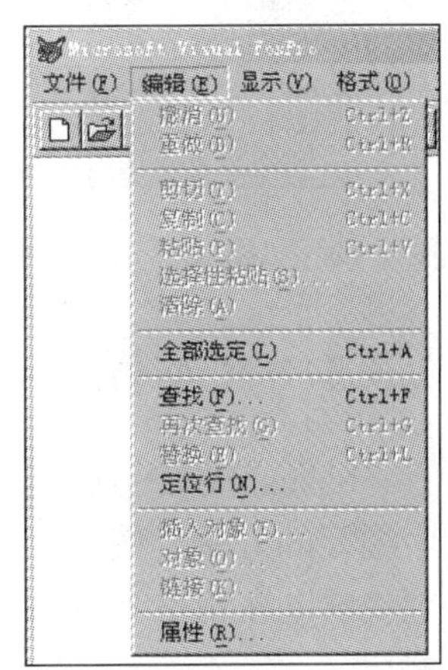

图 1-9　“编辑”下拉菜单

1）撤销：恢复上次命令操作执行的结果，若上次操作是删除一个选取的文本，则选择该项之后，将恢复到删除前的信息。

2）重做：再做一次。若选择该项，则对刚做的操作再做一遍。

3）剪切：将当前选取的文本送至剪贴板上，原处的文本被删除。

4）复制：将当前选取的文本送至剪贴板上，原处的文本不删除。

5）粘贴：将剪贴板上的内容粘贴到当前位置上。

6）选择性粘贴：选择性将文本粘贴到当前位置。

7）清除：删除选取的文本。

8）全部选定：选择当前窗口下所有的文本。

9）查找：查找字符串。选择该项之后，将打开“查找”对话框，在“查找”文本框中要求输入一个被查找的字符串即可。

10）再次查找：再执行一次查找操作。

11）替换：替换并继续检索。当用查找命令搜索到指定的字符串之后，用替换字符串替换原字符串，然后继续搜索字符串。

12）定位行：跳到指定行。输入一个数字，将光标移到指定行。

13）插入对象：插入一个对象，可能是图像、声音等。

14）对象：编辑对象。

15）链接：编辑超文本链接。

16）属性：特性设置。设置编辑状态下的各种参数。

在“编辑”菜单项的右边，显示了可以使用的热键，即单击菜单项和直接按热键操作的功能是一样的。该“编辑”菜单的功能与 Microsoft 软件的其他“编辑”菜单功能基本相同。

1.3.2 “格式”菜单

在系统菜单中，“格式”菜单项是用来辅助进行文本编辑的。单击“格式”菜单项，弹出如图 1-10 所示的下拉菜单，其各选项的含义如下。

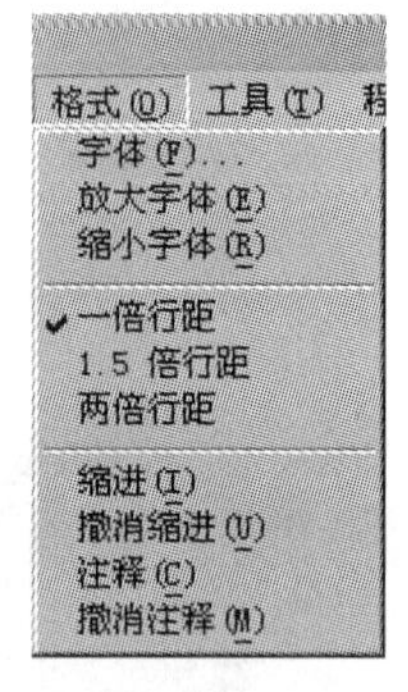

图 1-10 “格式”下拉菜单

1）字体：提供文字的各种字体、字号等设置。

2）放大字体：将选定的文字进行放大。

3）缩小字体：将选定的文字进行缩小。

4）一倍行距：设置当前文本的行距为默认设置的一倍。

5）1.5 倍行距：设置当前文本的行距为默认设置的 1.5 倍。

6）两倍行距：设置当前文本的行距为默认设置的两倍。

7）缩进：将当前书写的命令缩进一个 Tab 位置（4 个空格）。

8）撤销缩进：恢复不缩进状态。

9）注释：将当前行的命令改为注释状态。

10）撤销注释：恢复不缩进状态。

1.3.3 文本操作

Visual FoxPro 6.0 的文本编辑器是为书写程序而设计的，所以在编辑过程中提供了关于程序编写的方法。例如，将鼠标指针移到第 2 行前单击，然后选择“格式”→“注释”选项，则将自动在第 2 行前添加“*”号。其他格式设置菜单与功能，基本与 Word 相同，在此不再赘述。

1.3.4 命令窗口

命令窗口是 Visual FoxPro 6.0 的一种系统窗口，Visual FoxPro 6.0 中所有任务都可以通过在命令窗口中输入相应的命令来完成。当选择执行某个菜单中的选项，或通过系统提供的工具完成某些任务时，实际上也是调用了 Visual FoxPro 6.0 的命令，只不过这时的命令由系统自动生成，一些命令还会自动显示在命令窗口中。

命令窗口是一个可编辑的窗口，就像其他文本编辑窗口一样，可进行各种插入、删除、块复制等操作，用鼠标指针可使滚动条在整个命令中上下移动。

与其他窗口不同的是，系统启动后命令窗口即出现的屏幕上，且不能通过按 Esc 键关闭，只能通过选择“窗口”→“隐藏”选项将其隐藏；如果命令窗口没有显示在屏幕上，可以选择“窗口”→“命令窗口”选项，或按 Ctrl+F2 组合键将其激活。

1. 使用命令窗口的原因

保留命令窗口而不完全代之以菜单、对话框等的原因有以下几个。

1）输入一个命令要比用菜单和对话框来处理更为简捷。

2）Visual FoxPro 6.0 中命令与函数的数量极多，不可能将所有的命令和函数都放到菜单和对话框上。如果真的将所有的命令与函数都放到菜单与对话框中，那么势必导致操作极其繁杂而不利于使用，因此有必要手工输入一些命令与函数。

3）手工输入各种命令与函数也是学习 Visual FoxPro 6.0 的一种手段。对命令语言了解得越多，对 Visual FoxPro 6.0 的掌握就越深入。程序是由命令与函数构成的，要使用 Visual FoxPro 6.0 编程，就必须学会这些命令与函数的用法。

4）命令窗口是一种帮助调试程序的工具。虽然在 Visual FoxPro 6.0 中提供了调试工具“跟踪”和“调试”，但它们并不能取代命令窗口的作用。在“调试”窗口中只能对一些函数、变量求值，无法输入命令；而在“跟踪”窗口中也不能直接输入命令，只能对文件进行跟踪。当只想看某条命令的执行结果时，可在命令窗口中输入命令，即可马上看到执行的结果，从而帮助用户发现程序中问题的所在。

2. 命令的编辑执行

（1）执行命令

在命令窗口中，可以有以下几种执行命令的方式。

1）执行新命令。只要激活命令窗口，输入命令后按 Enter 键就会执行该命令，并等待输入下一条命令。按此方式输入的命令，Visual FoxPro 6.0 会把它们保存起来，只要不退出 Visual FoxPro 6.0 系统，这些命令始终在命令窗口中保持有效。

2）重复执行命令。用户可以编辑使用过的命令。编辑命令时，可以使用一般的光标键在命令行中移动光标，并可对光标所在行的命令进行编辑修改。修改后不论光标在什么位置，都可以按 Enter 键，之后 Visual FoxPro 6.0 将编辑好的命令复制并执行，等同于在命令窗口的末端输入一条命令的重复执行。

3）重复执行多条命令。在命令窗口中选定多条命令后按 Enter 键，就可实现多条命令的重复执行。

（2）编辑命令

1）一般编辑。与 Word 文档编辑相同，在此不再赘述。

2）命令续行。命令窗口是可以上、下、左、右滚动的，但当一条命令特别长时，尽管用户可以在一行上输入，但不便于阅读，这时可使用续行编写。在 Visual FoxPro 6.0 命令中，续行符（分号；）表示一行末尾的下一行仍是同一命令的一部分。这样就可以把一条命令分成多行来写，但命令的最后一行不能以续行符（；）结尾，而应按 Enter 键。

3）格式编辑。选择“格式”菜单中合适的选项来改变字体、行间距和缩进方式。

1.4 Visual FoxPro 6.0 文件类型和性能指标

1. 文件类型

在计算机中，数据是以文件的形式存放在磁盘上的，为了便于查找，每个文件有一个确切的名称，具体格式如下。

【盘符：】【路径】<基本文件名>【.扩展名】

扩展名标志着文件类型，如表 1-2 所示。

表 1-2 Visual FoxPro 6.0 的文件类型

扩展名	文件类型	扩展名	文件类型
.act	向导操作图的文档	.app	生成的应用程序
.bak	备份文件	.cdx	复合索引文件
.chm	组合 HTML 文件	.dbc	数据库文件
.dbf	表文件	.dbg	调试器配置文件
.dbt	FoxBASE+风格的备注文件	.dct	数据库备注文件
.dcx	数据库索引文件	.dep	从属文件（由 SETUP 向导创建）
.dll	Windows 动态链接库	.doc	FoxDoc 报告
.err	编译错误信息文件	.esl	Visual FoxPro 支持的库
.exe	可执行文件	.fky	宏文件
.fll	FoxPro 动态链接库	.fmt	格式文件
.fpt	表备注文件	.frt	报表备注文件
.frx	报表文件	.fxd	FoxDoc 支撑文件
.fxp	.prg 编译后的 FoxPro 程序文件	.h	头文件
.hlp	图形帮助文件	.idx	标准索引及压缩索引文件
.lbt	标签备注文件	.lbx	标签文件
.log	覆盖记录文件	.lst	向导列表文档
.mem	内存变量存储文件	.mnt	菜单备注文件
.mnx	菜单文件	.mpr	生成的菜单程序
.mpx	编译后的菜单文件	.msg	FoxDoc 信息文件
.ocx	ActiveX 控件	.pjt	项目备注文件
.pjx	项目文件	.plb	FoxPro for DOS 库 API 文件

续表

扩展名	文件类型	扩展名	文件类型
.prg	FoxPro 程序	.prx	编译后的格式文件
.qpr	生成的查询程序文件	.qpx	编译后的查询程序
.sct	表单备注文件	.scx	表单文件
.spr	生成的屏幕文件（3.0 以前）	.spx	编译后的屏幕文件（3.0 以前）
.tbk	备注文件的备份文件	.tmp	临时文件
.txt	文本文件	.vct	可视类库备注文件
.vcx	可视类库文件	.vue	FoxPro 2.x 视图文件
.win	窗口文件		

2. 性能指标

Visual FoxPro 6.0 系统的性能指标如表 1-3 所示。

表 1-3 Visual FoxPro 6.0 系统的性能指标

类型	项目	限制
表和索引文件	每个表文件最大记录数	10 亿
	表文件最大尺寸	2GB
	每一记录最大字符数	65 500
	每一记录最大字段数	255
	可同时打开的最大表数	32 767
	每一表字段最大字符数	254
	在非压缩索引中每一索引键最大字节数	100
	在压缩索引中每一索引键最大字节数	240
	每表可打开的最大索引文件数	无限制
	在所有工作区中可打开的最大索引数	无限制
	关系最大数	无限制
	关系表达式的最大长度	无限制
字段特性	字符字段的最大长度	254
	数值（及浮点）字段的最大长度	20
	自由表中字段名的最大字符数	10
	数据库表字段名的最大字符数	128
	整数的最小值	-2 147 483 647
	整数的最大值	2 147 483 647
	数值的计算精度	16
内存变量和数组	内存变量默认数	1 024
	内存变量最大数	65 000
	数组最大数	65 000
	每个数组元素最大数	65 000
程序和过程文件	源程序文件中的最大行数	无限制
	编译程序模块的最大尺寸	64KB
	每一文件最大过程数	无限制
	嵌套 DO 调用最大数	128
	READ 嵌套最大数	5
	嵌套结构化程序命令最大数	384
	传递参数的最大数目	27
	事务处理的最大数	5

续表

类型	项目	限制
报表设计器	报表定义中对象最大数	无限制
	报表定义最大长度	20in
	最大分组层数	128
其他	打开 Browse 窗口的最大数	255
	每个字符串的最大字符数	2GB
	每个命令行的最大字符数	8 192
	报表中每个标签控件的最大字符数	252
	每个宏替换行的最大字符数	8 192
	可打开的文件最大数	受操作系统限制
	键盘宏中最大击键数	1 024
	可以由 SQL SELECT 语句选择的最大字段数	255

第 2 章　面向过程的程序设计基础

Visual FoxPro 6.0 的工作方式有两种：一种是交互式工作方式，另一种是程序方式。交互式工作方式主要是能够实现人机互动，常通过菜单、工具栏或命令语句的方式来实现，只能实现一些简单的工作。而程序方式是把事先编制好的命令序列放在一组程序文件中，能够解决一些复杂的问题。

从程序设计方法和技术的发展来看，程序设计主要经过了面向过程的程序设计和面向对象的程序设计两个阶段，本章主要介绍面向过程的程序设计的基础知识。面向过程的程序设计，也就是结构化程序设计，主要采用结构化程序设计方法来实现。

2.1　数据基础

数据是计算机程序处理的对象，也是运算产生的结果。在 Visual FoxPro 6.0 中，根据处理数据的形式来划分，数据分为常量、变量、函数和表达式 4 种。

2.1.1　数据类型及非格式化数据输出命令

每一个数据都有一定的类型和数值，数据类型决定了数据的运算和存储方式。Visual FoxPro 6.0 中的数据类型共有 13 种。常量数据类型的分辨依据是定界符，即勘定常量边界的符号；变量的数据类型根据表中字段的定义或为其赋值的数据类型来确定。

1. 数据类型

在 Visual FoxPro 6.0 中，除个别数据类型之外，只有类型相同的数据才能进行运算。下面详细介绍一下 Visual FoxPro 6.0 中常用的数据类型。

（1）数值型

数值型（N）数据用来表示数量，它由数字 0～9、小数点和正负号组成。数值型数据在内存中占 8 字节，在表中占 1～20 字节，且没有定界符。

（2）字符型

字符型（C）数据可以保存如姓名、地址和无须计算的数字等文本信息。例如，对于学号、身份证号、电话号码或邮政编码这类数据，虽然大部分为数字，但作为字符型数据保存会更有利于处理。

字符型数据由汉字、英文字符、数字、空格和其他专用符号组成，字符型数据的长度为 0～254 字节，一个英文字符占用 1 字节，而一个汉字要占用两字节的空间。

字符型定界符有英文标点双引号（""）、单引号（''）和方括号（[]）。

（3）逻辑型

逻辑型（L）数据用来表示逻辑判断结果是否成立，结果成立，值为真（.T.、.t.或.Y.、.y.）；结果不成立，则值为假（.F.、.f.或.N.、.n.）。逻辑型数据长度固定为1字节。

逻辑型的定界符是“.”。

（4）日期型

日期型（D）数据是用来表示日期的数据，有固定的格式，一般因国家不同表示方法略有不同。例如，美国格式为 mm/dd/yyyy，表示月/日/年，而中国一般格式为 yyyy/mm/dd，表示年/月/日。在 Visual FoxPro 6.0 中可以通过 SET DATE 命令来设置日期格式。日期型数据长度固定为8字节。

日期型数据的定界符是“{ }”。在 Visual FoxPro 6.0 中常量默认的日期格式是严格的日期格式，格式为{^yyyy/mm/dd}。

（5）日期时间型

日期时间型（T）数据是用来表示日期时间的数据，与日期型数据一样，有固定的格式，它的格式是在日期型格式的后面再加上时、分、秒、上午/下午来表示日期时间。日期时间型数据长度固定为8字节。

日期时间型数据的定界符与日期型数据的定界符相同。在 Visual FoxPro 6.0 中作为常量默认的日期时间格式为{^yyyy/mm/dd [hh[:mm[:ss]]] [a|p]}。

（6）货币型

货币型（Y）数据是用来表示货币值的数据。货币型数据在存储和计算时，采用4位小数，如果多于4位小数，那么系统会自动将多余的小数位四舍五入。货币型数据长度固定为8字节。

货币型数据的定界符是在数据前面加上一个前置符号“$”。

2. 非格式化数据输出命令

在数据处理之后，计算机要把处理的结果显示在屏幕上，以便于用户查看。这里介绍两个最为常用的显示表达式命令。

（1）换行显示命令

格式：

```
?<表达式表>
```

功能：计算表达式的值，然后先输出一个回车和换行符，再输出计算结果。计算结果显示在 Visual FoxPro 6.0 主窗口的下一行，如果省略了表达式表，则显示一个空行。当包含多个表达式时，表达式显示结果之间将插入一个空格。

说明：<表达式表>可以是一个表达式，也可以是多个表达式。如果是多个表达式，则多个表达式之间一定要用半角逗号（,）分隔。

（2）同行显示命令

格式：

```
??<表达式表>
```

功能：计算表达式的值，并把结果显示在 Visual FoxPro 6.0 主窗口当前行的当前位置上。输出计算结果前不换行。

说明：<表达式表>可以是一个表达式，也可以是多个表达式。如果是多个表达式，则多个表达式之间一定要用半角逗号（,）分隔。

2.1.2　常量的输出

常量是值不变的量，有定界符的数据都是常量，定界符勘定了边界的同时也勘定了各类型的数值固定不变。只有数值型常量没有定界符，符合运算规定的数值可以直接使用。

常量属于表达式的一种，所以输出表达式的命令?/??同样可以输出常量，输出的常量值是定界符以内的值，定界符不会输出。

例 2-1 在命令窗口中输入如下命令，并按 Enter 键执行。

```
CLEAR      &&清除屏幕
  ?12,3.14,-72
  ?'中国',"Visual FoxPro 6.0",[That's]
  ??.t.,.F.
  ?
  ??{^2018/05/01},{^2018/05/01 09:20:18}
```

运行结果如图 2-1 所示。

```
文件(F)  编辑(E)  显示(V)  格式(O)

12 3.14 -72
中国 Visual FoxPro 6.0 That's.T. .F.
05/01/18 05/01/18 09:20:18 AM
```

图 2-1　常量输出结果

2.1.3　简单变量的赋值与输出

简单变量，也叫内存变量，它是独立存在的一种临时内存工作单元，通常用来存放各种中间数据或最终结果、用户输入的信息等。需要时可以临时定义，不用时可以释放。

1. 简单变量的赋值

每一个变量都有一个名字，可以通过变量名访问变量。向简单变量赋值不必事先定义，通过赋值命令可以直接定义内存变量。

内存变量的赋值命令有以下两种格式。

格式 1：

```
<内存变量名>=<表达式>
```

格式 2：

```
STORE <表达式> TO <内存变量名表>
```

功能：格式 1 是先计算出表达式的值，再把它赋给内存变量，一次只能给一个内存变量赋值；格式 2 可以同时给多个内存变量赋予相同的值。

说明：

① <内存变量名表>可以是一个或多个内存变量名，如果是多个内存变量名，它们之间必须用半角逗号（,）分隔。

② 当给变量赋值时，如果该变量不存在，系统会自动建立；如果已经存在，赋值命令可以改变其内容和类型。

2. 简单变量的输出

变量属于表达式，所以输出表达式的命令?/??同样可以输出变量的值，使用方法与表达式的使用方法一样。下面介绍另一种显示内存变量的命令。

格式 1：

```
LIST MEMORY [LIKE <通配符>][TO PRINTER|TO FILE <文件名>]
```

格式 2：

```
DISPLAY MEMORY [LIKE <通配符>][TO PRINTER|TO FILE <文件名>]
```

功能：显示内存变量的当前内容，包括变量名、作用域、类型、取值。

说明：

① LIKE 短语：有选择地显示内存变量的信息。这里可以使用的通配符有两种：*和?。其中，*表示任意多个字符，?表示任意一个字符。

② TO PRINTER：将显示结果定向输出到打印机。

③ TO FILE <文件名>：将显示结果定向输出到<文件名>指定的文本文件中，文件的扩展名为.txt。

④ 格式 1 是滚屏显示所有的内存变量，若一屏显示不下，则自动向上滚动。而格式 2 则是分屏显示所有的内存变量，显示一屏后暂停，按任意键之后再继续显示下一屏。

例 2-2 在命令窗口中输入如下命令，并按 Enter 键执行。

```
CLEAR
CLEAR MEMORY                 &&清除内存变量
  a=12
  b="锦州医科大学"
  x1=a
STORE 2*3 TO x,y,z
  ?a,b
  ??y,z
LIST MEMORY LIKE x*
```

运行结果如图 2-2 所示。

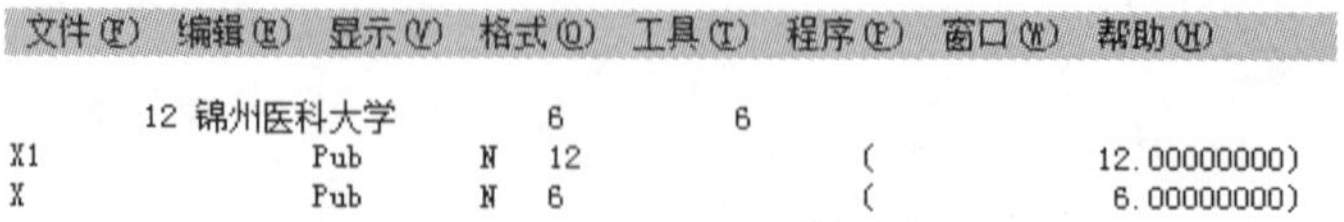

```
文件(F)  编辑(E)  显示(V)  格式(O)  工具(T)  程序(P)  窗口(W)  帮助(H)

        12 锦州医科大学        6        6
X1               Pub      N   12               (        12.00000000)
X                Pub      N   6                (         6.00000000)
```

图 2-2　变量输出结果

2.1.4 数组变量的使用

数组变量是 Visual FoxPro 中一种特殊的内存变量。它是名字相同而下标不同的一组有序变量集合，其中每个有序变量，即构成数组的成员，称为数组元素。由于数组元素的取值与其在数组中的位置，即与下标表达式值有关，因此数组元素也称下标变量。每个数组元素可通过数组名及相应的下标来访问。相比简单内存变量来说，数组的功能更强。因为数组的下标表达式有一定规律，所以数组特别适合在数据量特别多的程序中使用。

在 Visual FoxPro 中，数组在使用前要先使用相关命令来定义，Visual FoxPro 允许定义一维数组和二维数组，并且允许数组元素的类型不同，即允许一个数组由不同数据类型的元素组成。数组名的命名规则与内存变量相同，必须以字母开头，可含有字母、数字和下划线。

格式：

```
DIMENSION|DECLARE <数组名 1>(行下标 1[,列下标 1])[,<数组名 2>(行下标 2[,列下标 2])[,......]
```

功能：定义一个或多个一维数组或二维数组。

说明：

① 数组的赋值与输出与简单变量的操作是相同的，在一切使用简单变量的地方，都可以使用数组元素。

② “DIMENSION”命令与“DECLARE”命令的功能相同。

③ 数组定义后，若还未对其进行赋值，则所有元素默认值都是.F.。

④ 定义数组时，给出的下标是要使用的最大值，而使用数组时，下标的最小值是 1。

⑤ 数组变量可以不带下标使用，当对其进行赋值时，是对该数组的所有元素进行操作。而要使用它的值时，是使用该数组中第一个元素的值。

⑥ 对于一个二维数组，可以按照元素的顺序将其作为一维数组进行访问，而一维数组则不能作为二维数组使用。

⑦ 同一个数组中的各元素类型可以不一致。

例 2-3 在命令窗口中输入如下命令，并按 Enter 键执行。

```
CLEAR
CLEAR MEMORY                  &&清除内存变量
DIMENSION x(2,3),y(4)         &&定义二维数组 x,一维数组 y
  x(1,2)=3
  y(2)=0
  ?x(1,2),y(1),y(2)
STORE 2+3 TO y                &&用数组名进行赋值,是对其所有元素进行操作
  x(2,3)=y                    &&使用数组的值,是使用其第 1 个元素 y(1)的值
  ?x(6),y(1),y(3)             &&二维数组 x 作一维数组使用,x(6)即是 x(2,3)的值
LIST MEMORY LIKE ?            &&显示只有一个字母的内存变量
```

运行结果如图 2-3 所示。

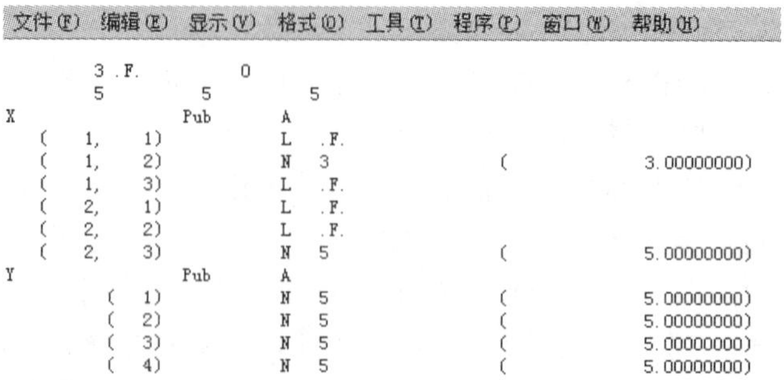

```
文件(F) 编辑(E) 显示(V) 格式(O) 工具(T) 程序(P) 窗口(W) 帮助(H)
         3 .F.          0
         5         5         5
X                 Pub       A
     (  1,    1)            L   .F.
     (  1,    2)            N   3          (          3.00000000)
     (  1,    3)            L   .F.
     (  2,    1)            L   .F.
     (  2,    2)            L   .F.
     (  2,    3)            N   5          (          5.00000000)
Y                 Pub       A
          (  1)             N   5          (          5.00000000)
          (  2)             N   5          (          5.00000000)
          (  3)             N   5          (          5.00000000)
          (  4)             N   5          (          5.00000000)
```

图 2-3　数组输出结果

2.2　命令文件的建立与运行

用户通过菜单操作或在命令窗口输入命令，可以实现数据库中的大部分操作，但是这种菜单操作或单命令执行方式，运行效率较低。对于简单问题，处理时极为灵活方便；对于较为复杂的问题，尤其是大量、烦琐的计算，则效率很低，有时甚至根本不能实现，这种情况下可以使用命令文件。命令文件也称程序文件，扩展名为.prg。

2.2.1　命令文件的建立和编辑

在使用命令文件时，首先要建立它。命令文件的建立与编辑一般是通过调用系统内置的文本编辑器来进行的。

格式：

```
MODIFY COMMAND <命令文件名>
```

功能：打开命令文件编辑窗口，建立或编辑给定的命令文件。

说明：

① 文件名前可以指定文件的路径。如果没有给定扩展名，系统自动加上默认扩展名.prg。

② 执行该命令时，首先检索磁盘文件。如果指定文件存在，则打开进行修改，如果指定文件不存在，系统将建立一个指定名字的文件。

例 2-4 将例 2-3 中的命令，输入命令文件 xt2-4.prg 中。

在命令窗口中输入“MODIFY COMMAND xt2-4”，按 Enter 键然后在打开的程序窗口中输入相应命令，结果如图 2-4 所示。

程序输入完毕后，可以单击工具栏中的“保存”按钮进行保存；也可以直接单击“关闭”按钮，系统提示保存时进行保存；更简单的方法是直接运行程序，在运行前系统也会提示保存，按提示操作即可保存。

```
xt2-4.prg
CLEAR
CLEAR MEMORY
DIMENSION x(2,3),y(4)
x(1,2)=3
y(2)=0
?x(1,2),y(1),y(2)
STORE 2+3 TO y
x(2,3)=y
?x(6),y(1),y(3)
LIST MEMORY LIKE ?
```

图 2-4　程序建立与编辑窗口

2.2.2　命令文件的运行

一旦建立好命令文件，就可以多次执行它。

格式：

```
DO <命令文件名>
```

功能：执行指定的命令文件。

说明：

① 该命令既可以在命令窗口运行，也可以出现在某个命令文件中。

② 当命令文件被执行时，文件中包含的命令将被依次执行，直到所有的命令被执行完毕，或者执行到以下命令。

a．QUIT：退出 Visual FoxPro 系统，返回 Windows 系统。

b．CANCAL：终止程序运行，返回命令窗口。

c．RETURN：结束当前程序的执行，返回到调用本程序的上一级程序，若无上级程序则返回到命令窗口。

③ 默认程序文件扩展名为.prg，可不输入。

例 2-5 运行例 2-4 中建立的程序 xt2-4.prg。

在命令窗口中输入“DO xt2-4”，即可运行程序。在程序编辑状态下，单击工具栏中的“运行”按钮 **!**，也可以直接运行，此方法更为简单，可以根据自己的习惯进行操作。如果程序有修改，每次运行前都会有提示要求保存程序，注意保存。

运行结果如图 2-5 所示。

```
文件(F)  编辑(E)  显示(V)  格式(O)  工具(T)  程序(P)  窗口(W)  帮助(H)
        3 .F.         0
        5         5         5
X                 Priv      A  xt2-4
   (    1,    1)            L  .F.
   (    1,    2)            N  3                   (          3.00000000)
   (    1,    3)            L  .F.
   (    2,    1)            L  .F.
   (    2,    2)            L  .F.
   (    2,    3)            N  5                   (          5.00000000)
Y                 Priv      A  xt2-4
         (    1)            N  5                   (          5.00000000)
         (    2)            N  5                   (          5.00000000)
         (    3)            N  5                   (          5.00000000)
         (    4)            N  5                   (          5.00000000)
```

图 2-5　例 2-4 运行结果

2.2.3　交互式输入命令

在程序运行过程中，经常根据程序的需要，让用户随机输入需要的数据或信息，完成这种功能的命令称为交互式输入命令。Visual FoxPro 提供了多个交互式输入命令。

1．单字符输入命令 WAIT

格式：

```
WAIT [<提示信息>] [TO <内存变量>] [WINDOWS [AT <行坐标,列坐标>]][TIMEOUT <等待秒数>]
```

功能：显示提示信息，暂停程序执行，直到用户按任意键后继续程序的执行。

说明：

① <提示信息>必须是字符型表达式，如果省略，默认显示“按任意键继续”。

② TO <内存变量>用来保存用户输入的单个字符，类型为字符型。省略则输入的单个字符不保留。

③ WINDOWS 子句用以显示提示信息窗口，默认提示信息窗口显示在主窗口右上角，可以用 AT 子句指定其新的位置。

④ TIMEOUT 子句设置等待时间，一旦超时就不再等待用户按键，自动向下执行。

⑤ 此命令一般用于暂停程序执行，以便于观察运行结果。

2. 字符串输入命令 ACCEPT

格式：

```
ACCEPT [<提示信息>] TO <内存变量>
```

功能：显示提示信息，暂停程序执行，等待用户输入一个字符串。

说明：

① 〈提示信息〉必须是字符型表达式，如果省略，默认无任何显示。

② 输入完毕后，按 Enter 键结束。如果直接按 Enter 键结束，则输入一个空字符串。

③ 该命令只接收字符串，用户输入字符串时不需要加定界符。否则，系统会把定界符作为字符串的一部分予以接收。

例 2-6 设计一个程序文件 xt2-6.prg，输入几组不同数据，测试输出结果的类型（注：测试数据类型，使用 VARTYPE 函数，结果返回代表不同类型的字母）。

在命令窗口中输入命令“MODIFY COMMAND xt2-6”，按 Enter 键，然后在打开的程序窗口中输入如下程序。

```
CLEAR
ACCEPT "请输入姓名：" TO xm
ACCEPT "请输入年龄：" TO nl
ACCEPT "请输入出生日期:" TO csrq
ACCEPT "请输入逻辑值:" TO zz
?"输入姓名的类型是:" ,VARTYPE(xm)
?"输入年龄的类型是:" ,VARTYPE(nl)
?"输入出生日期的类型是:" ,VARTYPE(csrq)
?"输入逻辑值的类型是:" ,VARTYPE(zz)
RETURN
```

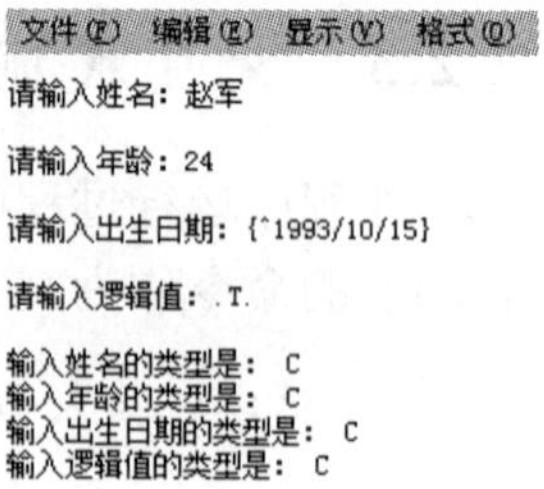

输入完成并保存成功后，在命令窗口中输入命令“DO xt2-6”，执行程序。程序运行结果如图 2-6 所示。

从运行结果中可以看出，使用 ACCEPT 命令输入的所有数据，都是字符型。

```
文件(F) 编辑(E) 显示(V) 格式(O)
请输入姓名：赵军
请输入年龄：24
请输入出生日期：{^1993/10/15}
请输入逻辑值：.T.
输入姓名的类型是： C
输入年龄的类型是： C
输入出生日期的类型是： C
输入逻辑值的类型是： C
```

图 2-6 例 2-6 运行结果

3. 输入命令 INPUT

格式：

```
INPUT [<提示信息>] TO <内存变量>
```

功能：显示提示信息，暂停程序执行，等待用户输入数据。

说明：

① <提示信息>必须是字符型表达式，如果省略，默认无任何显示。

② 输入完毕后，按 Enter 键结束。

③ 输入的数据可以是任何合法的表达式，但不能不输入内容直接按 Enter 键。在输入常量时，必须加上相应的定界符。

例 2-7 设计一个程序文件 xt2-7.prg，使用 INPUT 命令重新输入例 2-6 中的数据，再次测试输出结果的类型。

在命令窗口中输入命令“MODIFY COMMAND xt2-7”，按 Enter 键，然后在打开的程序窗口中输入如下程序。

```
CLEAR
INPUT "请输入姓名：" TO xm
INPUT "请输入年龄:" TO nl
INPUT "请输入出生日期:" TO csrq
INPUT "请输入逻辑值:" TO zz
?"输入姓名的类型是:" ,VARTYPE(xm)
?"输入年龄的类型是:" ,VARTYPE(nl)
?"输入出生日期的类型是:" ,VARTYPE(csrq)
?"输入逻辑值的类型是:" ,VARTYPE(zz)
RETURN
```

输入完成并保存成功后，在命令窗口中输入命令“DO xt2-7”，执行程序。程序运行结果如图 2-7 所示。

```
文件(F)  编辑(E)  显示(V)  格式(O)
请输入姓名："赵军"
请输入年龄：20
请输入出生日期：{^1993/10/15}
请输入逻辑值：.T.
输入姓名的类型是：  C
输入年龄的类型是：  N
输入出生日期的类型是：  D
输入逻辑值的类型是：  L
```

图 2-7　例 2-7 运行结果

从运行结果中可以看出，使用 INPUT 命令可以输入各种数据类型。但每种类型都要使用特定的定界符。所以输入字符串常量“赵军”时必须加定界符，否则提示错误。而输入出生日期和逻辑值时也要有相应定界符，否则也会出现错误。

2.3　顺序结构程序设计

程序结构是指程序中命令或语句执行的流程结构。顺序结构、选择结构和循环结构是程序的 3 种基本结构。

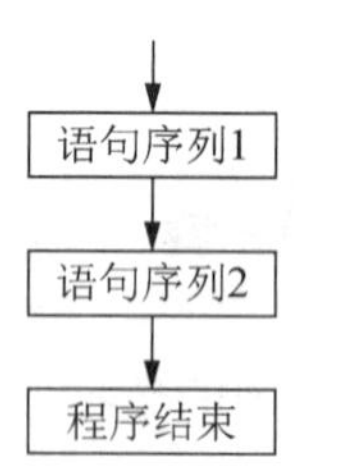

语句序列1
语句序列2
程序结束
图 2-8　顺序结构的流程

顺序结构是程序设计中最简单、最常用的基本结构。在顺序结构中，程序是按语句排列的先后次序逐条执行的。

顺序结构的流程如图 2-8 所示。

例 2-8　设计一个程序 xt2-8.prg，输入圆的半径 *r*，分别计算出圆的直径 Z、周长 *L* 和面积 *S*。

在命令窗口中输入命令“MODIFY COMMAND xt2-8”，按 Enter 键，然后在打开的程序窗口中输入如下程序。

```
CLEAR
INPUT "请输入半径：" TO r
  Z=2*r
  L=2*3.14*r
  S=3.14*r^2
  ?"直径 Z=",Z,"周长 L=",L,"面积 S=",S
RETURN
```

输入完成并保存成功后，在命令窗口中输入命令“DO xt2-8”，程序执行结果如图 2-9 所示。

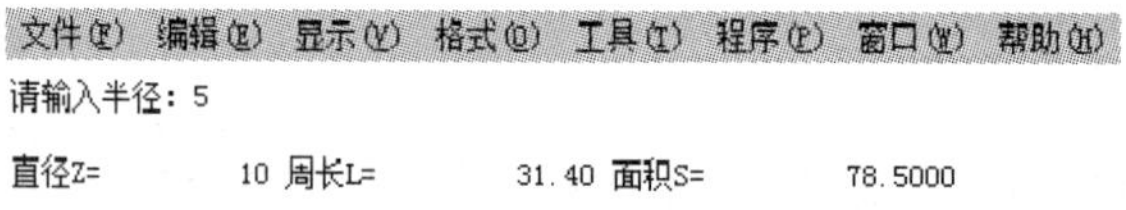

文件(F) 编辑(E) 显示(V) 格式(O) 工具(T) 程序(P) 窗口(W) 帮助(H)
请输入半径：5
直径Z= 10 周长L= 31.40 面积S= 78.5000

图 2-9　例 2-8 运行结果

2.4　选择结构程序设计

程序在运行时，一般情况下是按语句排列的顺序逐条执行，但更多的时候需要根据某种条件是否成立而决定程序的走向，这就是选择结构，也称为程序的分支结构。

常用的分支结构包括单分支结构、双分支结构和多分支结构。

1. 单分支结构

单分支结构比较简单，与日常语言中的“如果……就……”句式类似。

格式：

```
IF <条件>
```

```
  <语句序列>
ENDIF
```

功能：根据<条件>是否成立来决定<语句序列>是否执行。

说明：

① IF 和 ENDIF 必须成对使用，IF 是本结构的入口，ENDIF 是本结构的出口。

② <语句序列>可以是一条语句，也可以是多条语句。

③ <条件>值必须是逻辑值，也就是<条件>只能为真（.T.）或假（.F.）。如果<条件>满足（即条件为真），则执行<语句序列>，然后执行 ENDIF 后面的语句。如果<条件>不满足（即条件为假），则什么也不执行，直接执行 ENDIF 后面的语句。

单分支结构的流程如图 2-10 所示。

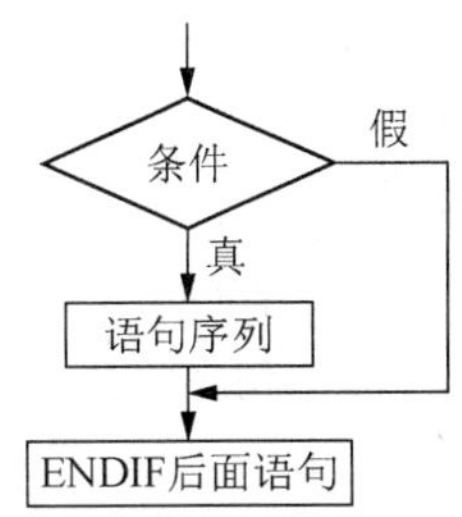

图 2-10　单分支结构的流程

例 2-9 设计一个程序 xt2-9.prg，用于判断输入的学生成绩 cj 是否及格，如果及格，则显示“该生成绩及格！”。

在命令窗口中输入命令“MODIFY COMMAND xt2-9”，按 Enter 键，然后在打开的程序窗口中输入如下程序。

```
CLEAR
INPUT "请输入一个学生的成绩：" TO cj
IF cj>=60
  ?"该生成绩及格！"
ENDIF
RETURN
```

输入完成并保存成功后，在命令窗口中输入命令“DO xt2-9”，程序执行结果如图 2-11 所示。

例 2-10 锦州至沈阳大约 260km，通过快递向沈阳寄送邮件，应在 24h 内到达，计费标准是以克为单位，首重 1 000g 以内 10 元，超过后每克为 0.004 元。试设计一个程序 xt2-10.prg，用于计算 1 100g 邮件的邮费。

在命令窗口中输入命令“MODIFY COMMAND xt2-10”，按 Enter 键，然后在打开的程序窗口中输入如下程序。

```
CLEAR
INPUT "请输入邮件重量 w:" TO w           &&变量 w 用于表达邮件重量,单位为克
  f=10                                  &&变量 f 用于表达邮费,单位为元
IF w>1000
  f=10+(w-1000)*0.004
ENDIF
  ?"您应付邮费为：",f
RETURN
```

输入完成并保存成功后，在命令窗口中输入命令“DO xt2-10”，程序执行结果如图 2-12 所示。

在结构化程序设计中，为了使程序结构更加清晰，可以采用缩格方式书写，这样就使程

序阅读起来更加方便。

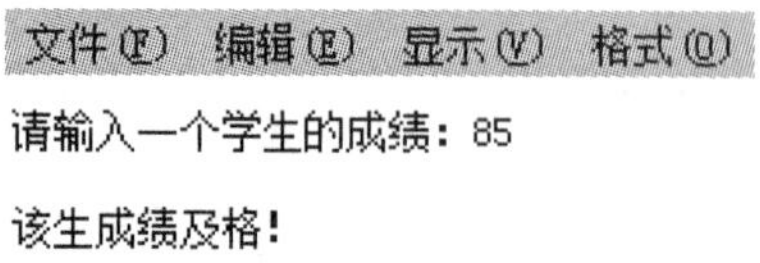

文件(F) 编辑(E) 显示(V) 格式(O)
请输入一个学生的成绩：85
该生成绩及格！

图 2-11　例 2-9 运行结果

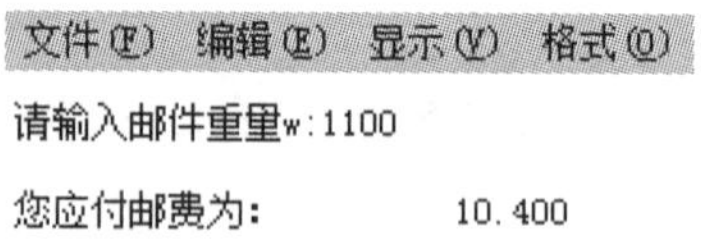

文件(F) 编辑(E) 显示(V) 格式(O)
请输入邮件重量w:1100
您应付邮费为：　10.400

图 2-12　例 2-10 执行结果

2. 双分支结构

单分支结构一般用于比较简单的判断语句，执行过程中只能有一个分支。如果执行过程中包含两个分支，可以使用双分支结构。它与日常语言中的“如果……就……否则……”句式类似。

格式：

```
IF <条件>
  <语句序列 1>
ELSE
  <语句序列 2>
ENDIF
```

功能：根据<条件>是否成立来决定是执行<语句序列 1>还是执行<语句序列 2>。

说明：

① IF…ELSE…ENDIF 必须成对使用，IF 是本结构的入口，ENDIF 是本结构的出口。

② <语句序列 1>和<语句序列 2>可以是一条语句，也可以是多条语句。

③ <条件>值必须是逻辑值，也就是<条件>只能为真（.T.）或假（.F.）。如果<条件>为真（.T.），则执行<语句序列 1>，然后执行 ENDIF 后面的语句。否则（即<条件>为假（.F.）），则执行<语句序列 2>，然后执行 ENDIF 后面的语句。

双分支结构的流程如图 2-13 所示。

真
条件
假
语句序列1
语句序列2
ENDIF后面语句

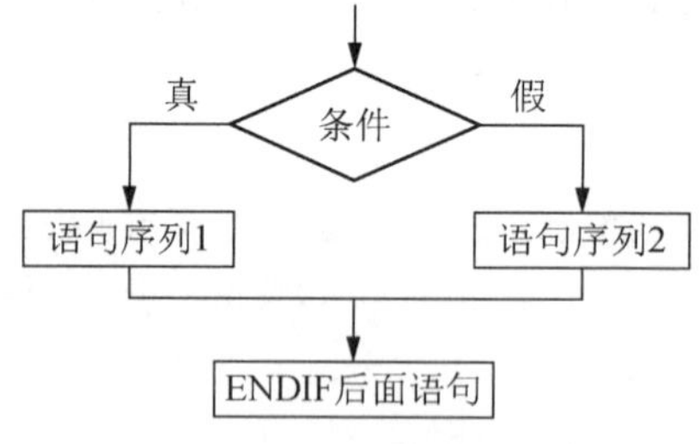

图 2-13　双分支结构的流程

例 2-11 设计一个程序 xt2-11.prg，用于判断输入的学生成绩 cj 是否及格，如果及格，则显示“该生成绩及格！”，否则显示“该生成绩不及格！”。

在命令窗口中输入命令“MODIFY COMMAND xt2-11”，按 Enter 键，然后在打开的程序窗口中输入如下程序。

```
CLEAR
INPUT "请输入学生的成绩：" TO cj
IF cj>=60
  ?"该生成绩及格！"
ELSE
  ?"该生成绩不及格！"
ENDIF
RETURN
```

输入完成并保存成功后，在命令窗口中输入命令“DO xt2-11”，程序执行结果如图 2-14 所示。

例 2-12 试设计一个程序 xt2-12.prg，用于改写例 2-10 的程序，要求使用双分支结构设计，计算 100g 邮件的邮费。

在命令窗口中输入命令“MODIFY COMMAND xt2-12”，按 Enter 键，然后在打开的程序窗口中输入如下程序。

```
CLEAR
INPUT "请输入邮件重量 w:" TO w
IF w<=1000
  f=10
ELSE
  f=10+(w-1000)*0.004
ENDIF
  ?"您应付邮费为：",f,"元"
RETURN
```

输入完成并保存成功后，在命令窗口中输入命令“DO xt2-12”，程序执行结果如图 2-15 所示。

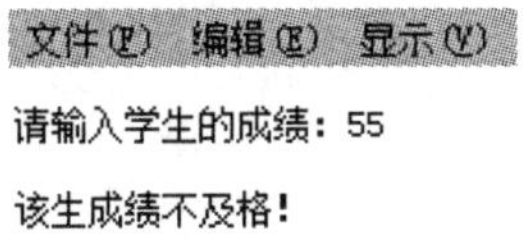

文件(F)　编辑(E)　显示(V)

请输入学生的成绩：55

该生成绩不及格!

图 2-14　例 2-11 执行结果

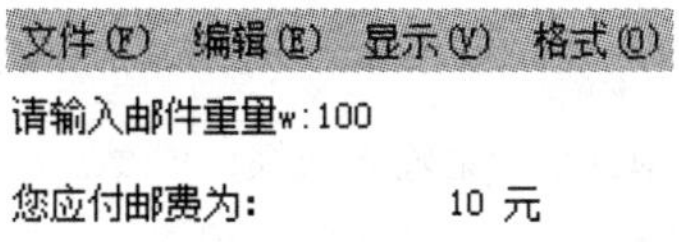

文件(F)　编辑(E)　显示(V)　格式(O)

请输入邮件重量w:100

您应付邮费为:　　10 元

图 2-15　例 2-12 执行结果

在程序设计过程中，有时会遇到更为复杂的问题，包含了更多的条件，这时可以采用分支嵌套来实现。分支嵌套中可以使用多个简单分支或双分支结构，它们互相结合形成嵌套结构，需要 IF 和 ENDIF 一一对应，即个数相等，安放位置前后呼应，但绝对不允许出现交叉，只能是包含关系。ELSE 应符合就近原则，即 ELSE 总是结合它前面最近的 IF 语句中的条件，如果最近的 IF 语句已经有 ENDIF 语句配对了，再向前就近配对。

例 2-13 设计程序 xt2-13.prg，按下面的要求，根据输入的 x 值，求相应的 y 值。

$$y=\begin{cases}1 & (x>0)\\0 & (x=0)\\-1 & (x<0)\end{cases}$$

在命令窗口中输入命令“MODIFY COMMAND xt2-13”，按 Enter 键，然后在打开的程序窗口中输入如下程序。

```
CLEAR
INPUT "请输入一个 x 值：" TO x
IF x>0
  y=1
ELSE
  IF x=0
    y=0
  ELSE
    y=-1
  ENDIF
ENDIF
  ?"y=",y
RETURN
```

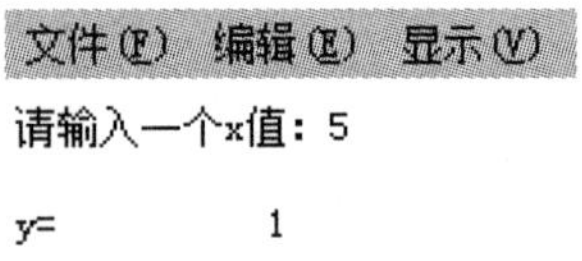

输入完成并保存成功后，在命令窗口中输入命令“DO xt2-13”，程序执行结果如图 2-16 所示。

文件(F) 编辑(E) 显示(V)

请输入一个x值：5

y=　　1

图 2-16　例 2-13 运行结果

虽然较多的条件可以使用分支嵌套来实现，但当条件过多时，采用嵌套结构就显得过于麻烦了。

例 2-14　设计程序 xt2-14.prg，按照输入的百分制成绩 cj，给出成绩评定结果。要求如下：在有效的成绩范围内，如果 cj≥90，输出“优秀”；如果 90>cj≥80，输出“良好”；如果 80>cj≥70，输出“中等”；如果 70>cj≥60，输出“及格”；如果 60>cj≥0，输出“不及格”。

在命令窗口中输入命令“MODIFY COMMAND xt2-14”，按 Enter 键，然后在打开的程序窗口中输入如下程序。

```
CLEA
INPUT "请输入成绩：" TO cj
IF cj<0.OR.cj>100
 ?"成绩错误！"
ELSE
 IF cj>=90
  ?"优秀！"
 ELSE
  IF cj>=80
   ?"良好！"
  ELSE
   IF cj>=70
    ?"中等！"
   ELSE
```

```
      IF cj>=60
       ?"及格！"
      ELSE
       ?"不及格！"
      ENDIF
     ENDIF
    ENDIF
   ENDIF
  ENDIF
  RETURN
```

输入完成并保存成功后，在命令窗口中输入命令“DO xt2-14”，程序执行结果如图 2-17 所示。

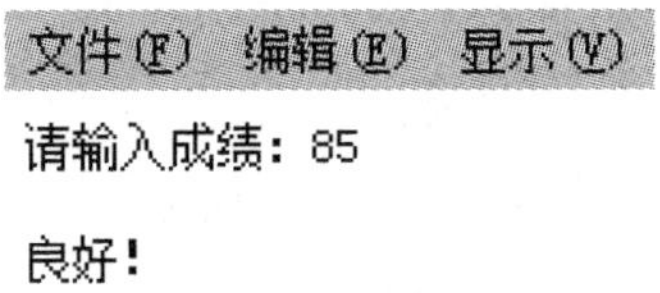

文件(F)　编辑(E)　显示(V)

请输入成绩：85

良好！

图 2-17　例 2-14 运行结果

从上面这个程序可以看出，当条件过多的时候，使用分支嵌套虽然能够解决问题，但是方法过于麻烦，结构过于臃肿，这不符合计算机程序简洁的特点。为了解决这个问题，系统提供了多分支结构。

3. 多分支结构

当条件过多时，可以采用多分支结构来实现，使程序简洁、易懂。

格式：

```
DO CASE
  CASE <条件 1>
    <语句序列 1>
  CASE <条件 2>
    <语句序列 2>
   ......
  CASE <条件 n>
    <语句序列 n>
  [OTHERWISE
    <语句序列 n+1>]
ENDCASE
```

功能：在执行多分支语句时，从前到后依次判断 CASE 后面的条件是否成立。当发现某个 CASE 后面的条件成立时，就执行该 CASE 下面对应的语句序列，然后直接执行 ENDCASE 后面的命令，如果所有条件都不成立，存在 OTHERWISE 语句，就执行 OTHERWISE 后面的语句序列，然后执行 ENDCASE 后面的命令。

说明：

① DO CASE 与 ENDCASE 必须成对使用，DO CASE 是本结构的入口，ENDCASE 是本结构的出口。

② 不管有多少个 CASE <条件>成立，只能执行最先成立的那个 CASE <条件>对应的语

句序列，也就是一次最多只能有一个分支被执行。

③ 如果所有 CASE <条件>都不成立，则执行 OTHERWISE 子句。如果所有 CASE <条件>都不成立且没有 OTHERWISE 子句，则直接跳出本结构，这种情况下什么都不执行。

多分支结构的流程如图 2-18 所示。

例 2-15 设计程序 xt2-15.prg，用多分支结构完成例 2-14 的程序。

在命令窗口中输入命令“MODIFY COMMAND xt2-15”，按 Enter 键，然后在打开的程序窗口中输入如下程序。

```
CLEA
INPUT "请输入成绩：" TO cj
DO CASE
 CASE cj<0.OR.cj>100
       ?"成绩错误！"
 CASE cj>=90
       ?"优秀！"
 CASE cj>=80
       ?"良好！"
 CASE cj>=70
       ?"中等！"
 CASE cj>=60
       ?"及格！"
 OTHERWISE
       ?"不及格！"
ENDCASE
RETURN
```

输入完成并保存成功后，在命令窗口中输入命令“DO xt2-15”，程序执行结果如图 2-19 所示。

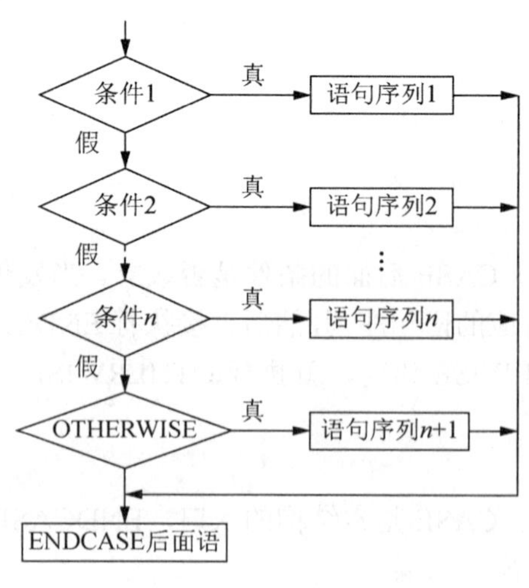

图 2-18 多分支结构的流程

文件(F) 编辑(E) 显示(V)

请输入成绩：78

中等！

图 2-19 例 2-15 运行结果

2.5　循环结构程序设计

在解决实际问题的过程中，往往会出现同样的处理过程重复进行的情况，此时可以采用循环结构。它是程序在执行的过程中，其中的某些代码被重复执行若干次。被重复执行的代码段，通常称为循环体。

Visual FoxPro 中的循环语句包括：DO WHILE…ENDDO 语句、FOR…ENDFOR 语句、SCAN…ENDSCAN 语句 3 种。

1. DO WHILE…ENDDO 语句

DO WHILE…ENDDO 循环语句的通用性最强，适用于所有能够使用循环的情况。

格式：

```
DO WHILE <条件>
  <语句序列 1>
  [LOOP]
  <语句序列 2>
  [EXIT]
  <语句序列 3>
ENDDO
```

功能：执行该语句时，先判断 DO WHILE 后的<条件>是否成立，如果条件为真（.T.），则执行 DO WHILE 与 ENDDO 之间的循环体。当执行到 ENDDO 时，返回到 DO WHILE 再次判断<条件>是否为真，如果<条件>为真，再次重复上面的操作。如果<条件>为假，则结束该循环，执行 ENDDO 后面的语句。

说明：

① DO WHILE 语句和 ENDDO 语句必须成对使用，DO WHILE 语句既是结构的入口，又是结构的出口。

② <条件>是一个逻辑表达式，结果必须为.T.或.F.。

③ 如果第一次判断<条件>的值就为假（.F.），则循环体一次都不执行。

④ 如果循环体包含 LOOP 语句，当执行到 LOOP 语句时，结束本次循环的执行，返回 DO WHILE 处重新判断<条件>。

⑤ 如果循环体包含 EXIT 语句，当执行到 EXIT 语句时，结束整个循环，转去执行 ENDDO 后面的语句。

⑥ 循环结构可以嵌套使用，构成多重循环，也可以与前面的分支结构嵌套使用，用来解决更为复杂的问题。但无论如何，在嵌套中各种语句结构之间只能是包含关系，不允许出现交叉关系。

DO WHILE…ENDDO 循环的流程如图 2-20 所示。

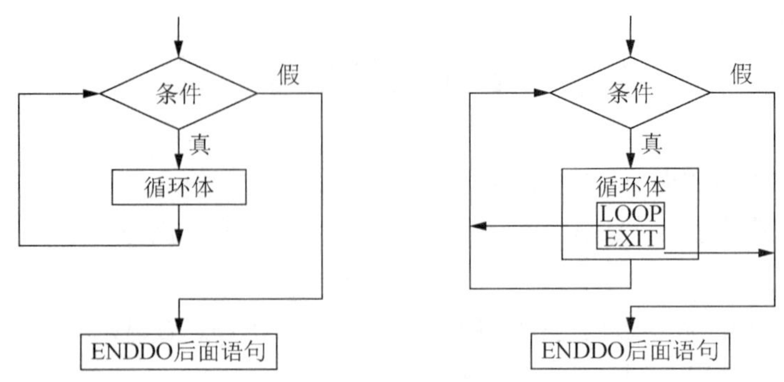

图 2-20　循环结构的流程

例 2-16 设计程序 xt2-16.prg，计算 s=1+2+3+…+10。

在命令窗口中输入命令“MODIFY COMMAND xt2-16”，按 Enter 键，然后在打开的程序窗口中输入如下程序。

```
CLEA
  s=0              &&求和变量赋初值为 0,累加时不影响运算结果
  i=1              &&循环计数器,初值从 1 开始,循环体中会自动递增
DO WHILE i<=10
  s=s+i            &&求累加和
  i=i+1            &&计数器每次循环自动加 1,直到大于 10 时循环结束
ENDDO
  ?"1-10 的和为: ",s
RETURN
```

输入完成并保存成功后，在命令窗口中输入命令“DO xt2-16”，程序执行结果如图 2-21 所示。

例 2-17 设计程序 xt2-17.prg，计算 5!（注：5!是求 5 的阶乘，5!=1×2×3×4×5）。

在命令窗口中输入命令“MODIFY COMMAND xt2-17”，按 Enter 键，然后在打开的程序窗口中输入如下程序。

```
CLEA
  p=1              &&求积变量赋初值为 1,累乘时不影响运算结果
  i=1              &&循环计数器,初值从 1 开始,循环体中会自动递增
DO WHILE i<=5
  p=p*i            &&求累乘积
  i=i+1            &&计数器每次循环自动加 1,直到大于 5 时循环结束
ENDDO
  ?"5!=: ",p
RETURN
```

输入完成并保存成功后，在命令窗口中输入命令“DO xt2-17”，程序执行结果如图 2-22 所示。

文件(F)　编辑(E)　显示(V)

1-10的和为:　　55

图 2-21　例 2-16 运行结果

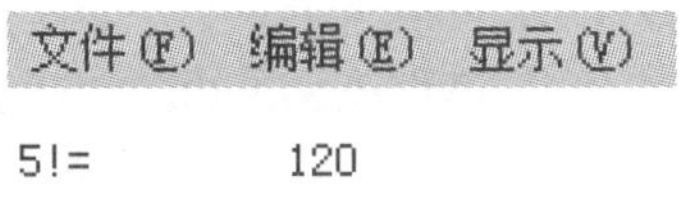

文件(F)　编辑(E)　显示(V)

5!=　　120

图 2-22　例 2-17 运行结果

例 2-18 设计程序 xt2-18.prg，求 1～100 中能被 3 整除的数的个数。

在命令窗口中输入命令“MODIFY COMMAND xt2-18”，按 Enter 键，然后在打开的程序窗口中输入如下程序。

```
CLEA
  num=0              &&求个数变量赋初值为 0,累加时不影响运算结果
  i=1                &&循环计数器,初值从 1 开始,循环体中会自动递增
DO WHILE i<=100
 IF i%3=0            &&"%"是求余数运算符
   num=num+1         &&满足条件计数器自动加 1,用于计数
 ENDIF
   i=i+1             &&计数器每次循环自动加 1,直至循环结束
ENDDO
?"1-100 之间能被 3 整除的数的个数为:",num
RETURN
```

输入完成并保存成功后，在命令窗口中输入命令“DO xt2-18”，程序执行结果如图 2-23 所示。

文件(F)　编辑(E)　显示(V)　格式(O)　工具(T)

1-100之间能被3整除的数的个数为:　　33

图 2-23　例 2-18 运行结果

2. FOR…ENDFOR 语句

FOR…ENDFOR 循环语句通常适用于固定次数的循环。

格式：

```
FOR <循环变量>=<初值> TO <终值> [STEP <步长>]
  <循环体>
ENDFOR|NEXT
```

功能：执行该语句时，首先将初值赋给循环变量，然后判断循环条件是否成立。如果步长为正值，循环条件为“循环变量<=终值”；如果步长为负值，循环条件为“循环变量>=终值”。若循环条件成立，则执行循环体，执行 ENDFOR|NEXT 后返回到 FOR 语句，此时先使循环变量增加一个步长值，然后判断循环条件是否成立，以确定是否重新执行循环体。如果循环条件不成立，则结束该循环，转去执行 ENDFOR|NEXT 后面的语句。

说明：

① FOR 语句和 ENDFOR|NEXT 语句必须成对使用，FOR 语句既是结构的入口，又是结构的出口。

② STEP <步长>可以省略，当它省略时步长的默认值是 1。

③ <初值>、<终值>和<步长>都是数值型。在循环执行的过程中，它们的值不会发生改变。

④ 在循环体内可以改变〈循环变量〉的值，但这样做会影响到程序的循环次数。

⑤ EXIT 和 LOOP 语句也可以出现在循环体中，使用方法与 DO WHILE…ENDDO 语句中相同。当程序执行到 LOOP 语句时，结束本次循环，返回 FOR 语句，循环变量增加一个步长后，再次判断循环条件是否成立来决定是否继续循环。当执行到 EXIT 语句时，循环结束，程序转去执行 ENDFOR|NEXT 后面的语句。

⑥ FOR 循环也可以嵌套使用，嵌套结构只能是包含关系，不允许出现交叉关系。

例 2-19 利用 FOR…ENDFOR 循环设计程序 xt2-19.prg，计算 s=1+2+3+…+10。

在命令窗口中输入命令“MODIFY COMMAND xt2-19”，按 Enter 键，然后在打开的程序窗口中输入如下程序。

```
CLEAR
  s=0                    &&求和变量赋初值为 0,累加时不影响运算结果
FOR i=1 TO 10            &&循环变量 i 步长默认为 1
  s=s+I                  &&求累加和
ENDFOR
  ?"1-10 的和为: ",s
RETURN
```

输入完成并保存成功后，在命令窗口中输入命令“DO xt2-19”，程序执行结果如图 2-24 所示。

文件(F) 编辑(E) 显示(V)

1-10的和为: 55

图 2-24 例 2-19 运行结果

从上面这个程序中可以看出，计数循环中使用 FOR 语句要比 DO WHILE 语句简单得多，循环变量的赋初值、终值判断及累加计数都在 FOR 语句中完成，不需要额外使用语句，而程序功能不变。

例 2-20 利用 FOR…ENDFOR 循环设计程序 xt2-20.prg，求 1～100 范围内的偶数和。

在命令窗口中输入命令“MODIFY COMMAND xt2-20”，按 Enter 键，然后在打开的程序窗口中输入如下程序。

```
CLEAR
  s=0                    &&求和变量赋初值为 0
FOR i=1 TO 100           &&循环变量 i 步长默认为 1
 IF i%2=0                &&如果变量 i 对 2 取余数为 0,则 i 是偶数
   s=s+i                 &&i 是偶数累加求和
 ENDIF
ENDFOR
```

```
  ?"1-100之间的偶数和为：",s
RETURN
```

输入完成并保存成功后，在命令窗口中输入命令“DO xt2-20”，程序执行结果如图2-25所示。

例2-21 设计程序xt2-21.prg，求10～100中除以18的余数与除以5的商相等的整数及其个数。

在命令窗口中输入命令“MODIFY COMMAND xt2-21”，按Enter键，然后在打开的程序窗口中输入如下程序。

```
CLEAR
  n=0
FOR k=10 TO 100
  IF k%18=k/5
    ?k
    n=n+1
  ENDIF
ENDFOR
  ?"求得的个数为：",n
RETURN
```

输入完成并保存成功后，在命令窗口中输入命令“DO xt2-21”，程序执行结果如图2-26所示。

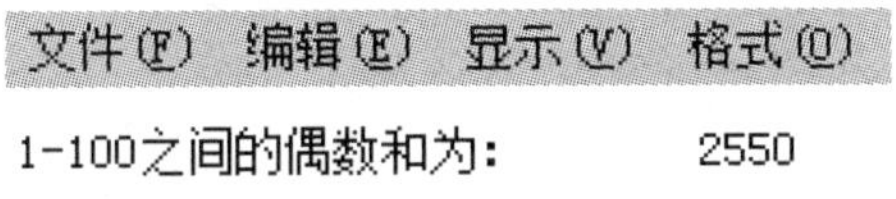

文件(F)　编辑(E)　显示(V)　格式(O)

1-100之间的偶数和为：　　2550

图2-25　例2-20运行结果

文件(F)　编辑(E)　显示(V)

45
求得的个数为：　　1

图2-26　例2-21运行结果

3. SCAN…ENDSCAN语句

SCAN…ENDSCAN循环语句仅适用于处理数据表中的记录，如果没有数据表打开，此循环语句将不能使用。

格式：

```
SCAN [<范围>][FOR <条件>]
  <循环体>
ENDSCAN
```

功能：执行该语句时，记录指针自动从前到后，在当前表中指定范围内满足条件的记录上移动，直到表尾，对相应的记录执行循环体内的命令。

说明：此命令将在第9章详细介绍。

2.6　程序应用示例

本节用学过的知识编写一些小程序，供熟练掌握程序使用。

1）将给定数字 12345 逆序输出。

```
CLEAR
  x=12345
  y=0
DO WHILE x>0
  y=x%10+y*10
  x=INT(x/10)
ENDDO
  ?y
RETURN
```

2）编写程序，输出如下图形。

```
     *
    ***
   *****
  *******
 *********
```

```
CLEAR
FOR i=1 TO 5
  ?? SPACE(10-i)
  FOR j=1 TO 2*i-1
    ?? "*"
  ENDFOR
    ?
ENDFOR
RETURN
```

3）将给定字符串逆序输出。

```
CLEAR
  x="VFP"
  y=""
  i=LEN(x)
DO WHILE i>=1
  y=y+SUBSTR(x,i,1)
  i=i-1
ENDDO
```

```
  ?y
RETURN
```

4）编写程序，任意输入 10 个数，求出其中的最大值和最小值。

```
CLEAR
DIMENSION a(10)
FOR i=1 TO 10
  INPUT "输入第"+STR(i,2)+"个数:" TO a(i)
ENDFOR
STORE a(1) TO max,min
FOR i=2 TO 10
  IF a(i)>max
    max=a(i)
  ENDIF
  IF a(i)<min
    min=a(i)
  ENDIF
ENDFOR
  ?"最大值为:",max,"最小值为:",min
RETURN
```

5）编程求出所有的“水仙花数”（指一个 3 位数，其各位数字的立方和等于该数字本身，如 $153=1^3+5^3+3^3$）。

```
CLEAR
FOR k=100 TO 999
  a=INT(k/100)
  b=INT((k-100*a)/10)
  c=k%10
  IF k=a**3+b^3+c^3
    ?k
  ENDIF
ENDFOR
RETURN
```

6）编写程序，任意输入 10 个数，将这 10 个数由小到大排列。

```
CLEAR
DIMENSION x(10)
FOR i=1 TO 10
  INPUT "请输入第"+STR(i,2)+"个数:" TO x(i)
ENDFOR
FOR i=1 TO 9
  FOR j=i+1 TO 10
    IF x(i)>x(j)
```

```
      c=x(i)
      x(i)=x(j)
      x(j)=c
    ENDIF
  ENDFOR
ENDFOR
FOR i=1 TO 10
  ??x(i)
ENDFOR
RETURN
```

第3章　面向对象的程序设计基础

面向对象的程序设计出现以前，结构化程序设计是程序设计的主流，称为面向过程的程序设计。在面向过程的程序设计中，问题被看作一系列需要完成的任务，解决问题的焦点集中于函数。这种结构很容易造成全局数据在无意中被其他函数改动，因而程序的正确性不易保证。

面向对象的程序设计的出发点之一就是弥补面向过程的程序设计中的一些缺点：对象是程序的基本元素，它将数据和操作紧密地连接在一起，并保护数据不会被外界的函数意外地改变。

3.1　面向对象的基本理论

面向对象（Object Oriented，OO）=对象（Object）+类（Class）+继承（Inheritance）+通信（Communication）。如果一个软件系统是使用这样4个概念设计和实现的，则将该软件系统称为面向对象的OO方法。

1. 对象

从一般意义上讲，对象是现实世界中一个实际存在事物，它可以是有形的，如一件衣服，也可以是无形，如一项规划。对象是构成世界的一个独立单位，它具有自己的静态特征和动态特征。静态特征即可用某种数据来描述的特征，动态特征即对象所表现的行为或对象所具有的功能。

现实世界中的任何事物都可以称为对象，它是大量的、无处不在的。不过，人们在开发一个系统时，通常只是在一定的问题域内考虑和认识与系统目标有关的事物，并用系统中的对象抽象地表示它们。所以面向对象方法在提到“对象”这个术语时，既可泛指现实世界中的某些事物，也可专指它们在系统中的抽象表示，即系统中的对象。我们主要针对后一种情况讨论对象的概念，其定义是，对象是系统中用来描述客观事物的一个实体，它是构成系统的一个基本单位。一个对象由一组属性和对这组属性进行操作的一组方法构成。

属性和方法，是构成对象的两个主要因素，其定义是，属性是用来描述对象静态特征的一个数据项；方法是用来描述对象动态行为的一个操作序列。

一个对象可以有多项属性和多项方法。一个对象的属性和方法被结合成一个整体，对象的属性值只能由这个对象的方法存取。

值得注意的是，对象只描述客观事物本质的与系统目标有关的特征，而不考虑那些非本质的与系统目标无关的特征。这就是说，对象是对事物的抽象描述。同时，对象是属性和方法的结合体，二者是不可分的。而且对象的属性值只能由这个对象的方法来读取和修改，这就是后文将讲述的封装概念。

根据以上两点，也可以给出如下对象定义：对象是问题域或实现域中某些事物的一个抽象，它反映该事物在系统中需要保存的信息和发挥的作用，它是一组属性和有权对这些属性进行操作的一组方法的封装体。

2. 类

把众多的事物归纳划分成一些类是人类在认识客观世界时经常采用的思维方法。分类所依据的原则是抽象，即忽略事物的非本质特征，只注意那些与当前目标有关的本质特征，从而找出事物的共性，把具有共同性质的事物划分为一类，得出一个抽象的概念。例如，动物、植物、水等都是一些抽象概念，它们是一些具有共同特征的事物的集合，被称为类。类的概念使我们能对属于该类的全部个体事物进行统一的描述。例如，“植物，有叶绿素和细胞壁，是能够进行自养的真核生物，植物共有六大器官：根、茎、叶、花、果实、种子。”这个描述适合所有的植物，从而不必对每个具体的植物进行一次这样的描述。

在 OO 方法中，类的定义是，类是具有相同属性和方法的一组对象的集合，它为属于该类的全部对象提供了统一的抽象描述，其内部包括属性和方法两个主要部分。

在面向对象的编程语言中，类是一个独立的程序单位，它应该有一个类名并包括属性说明和方法说明两个主要部分。类的作用是定义对象，如程序中给出一个类的说明，然后以静态声明或动态创建等方式定义它的对象实例。

类与对象的关系如同一个模具与用这个模具铸造出来的铸件之间的关系。类给出了属于该类的全部对象的抽象定义，而对象则是符合这种定义的一个实体。所以，一个对象又称为类的一个实例（Instance），而有的文献又把类称为对象的模板（Template）。“实体”“实例”意味着什么呢？最现实的一件事是，在程序中，每个对象需要有自己的存储空间，以保存它们自己的属性值。我们说同类对象具有相同的属性与方法，是指它们的定义形式相同，而不是说每个对象的属性值都相同。

我们称为对象的事物既具有共同性，也具有特殊性。运用抽象的原则舍弃对象的特殊性，抽取其共同性，则得到一个适应一批对象的类。如果在这个类的范围内考虑定义这个类时舍弃的某些特殊性，则在这个类中只有一部分对象具有这些特殊性，而这些对象彼此是共同的，于是得到一个新的类。它是前一个类的子集，称为前一个类的派生类，而前一个类称为这个新类的基类，这是从基类到派生类，也可以从派生类到基类。考虑若干类所具有的彼此共同的特征，舍弃它们彼此不同的特殊性，则可得到这些类的基类。

基类和派生类是相对而言的，它们之间是一种真包含的关系，即派生类是基类的一个真子集。如果两个类之间没有这种关系，就谈不上基本和派生。派生类具有它的基类的全部特征，同时又具有一些只适应于本类对象的独特特征。

在 OO 方法中关于基类与派生类的定义是，如果类 A 具有类 B 的全部属性和全部方法，而且具有自己特有的某些属性或方法，则 A 叫做 B 的派生类，B 叫做 A 的基类。这个定义也可用另一种方式给出。如果类 A 的全部对象都是类 B 的对象，而且类 B 中存在不属于类

A 的对象，则 A 是 B 的派生类，B 是 A 的基类。

以上两个定义是等价的，但从软件开发的角度看，前一个定义运用起来将更加方便。

考虑轮船、客轮这两个类，轮船具有吨位、时速、吃水线等属性，并具有行驶、停泊等方法；客轮具有轮船的全部属性与方法，又有自己的特殊属性，如载客量、供餐。所以客轮是轮船的派生类，轮船是客轮的基类。而“亚龙湾 1 号”客轮和“铁达尼号”客轮都是客轮类的对象。

3. 封装

封装是面向对象方法的一个重要原则，它有两个含义。第一个含义是，把对象的全部属性和全部方法结合在一起，形成一个不可分割的独立单位即对象；第二个含义也称为“信息隐蔽”，即尽可能隐蔽对象的内部细节，对外形成一个边界或一道屏障，只保留有限的对外接口使之与外部发生联系。这主要是指对象的外部不能直接地存取对象的属性，只能通过几个允许外部使用的方法与对象发生联系。用比较简练的语言给出封装的定义：封装就是把对象的属性和方法结合成一个独立系统单位，并尽可能隐蔽对象的内部细节。

用“售报亭”对象描述现实中的一个售报亭，它的属性是亭内的各种报刊（名称、定价）和钱箱（总金额），它有两个方法——报刊零售和款货清点。

封装意味着，这些属性和方法结合成一个不可分的整体——售报亭对象。它对外有一道边界，即亭子的隔板，并留一个接口，即售报窗口，这里提供报刊零售方法。顾客只能从这个窗口要求提供方法，而不能自己伸手到亭内拿报纸和找零钱。款货清点是一个内部方法，不向顾客开放。

封装的原则具有很重要的意义，对象的属性和方法紧密结合反映了这样一个基本事实：事物的静态特征和动态特征是事物不可分割的两个侧面，系统中把对象看成它的属性和方法的结合体，就使对象能够集中而完整地描述并对应一个具体的事物。以往有些方法把数据和功能分离开进行处理，很难具有这种对应性。封装的信息隐蔽作用反映了事物的相对独立性。当我们站在对象以外的角度观察一个对象时，只需要注意它对外呈现什么行为——做什么，而不必关心它的内部细节——怎么做。规定了它的职责之后，就不应该随意从外部插手去改动它的内部信息或干预它的工作。封装的原则在软件上的反映是要求使对象以外的部分不能随意存取对象的内部数据，从而有效地避免了外部错误对对象的影响，使软件错误能够局部化，因而大大减少了查错和排错的难度。在售报亭的例子中如果没有一个隔板，行人的一个错误可能使报刊或钱箱不翼而飞。另外，当对象的内部需要修改时，由于它只通过少量的方法接口对外提供方法，因此大大减少了内部的修改对外部的影响，即减小了修改引起的“波动效应”。

封装是面向对象方法的一个原则，也是面向对象技术必须提供的一种机制。例如，在面向对象语言中，要求把属性和方法结合起来定义成一个程序单位，并通过编译系统保证对象的外部不能直接存取对象的属性或调用它的内部方法，这种机制就叫做封装机制。

4. 继承

继承是 OO 方法中的一个十分重要的概念，并且是 OO 技术可提高软件开发效率的重要原因之一。派生类的对象拥有其基类的全部属性与方法，称为派生类对基类的继承。继承意味着“自动地拥有”或“隐含地复制”，就是说，派生类中不必重新定义已在它的基类中定义过的属性或方法，而它却自动地、隐含地拥有其基类的所有属性与方法。OO 方法的这种特性称为对象的继承性。从基类和派生类的定义可以看到，后者对前者的继承逻辑上是必然的。继承的实现则是通过 OO 系统的继承机制来保证的。

一个派生类既有自己新定义的属性和方法，又有从它的基类中继承下来的属性与方法。继承来的属性和方法，尽管是隐式的，但是无论在感念上还是在实际效果上，都确确实实地是这个类的属性和方法。当这个派生类又被它更下层的派生类继承时，它继承来的及自己定义的属性和方法又都一起被更下层的类继承下去。也就是说，继承关系是传递的。

继承具有重要的实际意义，它简化了人们对事物的认识和描述，如人们认识了轮船的特征之后，在考虑客轮时只要知道客轮也是一种轮船这个事实，那就认为它理所当然地具有轮船的全部基本特征，只需要把精力用于发现和描述客轮独有的那些特征即可。在软件开发过程，在定义派生类时，不需把它的基类已经定义过的属性和方法重复地书写一遍，只需要声明它是某个类的派生类，并定义它自己的特殊属性与方法。无疑这将明显地减轻开发工作的强度。

继承对于软件复用是很有益的。在开发一个系统时，使派生类继承基类，这本身就是软件复用，然而其复用意义不仅如此，如果把用 OO 方法开发的类作为可复用构件提交到构件库，那么在开发新系统时不仅可以直接复用这个类，还可以把它作为基类，通过继承而实现复用，从而大大扩展了复用范围。

5. 多态性

对象的多态性是指在基类中定义的属性或方法被派生类继承之后，可以具有不同的数据类型或表现不同的行为。这使同一个属性或方法在基类及其各个派生类中具有不同的语义。从字面上解释，多态性就是“有许多种形态”。

在面向对象的程序设计领域，多态性通常特指下述机制：派生类对象可以像基类对象一样使用，同样的消息既可以发送给基类对象也可以发送给派生类对象。

也就是说，在类等级的不同层次中可以共享一个行为的名称，但是不同层次中的类却各自按自己的需要来实现这个行为。

简而言之：在不同的类层次中，同一个消息被不同的对象接收，产生了不同的行为。当一个对象接收到发送给它的消息时，根据该对象所属于的类动态选用在该类中定义的实现算法。

如果一种 OOPL（Object Oriented Programming Language）能支持对象的多态性，则可为开发者带来不少方便。例如，在基类“几何图形”中定义了一个方法“绘图”，但并不确定执行时到底画一个什么图形。派生类“椭圆”和“多边形”都继承了几何图形类的绘图方法，但其功能却不同：一个是画出一个椭圆，一个是画出一个多边形。进而，在多边形类更下层的基类“矩形”中，绘图方法又可以采用一个比画一般的多边形更高效的算法来画一个矩形。这样，当系统的其余部分请求画出任何一种几何图形时，消息中给出的方法名同样都是“绘图”，因而消息的书写方式可以统一，而椭圆、多边形、矩形等类的对象接收到这个消息时却各自执行不同的绘图算法。

3.2　Visual FoxPro 面向对象程序设计

Visual FoxPro 具有面向对象的程序设计语言（OOPL）的所有特征，是一种非常受欢迎的面向对象的数据库高级语言。

1. Visual FoxPro 中对象及其属性、方法、事件的概念

1）对象：Visual FoxPro 程序设计中使用的对象，一般指各种控件对象。

2）属性：属性是对象固有的物理特征，用来描述对象的状态，如玻璃是透明的。

3）方法：对象的方法是附属于对象的行为和动作，如鸟能飞、扫地机能拖地等。

4）事件：事件是由对象识别的一个动作，是一种由系统预先定义而由用户或系统引发的动作。用户不能创建和更改事件。

2. Visual FoxPro 中类与子类、对象的关系

1）当设计一个类时，不必明确定义类的所有属性和功能，它是由 Visual FoxPro 系统设定的。通常 Visual FoxPro 中把这些类称为控件，把 Visual FoxPro 系统提供的类称为基类。Visual FoxPro 基类只考虑了最通用的特性与功能，往往无法满足用户应用系统开发的需要，为了达到设计要求，可以在基类的基础上利用继承性、封装性设计出自己应用系统的子类（Subclass）。即类可以派生出新类，这里派生出来的新类被称为子类，子类即派生类，原来的类被称为父类，子类继承父类的所有属性和方法。

2）类与对象的关系：类是对象的抽象，对象是类的实例。

3. Visual FoxPro 中的基类

Visual FoxPro 提供了两大基类，容器类和控件类。用户可以使用这些类创建各种实例，从而大大地减少了编程工作量，提高了应用程序的开发效率。

Visual FoxPro 的基类是系统本身内含的，并不存放在某个类库中。用户可以基于类生成所需的对象，也可以扩展基类创建自己的类。

每个 Visual FoxPro 基类都有自己的一组属性、方法和事件。当扩展某个基类创建用户自定义类时，该基类就是用户自定义类的父类，用户自定义类继承该基类中的属性、方法和事件。

Visual FoxPro 基类的属性如表 3-1 所示，所有的基类都包含这些属性。

表 3-1　基类的属性

属性	说明
Class	类名，当前对象基于哪个类而生成
BaseClass	基类名，当前类从哪个 Visual FoxPro 基类派生而来

续表

属性	说明
ClassLibrary	类库名，当前类存放在哪个类库中
ParentClass	父类名，当前类从哪个类直接派生而来

4. 容器类与控件类

Visual FoxPro 中的类有容器类和控件类两种类型，相应地，可分别生成容器对象和控件对象。

（1）容器类

控件是一个可以以图形化方式显示出来并能与用户进行交互式操作使用的工具，如一个命令按钮、一个文本框等。控件通常被放置在一个容器里。容器可以被认为是一种特殊的控件，它能包容其他的控件或容器，如一个表单、一个表格等。我们把容器对象称为那些被包容对象的父对象。Visual FoxPro 中常用容器类及其所能包容的对象如表 3-2 所示。

表 3-2　常用容器类及其所能包容的对象

容器类名称	能包容的对象
表单集（Formset）	表单、工具栏
表单（Form）	任意控件及页框、命令按钮组、选项按钮组、Container 对象等
表格（Grid）	列
列（Column）	标头和除表单集、表单、工具栏、定时器及其他列之外的对象
页框（Pageframe）	页
页（Page）	Container 对象、命令按钮组、选项按钮组、表格等对象
命令按钮组（Commandgroup）	命令按钮
选项按钮组（Optiongroup）	选项按钮
Container 对象	任意控件及页框、命令按钮组、选项按钮组等

（2）容器内控件对象的引用

由于容器中还可以存放容器及控件，因此，就形成了对象的嵌套层次关系，对象的层次指的是包容与被包容的关系。若要引用对象，则应需要相关的属性或关键字。容器层次中的对象引用属性或关键字如表 3-3 所示。引用方法将在 3.3.5 节中介绍。

表 3-3　对象的引用

属性或关键字	引用
Parent	当前对象的直接容器对象
This	当前对象
ThisForm	当前对象所在的表单
ThisFormset	当前对象所在的表单集

3.3 对象的常用属性、事件和方法

在面向对象的程序设计中，表单、命令按钮和文本框等都是程序中的对象，是应用程序的重要组成部分。我们通过对象的3个要素——属性、事件和方法来控制和管理对象。

3.3.1 对象的常用属性

从功能上看，属性可以分为布局和修饰属性、数据属性、状态属性和其他属性4大类。

1. 布局和修饰属性

（1）BackColor 和 ForeColor 属性

BackColor 属性用于指定对象内文本和图形的背景色；ForeColor 属性用于指定对象内文本和图形的前景色。

（2）Caption 属性

Caption 属性用于指定对象的标题，如要把表单 Form1 的标题设置为“学生”，则代码为

```
ThisForm.Caption=“学生”
```

（3）Curvature 属性

Curvature 属性用于指定 Shape 控件的拐角曲率，设置值为数值。0 为没有曲率，建立的是直线拐角；1～98 为圆角拐角，值越大，曲率越大；99 为最大曲率，创建圆或椭圆。

（4）FontName 和 FontSize 属性

FontName 属性用于指定显示文本时的字体名称；FontSize 属性用于指定显示文本时的字体大小。

（5）Height 和 Width 属性

Height 属性用于指定屏幕上某个对象的高度；Width 属性用于指定屏幕上某个对象的宽度。设置值为数值，默认单位为像素。

（6）Left 和 Top 属性

Left 属性用于指定控件最左边相对于其父对象的位置；Top 属性用于指定控件顶边相对于其父对象顶边的位置。设置值为数值，默认单位为像素。

2. 数据属性

（1）ButtonCount 属性和 Buttons 属性

ButtonCount 属性用于指定命令按钮组或选项按钮组中包含的按钮数；Buttons 属性用于指定命令按钮组或选项按钮组中第几个按钮的数组，数组的下标介于 1～ButtonCount 之间。

例如，现有一个命令按钮组 Commandgroup1，它包含 4 个命令按钮，如果要设置第二个命令按钮的标题为“确定”，则代码为

```
ThisForm.Commandgroup1.Buttons (2) .Caption="确定"
```

（2）ColumnCount 属性和 Columns 属性

ColumnCount 属性用于指定表格、组合框和列表框中包含列的数目；Columns 属性用于指定表格、组合框和列表框中第几列的数组，数组的下标介于 1～ColumnCount 之间。

（3）ControlCount 属性和 Controls 属性

ControlCount 属性用于指定容器对象中包含的控件数目；Controls 属性用于指定容器对象中第几个控件的数组，数组的下标介于 1～ControlCount 之间。例如，现有一个容器对象 Container1，它包含 4 个文本框对象，如果要设置第二个文本框的值为“ABC”，则代码为

```
ThisForm.Container1.Controls (2) .Value="ABC"
```

（4）FormCount 属性和 Forms 属性

FormCount 属性用于指定表单集中包含的表单数目；Forms 属性用于指定表单集中第几个表单的数组，数组的下标介于 1～FormCount 之间，利用该属性可以方便地对表单集中的每个表单进行操作。

（5）PageCount 属性和 Pages 属性

PageCount 属性用于指定页框中包含的页数；Pages 属性用于指定页框中第几个页面的数组，数组的下标介于 1～PageCount 之间。例如，现有一个页框 Pageframe1，它包含 3 个页面，如果要设置第二个页面的标题为“学生”，则代码为

```
ThisForm.Pageframe1.Pages (2) .Caption="学生"
```

（6）ControlSource 属性

ControlSource 属性用于指定数据绑定对象的数据源，数据源可以是字段或变量。例如，文本框 Text1 要显示课程名，则它的 ControlSource 属性将和课程表的课程名数据绑定。

（7）RecordSourceType 属性和 RecordSource 属性

RecordSourceType 属性用于指定表格控件数据源的打开方式，它的值有 0、1、2、…；RecordSource 属性用于指定表格控件绑定的数据源。

（8）RowSourceType 属性和 RowSource 属性

RowSourceType 属性用于指定组合框或列表框控件中数据源的类型，它的值有 0、1、2、…；RowSource 属性用于指定组合框或列表框的数据源。

（9）Value 属性

Value 属性用于指定控件当前状态。大多数控件都有该属性，如文本框、组合框、列表框等。

3. 状态属性

（1）Enabled 属性

Enabled 属性用于指定对象是否响应由用户触发的事件。它的值为逻辑值，默认值为.T.（响应用户触发的事件）。

（2）ReadOnly 属性

ReadOnly 属性用于指定用户能否编辑该控件，或指定与临时表对象相关联的表或视图

是否允许更新。该属性的值为逻辑值，默认值为.F.（可以编辑）。

（3）Visible 属性

Visible 属性用于指定对象是否可见，它的值为逻辑值，默认值为.T.（可见）。

4. 其他属性

（1）Name 属性

Name 属性用于指定在代码中所引用对象的名称。

（2）Parent 属性

Parent 属性用于指定引用控件的容器对象。

3.3.2　对象属性的设置

可以通过静态和动态两种方法设置对象的属性。在表单设计器中，通过属性窗口设置对象属性是静态设置；在程序代码中，利用赋值语句修改对象的属性是动态设置。

当表单设计器处于打开状态时，属性窗口通常默认显示于 Visual FoxPro 主窗口中，若属性窗口处于关闭状态，可以通过下列 3 种方法打开对象的属性窗口。

1）选择“显示”→“属性”选项。

2）右击对象，在弹出的快捷菜单中选择“属性”选项。

3）单击工具栏中的“属性窗口”按钮。

属性窗口主要由对象选择框、选项卡、属性设置框、属性选择框和属性说明框 5 部分组成，如图 3-1 所示。

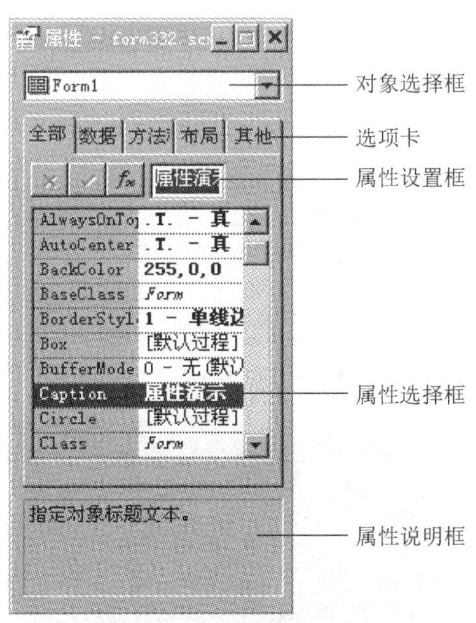

图 3-1　属性窗口

1）对象选择框：包含当前表单中的所有对象，可以通过对象选择框选择当前对象。

2）选项卡：属性窗口中有“全部”“数据”“方法程序”“布局”“其他”5 个选项

卡，可以选择不同选项卡，分类查看和设置对象的属性、事件和方法。

3）属性选择框：每一行包括属性名和属性值两列。属性值中以黑体字表示修改过的属性；以斜体字表示不允许用户修改的属性，其值由系统自动设置，如 Class 和 Parent 都是用户不可修改的属性。

选择某属性后，可以在属性设置框中输入或选择属性值，其方法如下。

① 若属性设置框为文本框，则通过键盘向文本框中输入属性值，按 Enter 键或单击"√"按钮使属性值生效。

② 若属性设置框为组合框，则在组合框中选择属性值，或者双击属性行切换到理想的属性值。

③ 若属性设置框右侧有"浏览"按钮，则单击"浏览"按钮后可以选择适当的属性值。

④ 在修改过的属性行处右击，在弹出的快捷菜单中选择"重置为默认值"选项，可以将属性恢复到系统默认值。

4）属性说明框：在属性选择框中选定某一属性、事件或方法时，此位置将显示属性的简要说明，以帮助用户了解所选内容的含义。

例 3-1 创建一个表单，按表 3-4 设置其属性，观察表单运行结果。

操作步骤如下。

1）建立新表单 Form332，并使其处于打开状态。

2）确认属性窗口中对象选择框中的对象名为"Form1"，即为当前表单。

3）设置表单属性如表 3-4 所示。

表 3-4　例 3-1 的表单属性设置

属性名	属性值	说明
Caption	属性演示	用于显示标题
BackColor	255,0,0	指定表单背景为红色
AutoCenter	.T.	指定表单在运行时，自动在 Visual FoxPro 主窗口内居中
BorderStyle	1	指定表单为单线边框
Movable	.F.	运行时表单不可移动
AlwaysOnTop	.T.	指定表单总是位于其他窗口之上
MaxButton	.F.	表单无最大化按钮
MinButton	.F.	表单无最小化按钮

4）运行表单，观察表单运行结果，如图 3-2 所示。

图 3-2　表单运行结果

3.3.3 对象的常用事件

在面向对象程序设计中，事件（Event）是指由系统预先定义的一个动作。一旦触发某事件，系统就会自动执行该事件的程序代码，当事件程序执行完毕后，系统又会等待新的事件发生。例如，单击某个命令按钮时，就会触发该命令按钮的 Click 事件，系统执行 Click 事件中的代码。

1. 触发事件的方式

面向对象程序在事件驱动下运行，触发事件的方式可以分为 3 种。

1）用户触发：当用户进行某种操作时可能触发对象的相关事件。例如，单击某对象时，将触发该对象的 Click 事件；从键盘输入信息时，将触发对应对象的 KeyPress 事件等。

2）系统触发：当系统内部发生变化时，可能触发对象的相关事件。例如，每隔一段时间，系统可能触发计时器对象的 Timer 事件；当程序运行出错时，系统可能触发相关对象的 Error 事件等。

3）代码触发：在程序运行过程中，执行到对象某些方法时，将触发对象的相关事件。例如，执行 SetFocus 方法将触发获得焦点对象的 GotFocus 事件，同时触发失去焦点对象的 LostFocus 事件。

编写事件代码时注意两条原则：①每个对象独立地接收自己的事件；②容器事件和控件事件互相独立。只要控件本身编写事件代码，无论是一般容器还是组容器（组容器指的是命令按钮组和选项按钮组），都先执行控件自己的事件代码；如果控件本身没有编写事件代码，且是在组容器中，则执行父容器的同名事件代码，如果控件是在一般容器中，则控件不执行任何操作。Visual FoxPro 系统中，事件集是固定的，用户不能定义新的事件，对象可以响应 50 多种事件。Visual FoxPro 常用事件如表 3-5 所示。

表 3-5 Visual FoxPro 常用事件

事件	事件说明
Init	在建立对象时触发。如果表单中包含控件，则先触发各控件对象的 Init 事件，然后触发表单的 Init 事件
Activate	当表单变为活动表单时，将触发此表单的 Activate 事件
GotFocus	在应用程序中，可能包含多个对象，但在某一时刻仅有一个对象得到焦点。当单击鼠标、按 Tab 键或程序中调用 SetFocus 方法时，将触发获得焦点对象的 GotFocus 事件
Click	鼠标左键单击对象时触发
RightClick	鼠标右键单击对象时触发
DblClick	鼠标双击对象时触发
MouseDown	按下鼠标键时触发
MouseUp	释放鼠标键时触发
KeyPress	按下键盘上的键时触发
Error	在运行对象的方法或事件代码过程中，发生错误时触发
LostFocus	当对象失去焦点时触发
Destroy	当释放对象时触发。例如，关闭表单时，触发 Destroy 事件

（1）Activate 事件

发生时机：当激活表单、表单集或页对象，或者显示工具栏对象时，将触发 Activate

事件。

应用：表单、表单集、页面和工具栏。

语法格式：对象.Activate。

（2）Click 事件

发生时机：当对象程序中包含触发此事件的代码，用户单击对象时将触发该事件。

应用：复选框、组合框、命令按钮、命令组、容器对象、控件对象、编辑框、表单、表格、标头、图像、标签、线条、列表框、选项按钮、选项组、页面、页框、形状、微调、文本框和工具栏。

语法格式：对象.Click。

几乎 Visual FoxPro 中所有的对象都有该事件，最常用的是命令按钮的 Click 事件。

（3）Init 事件

发生时机：在创建对象时发生。

应用：复选框、组合框、命令按钮、命令组、容器对象、控件对象、临时表、自定义控件、数据环境、编辑框、表单、表单集、表格、图像、标签、线条、列表框、OLE 绑定型控件、OLE 容器控件、选项按钮、选项组、页面、页框、关系、形状、微调、文本框、计时器和工具栏。

语法格式：对象.Init。

（4）InteractiveChange 事件

发生时机：在使用键盘或鼠标更改控件的值时，触发该事件。

应用：复选框、组合框、命令组、编辑框、列表框、选项组、微调和文本框。

语法格式：控件.InteractiveChange。

注意：在每次单击或更改对象的值时都将触发该事件。

（5）Timer 事件

发生时机：当经过 Interval 属性中指定的毫秒数时，触发该事件。

应用：计时器。

语法格式：Timer.Timer。

（6）Valid 事件

发生时机：在控件失去焦点之前触发该事件。

应用：复选框、组合框、命令按钮、命令组、编辑框、表格、列表框、选项按钮、选项组、微调和文本框。

语法格式：控件.Valid。

说明：Valid 事件返回.T.或非零数字时，表明该控件失去了焦点；当返回.F.或零时，表明该控件没有失去焦点。

2. 编写事件代码

在设计应用程序时，如果对某事件没有编写代码，则系统执行默认过程。为了完成特定任务，需要对事件编写代码。代码应在代码编辑窗口中进行编写，如图 3-3 所示，进入代码编辑窗口的方法有如下 4 种。

图 3-3　Form1 的 Click 事件代码编辑窗口

1）双击对象。

2）右击对象，在弹出的快捷菜单中选择“代码”选项。

3）选择“显示”→“代码”选项。

4）双击属性窗口中的事件名称。

代码编辑窗口上有两个组合框，“对象”选择框用来选择对象；“过程”选择框用来选择事件。确定要编写代码的对象及事件后，可在代码编辑区中输入事件的程序代码。

3.3.4　对象的常用方法

Visual FoxPro 中不同的对象具有不同的方法，与事件不同的是，用户可以定义新的方法，新建的方法属于表单。方法是 Visual FoxPro 为对象设计的内部通用过程，可以使对象执行某种操作，方法的程序代码由系统内部定义，对用户是不可见的。

1. AddItem 方法

功能：在组合框或列表框中添加一个新的数据项，并且可以指定数据项的索引。

应用：组合框、列表框。

语法格式：控件.AddItem（字符串表达式[,nIndex][,nColumn]）。

参数说明：字符串表达式是指添加到控件中的数据项。

nIndex 用于指定数据项插入的位置。如果省略，则 Sorted 属性设置为.T.，数据项按字母排序方式添加到队列；Sorted 属性设置为.F.，数据项添加到队列的末尾。nColumn 用于指定数据项添加到第几列，省略时为 1。

2. Clear 方法

功能：清除组合框或列表框中的数据项。

应用：组合框、列表框。

语法格式：控件.Clear。

注意：Clear 方法只在组合框或列表框的 RowSourceType 属性设置为 0 时才有效，它只用于代码窗口。

3. Hide 方法

功能：隐藏表单、表单集或工具栏。

应用：表单、表单集、_SCREEN、工具栏。

语法格式：对象.Hide。

4. Refresh 方法

功能：重画表单或控件并刷新所有值。

应用：大多数 Visual FoxPro 中的对象，包括复选框、列、组合框、命令按钮、命令组、容器对象、控件对象、编辑框、表单、表单集、表格、标头、列表框、OLE 绑定型控件、OLE 容器控件、选项按钮、选项组、页面、页框、_SCREEN、微调、文本框和工具栏。

语法格式：对象.Refresh。

5. Release 方法

功能：释放表单集或表单。

应用：表单、表单集、_SCREEN

语法格式：对象.Release。

6. SetAll 方法

功能：为容器对象中的所有控件或某类控件指定一个属性设置。

应用：列、命令组、容器对象、表单、表单集、表格、选项组、页面、页框、_SCREEN、工具栏。

语法格式：容器.SetAll（cProperty, Value [, cClass]）。

参数说明：cProperty 为要设置的属性。Value 属性的新值、数据类型取决于要设置的属性。cClass 用于指定类名，该类为对象的基类。

使用说明：使用 SetAll 方法可为容器中的所有控件或某类控件设置一个属性。

7. SetFocus 方法

功能：为一个控件指定焦点，确定当前的操作对象。

应用：复选框、列、组合框、命令按钮、容器对象、控件对象、编辑框、表格、列表框、OLE 绑定型控件、OLE 容器控件、选项按钮、微调和文本框。

语法格式：对象.SetFocus。

8. Show 方法

功能：显示表单、表单集或工具栏。

应用：表单、表单集、_SCREEN 和工具栏。

语法格式：对象.Show。

例 3-2 建立一个表单，使其运行时，单击 Command1 命令按钮关闭表单。

操作步骤如下。

1）使用命令“MODI FORM Form334”建立表单文件 Form334.scx，并使其处于打开状态。

2）在表单控件中选定命令按钮，单击表单中适当位置，建立 Command1 命令按钮。

3）双击 Command1 命令按钮，进入其 Click 事件的代码编辑窗口，编写如下代码。

```
ThisForm.Release
```

4）运行表单，单击 Command1 命令按钮。

3.3.5 对象的引用

在面向对象程序设计中，程序代码可以通过对象的引用来指定对象的属性或对象的方法。在 Visual FoxPro 中，引用对象的方式有绝对引用和相对引用两种。

1. 绝对引用

绝对引用是从包含对象的最外层容器名开始，由外向内，一层一层地引用，对象之间用圆点“.”隔开。其引用格式如下。

```
<表单名>.[<对象名 1>. ] [<对象名 2>. ]......<对象名 n>.<属性名 | 方法名>
```

表单名是表单文件名或是 Do Form…Name…语句中命名的引用名。各对象名均是对象的 Name 属性值。格式中由左到右是逐级包含关系，而<属性名 | 方法名>为最后一级对象的属性或方法，即<对象名 *n*>是真正被操作的对象。

例如，建立文件名为 Form335a.scx 的表单文件，其中表单上有一个命令按钮，其 Name 属性值为 Command1，则对命令按钮的 Caption 属性的正确引用为

```
Form335a.Command1.Caption      &&表单文件 Form 中 Command1 命令按钮的 Caption 属性
```

2. 相对引用

相对引用是从当前对象位置开始，逐层地找到要引用的对象。相对引用对象时，通常以下列关键字开头。

1）ThisForm：表示程序代码所在的表单。

2）This：表示程序代码所在方法或事件直接隶属的对象。

其引用格式如下。

```
<ThisForm | This.>[对象名 1.][对象名 2.]......[对象名 n.]<属性名|方法名>
```

例如，下列都是正确的引用格式。

```
This.Caption                  &&当前对象(表单或控件)的 Caption 属性
ThisForm.Caption              &&当前表单的 Caption 属性
ThisForm.Command1.Caption     &&当前表单上的 Command1 命令按钮的 Caption 属性
ThisForm.Release              &&释放当前表单,即关闭窗口,此例为方法的引用
```

3. Parent 属性

Parent 是对象的一个属性，表示当前对象所在的直接容器（即父对象）。

例如，表单中有标签 Label1 和命令按钮 Command1 两个控件，当前对象为命令按钮，则对标签 Caption 属性的正确引用为

```
This.Parent.Label1.Caption
```

表示当前对象（Command1）的直接容器（即表单）里的Label1标签的Capton属性。

4. 动态设置对象属性

利用属性窗口修改对象属性的值，属于静态设置对象属性的值，适用于表单的设计阶段。在设计表单程序时，有时希望在表单运行时能修改对象的属性值，即利用代码完成对象属性的更改，这种方法就是动态设置属性。其设置格式如下。

```
对象的逐级引用.<属性>=<属性值>
```

其中，<属性值>可以是一个表达式，或其他对象的属性值，但其数据类型与待设置的对象属性的数据类型必须一致。动态设置对象属性的方法，只有在表单运行时才有效，当表单处于编辑状态时，此方法无效。

例 3-3 运行表单时，单击其中命令按钮，表单标题变为“动态设置属性练习”。

操作步骤如下。

1）建立新表单，文件名为Form335b.scx。

2）在表单中添加命令按钮Command1。

3）双击Command1按钮，进入其Click事件的代码编辑窗口，输入下列代码。

```
ThisForm.Caption="动态设置属性练习"    &&为当前表单的Caption属性赋值
```

4）运行表单，单击Command1命令按钮，窗口标题变为“动态设置属性练习”。

例 3-4 单击一个运行表单中的命令按钮，将表单的标题显示在命令按钮上。

操作步骤如下。

1）建立新表单，文件名为Form335c.scx。

2）修改表单的Caption属性为“练习”。

3）在表单中添加命令按钮Command1。

4）双击Command1命令按钮，进入其Click事件的代码编辑窗口，输入下列代码。

```
ThisForm.Command1.Caption=ThisForm.Caption
&&将当前表单的Caption属性赋给命令按钮Command1的Caption属性
```

5）运行表单，单击Command1命令按钮。

3.4 表单的创建与运行

1. 创建和编辑表单

（1）创建新表单的方法

1）通过命令 CREATE FORM <表单名> 创建表单。

格式：

```
CREATE FORM  [<表单文件名>]
```

功能：建立新表单。

说明：命令中可以只写表单文件主名，不指定其扩展名，系统默认表单文件的扩展名为.scx；若命令中省略<表单文件名>，则直接进入表单设计器，待保存文件时再为表单文件命名。

2）使用表单设计器创建表单。选择“文件”→“新建”选项，打开“新建”对话框，选中“表单”单选按钮，再单击“新建文件”按钮。

3）通过项目管理器创建。

4）使用表单向导创建表单。选择“文件”→“新建”选项，打开“新建”对话框，选中“表单”单选按钮，再单击“向导”按钮。

（2）编辑已保存表单的方法

1）通过命令 MODIFY　FORM <表单名> 编辑表单。

格式：

```
MODIFY FORM [<表单文件名>]
```

说明：如果不指定表单文件名，则其操作方法与后两种方法类似。如果指定表单文件名，则直接进入表单设计器。

2）选择“文件”→“打开”选项，在打开的“打开”对话框中选择需要编辑的表单文件，单击“确定”按钮，打开表单设计器进行编辑。

3）通过项目管理器，选中要编辑的表单，单击“修改”按钮，打开表单设计器进行编辑。

2. 保存和运行表单

（1）保存表单的方法

1）使用 Ctrl+W 组合键，打开“另存为”对话框保存表单。

2）选择“文件”→“保存”选项，保存表单。

3）单击标准工具栏中的“保存”按钮，保存表单。

（2）运行表单的方法

方法一：通过命令 DO　FORM <表单名> 运行表单。

格式：

```
DO FORM <表单文件名> [ Name <表单引用名> ]
```

说明：表单文件名中可以省略扩展名.scx。可选项 Name <表单引用名>的作用是在打开表单的同时为表单指定引用名，以便使此表单在其他位置可以更方便地被引用，表单引用名的命名规则和作用域与内存变量相同。

1）在表单设计器环境下，选择“表单”→“执行表单”选项，或单击标准工具栏中的“运行”按钮。

2）在项目管理器中，选择要运行的表单后，单击窗口中的“运行”按钮。

3）在磁盘上双击表单文件图标，运行表单。

3.5 用表单设计器设计表单

1. 基本设计步骤

1）在表单设计器窗口添加控件对象并操作控件。
2）在属性窗口设置对象属性。
3）控件布局。
4）设置 Tab 键次序。
5）编写事件代码或方法程序。

2. 表单设计器环境

启动表单设计器后，Visual FoxPro 主窗口中将打开表单设计器窗口、属性窗口、表单控件工具栏、表单设计器工具栏等，如图 3-4 和图 3-5 所示。若要显示这些窗口，可以通过显示菜单来显示或隐藏。

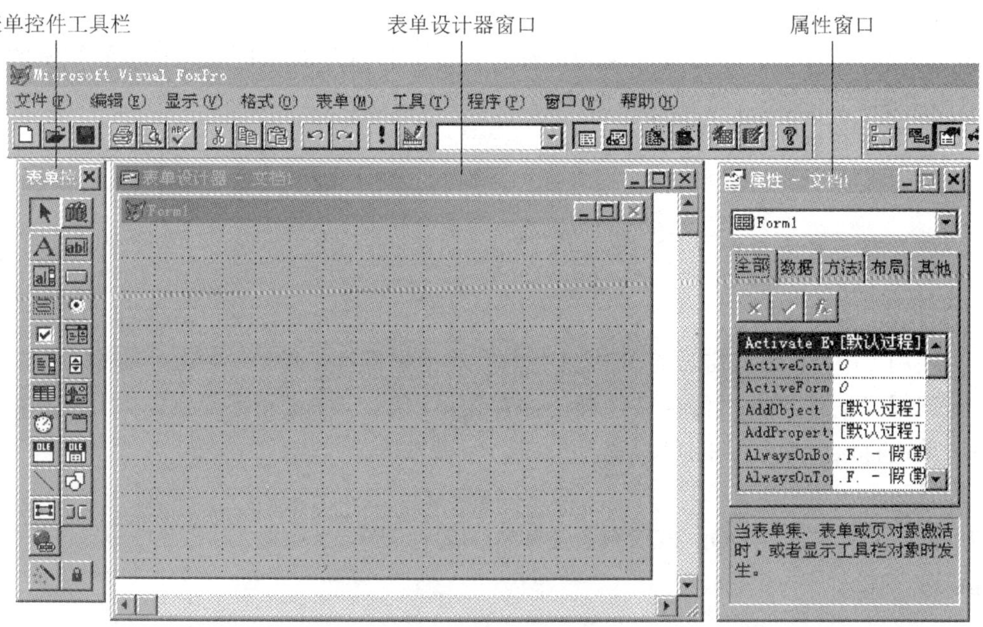

图 3-4 表单设计器窗口、属性窗口、表单控件工具栏

图 3-5 表单设计器工具栏

3. 表单设计器布局

（1）表单布局工具栏

表单布局工具栏中的按钮从左到右依次为左边对齐、右边对齐、顶边对齐、底边对齐、

垂直居中对齐、水平居中对齐、相同宽度、相同高度、相同大小、水平居中、垂直居中、置前、置后，如图 3-6 所示。

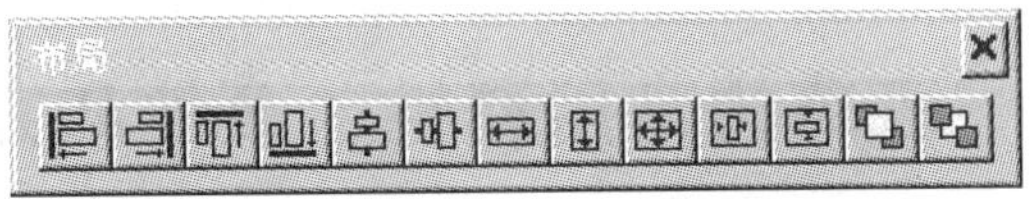

图 3-6　表单布局工具栏

表单布局工具栏中的按钮功能如表 3-6 所示。

表 3-6　表单布局工具栏中的按钮功能

按钮	功能
左边对齐	按最左边界对齐选定控件。当选定多个控件时可用
右边对齐	按最右边界对齐选定控件。当选定多个控件时可用
顶边对齐	按最上边界对齐选定控件。当选定多个控件时可用
底边对齐	按最下边界对齐选定控件。当选定多个控件时可用
垂直居中对齐	按照垂直轴线对齐选定控件的中心。当选定多个控件时可用
水平居中对齐	按照水平轴线对齐选定控件的中心。当选定多个控件时可用
相同宽度	把选定控件的宽度调整到与最宽控件的宽度相同
相同高度	把选定控件的高度调整到与最高控件的高度相同
相同大小	把选定控件的尺寸调整到最大控件的尺寸
水平居中	按照通过表单中心的垂直轴线对齐选定控件的中心
垂直居中	按照通过表单中心的水平轴线对齐选定控件的中心
置前	把选定控件放置到所有其他控件的前面
置后	把选定控件放置到所有其他控件的后面

（2）设置 Tab 键次序

Tab 次序的意思是，当表单中有多个控件时，可以设置焦点在它们上边的移动顺序。Tab 键次序可通过 TabIndex 属性设置。

表单控件的默认 Tab 键次序是控件添加到表单时的次序，但通过设置控件的 Tab 键次序可以使用户按照逻辑顺序在控件之间移动。若要改变控件的 Tab 键次序，操作方法如下。

1）单击工具栏中的“设置 Tab 键次序”按钮。

2）双击控件旁边的框，这个控件将在表单打开时具有最初焦点。

3）按需要的 Tab 键次序依次单击框。

4）单击控件外的任何地方，完成设置。

也可以在“选项”对话框中的“表单”选项卡中，为表单中的对象设置 Tab 键次序。

可以在一个控件组中设置选项按钮和命令按钮的选择顺序。要想使用键盘移动到一个控件组，用户需要按 Tab 键移动到控件组的第一个按钮，然后使用方向键选择该组中的其他按钮。若要更改一个控件组中按钮的选择顺序，操作方法如下。

1）在属性窗口中的“对象”列表中选择控件组。若显示一条粗的边框，则表明该组处于编辑状态。

2）选择表单设计器窗口。

3）从“显示”菜单中选择“Tab 键次序”选项。

4）选择合适的 Tab 键次序。

3.6 表单的常用属性、事件和方法

1. 表单的常用属性

表单的常用属性如表 3-7 所示。

表 3-7 表单的常用属性

属性	描述	默认值
AlwayOnTop	指定表单是否总是位于其他打开窗口之上	.F.
AutoCenter	设置表单运行时是否在 Visual FoxPro 主窗口中居中显示	.F.
BackColor	设置表单窗口的颜色	192,192,192
BorderStyle	指定表单边框的风格	3
Caption	设置显示于表单标题栏上的文本	Form1
Closable	指定是否可以通过单击关闭按钮或双击控制菜单来关闭表单	.T.
MaxButton	确定表单是否有最大化按钮	.T.
MinButton	确定表单是否有最小化按钮	.T.
Movable	确定表单是否能够拖动	.T.
ScrollBars	指定表单的滚动条类型	0（无）
WindowState	指明表单的状态 0（正常）、1（最小化）、2（最大化）	0
WindowType	指定表单是模式表单（设置为 1）还是非模式表单（设置为 0）在一个应用程序中，如果运行了一个模式表单，那么在关闭该表单之前不能访问应用程序中的其他界面元素	0
Visible	显示或隐藏表单	.T.
Enabled	禁止或允许使用表单	.T.

2. 表单的常用事件

（1）运行时的事件

Load：在表单对象建立之前引发，即运行表单时，最先引发的事件。

Init：在对象建立时引发，在表单对象的 Init 事件引发之前，将先引发它所包含的控件对象的 Init 事件。

（2）关闭时的事件

Destroy：在对象释放时引发。表单对象的 Destroy 事件在它所包含的控件对象的 Destroy 事件引发之前引发。

Unload：在表单对象释放时引发，是表单对象释放时最后一个要引发的事件。

（3）交互时的事件

GotFocus：当对象获得焦点时引发。

Click：单击鼠标左键时引发。

DblClick：用鼠标双击对象时引发。

RightClick：用鼠标右键单击对象时引发。

InteractiveChange：通过鼠标或键盘交互式改变一个控件的值时引发。

（4）错误时的事件

Error：当对象方法或事件代码在运行过程中产生错误时引发。

表单的常用事件及默认值如表 3-8 所示。

表 3-8　表单的常用事件及默认值

事件	应用
Init 事件	在对象建立时引发
Destroy 事件	在对象释放时引发
Error 事件	对象方法或事件代码在运行过程中产生错误时引发
Load 事件	在表单对象建立之前引发
Unload 事件	在表单对象释放时引发
GotFocus 事件	当对象获得焦点时引发
Click 事件	用鼠标单击对象时引发
DblClick 事件	用鼠标双击对象时引发
RightClick 事件	用鼠标右键单击对象时引发
InteractiveChange 事件	当通过鼠标或键盘交互式改变一个控件值引发

3. 表单的常用方法

表单的常用方法及其作用如表 3-9 所示。

表 3-9　表单的常用方法

方法	作用
Show	显示表单。该方法将表单的 Visible 属性设置为.T.，并使表单成为活动对象
Hide	隐藏表单。该方法将表单的 Visible 属性设置为.F.
Release	将表单从内存中释放（清除）
Refresh	刷新表单控件的值
SetFocus	让控件获得焦点。该方法要求对象的 Visible 属性和 Enabled 属性的值必须为.T.
Cls	清除表单上显示的内容

4. 添加新的属性、方法

可以为表单添加新的属性和方法，但不能添加新的事件。

（1）为表单添加新的属性

打开表单设计器，然后选择“表单”→“新建属性”选项，打开“新建属性”对话框，如图 3-7 所示。可在“名称”文本框中输入新建的属性名，单击“添加”按钮就可以往表单里添加一个新属性。

（2）为表单添加新的方法

打开表单设计器，然后选择“表单”→“新建方法程序”选项，打开“新建方法程序”对话框，如图 3-8 所示。可在“名称”文本框中输入新建的方法名，单击“添加”按钮就可以往表单里添加一个新方法。

图 3-7　新建属性

图 3-8　新建方法

3.7　基本型控件

3.7.1　标签控件与图像控件

标签控件和图像控件都属于显示信息类控件，用于在表单上显示文本或图形，这类控件有标签、线条、形状和图像，它们起到显示信息或修饰表单的作用。

1. 标签控件

标签（Label）控件的默认 Name 属性值为 Label1。

标签控件可以在表单中显示文本信息，在表单运行时，无法用鼠标指针直接对标签中的文本信息进行选取或修改操作，因此，标签控件常用于表单上的提示信息或说明性文字。可以在程序代码中通过重新设置 Caption 属性修改标签显示的文本。标签显示的文本最多能容纳 256 个字符。标签的常用属性如下。

1）Caption：为标签控件指定标题文本，即在表单上显示的文本信息。很多控件都有 Caption 属性，如表单、命令按钮、复选按钮等，其作用是相同的，都是显示文本信息，且属性值的数据类型均为字符型。

2）AutoSize：设置 AutoSize 属性可以确定标签显示区域的大小是否随标题文本的大小及多少进行变化。该属性值的数据类型为逻辑型。当 AutoSize 属性取值为.T.时，标签显示区域的大小将随标题文本的大小及多少变化；当 AutoSize 属性取值为.F.时，标签显示区域的大小不随标题文本大小及多少而变。

标签几乎是表单上必不可少的控件，使用特别广泛，它的常用属性如表 3-10 所示。

表 3-10　标签控件的常用属性

属性	说明
Name	名称默认为 Label1
Alignment	设置对象的对齐方式。0 为左对齐，1 为右对齐，2 为居中对齐
BackColor	设置对象的背景颜色
BackStyle	设置对象的背景是否透明。0 为透明，1（默认值）为不透明
FontItalic	设置对象的文字是否以斜体显示。取值为.T.或.F.（默认值）

续表

属性	说明
FontName	设置对象的显示字体
FontSize	设置对象显示字体的大小
ForeColor	设置对象显示的前景色
WordWrap	设置对象文本是否自动回绕。取值为.T.（此时忽略 AutoSize 设置）或.F.（默认值）

2. 图像控件

图像（Image）控件用于在表单上显示静态图像，利用图像控件的 Picture 属性可以指定图像文件名及存放位置，图像文件的类型可以是 BMP、ICO、GIF 或 JPG 等。

3.7.2　线条控件与形状控件

1. 线条控件

线条（Line）用于在表单上画线，如斜线、垂直线和水平线等。线的走向可以由 LineSlant 属性来设置，其值为“\”表示从左上角向右下角画线；“ / ”表示从右上角向左下角画线。若将线的 Width 属性值设为 0，则得到一条垂直线；若将线的 Height 属性值设为 0，则得到一条水平线。

2. 形状控件

形状（Shape）可以在表单中生成各种封闭图形，如矩形、圆角矩形、椭圆、正方形、圆角正方形和圆等。形状的类型取决于 Curvature（曲率）、Width 和 Height 属性值，如表 3-11 所示。

表 3-11　形状控件的属性

Curvature 属性值	Width 与 Height 属性值相等	Width 与 Height 属性值不相等
0	正方形	矩形
1～98	圆角正方形（随着 Curvature 属性值增大，其圆角也相应变大）	圆角矩形（随着 Curvature 属性值增大，其圆角也相应变大）
99	圆	椭圆

在表单上，若想使一个对象放置在其他对象上面，可将该对象“置前”；若想使一个对象被其他对象遮盖，单击布局工具栏中的“置前”或“置后”按钮即可。

其他常用属性如下。

1）BorderWidth 属性：确定形状控件边框的宽度。当宽度为 1 时，BorderStyle 属性生效，可以设置为 0～6 的 7 种选项，分别为“0-透明”“1-实线”“2-虚线”“3-点线”“4-点划线”“5-双点划线”“6-内实线”，默认值为 1。

2）FillStyle 属性：确定图形方案。包含 0～7 共 8 个属性值选项，分别为“0-实线”“1-透明”“2-水平线”“3-垂直线”“4-向上对角线”“5-向下对角线”“6-交叉线”“7-对角交叉线”。

3）FillColor 属性：给图形填充颜色。只有封闭的图形才能填充颜色。

4）SpecialEffect 属性：确定图形的显示效果，前提是 Curvature 的属性值为 0，它有“0-3维”“1-平面”两种属性值。

例 3-5 建立“学生成绩管理系统”封面表单 Form372，如图 3-9 所示。

操作步骤如下。

1）使用命令 CREATE FORM Form372 新建表单文件 Form372.scx。

2）表单中所添加的对象，用布局工具栏排好前置和后置位置，属性设置如表 3-12 所示。

图 3-9　表单界面

表 3-12　属性设置

对象名	属性	属性值
Form1	AutoCenter	.T.
	BorderStyle	3
	TitleBar	0
Label1	Caption 属性	学生成绩管理系统
	AutoSize 属性	.T.
	ForeColor	255,255,255
	FontSize	24
Image1	Picture 属性	6.jpg
Shape1	BackColor	236,233,216
	BackStyle	0
	BorderStyle	4
	BorderWidth	5
Line1	BorderColor	128,128,0
	BorderStyle	5

3）Image1 的 Click 事件代码如下。

```
ThisForm.Release
```

4）运行表单。

3.7.3　命令按钮与复选框控件

1. 命令按钮

命令按钮（CommandButton）可以完成某种特定功能，如关闭表单和移动记录指针等，通常在其 Click 事件中编写程序代码。命令按钮的常用属性如下。

1）Caption：用于设置命令按钮的标题，即显示在命令按钮上的文字。在 Caption 属性值中以“\<字母”方式输入值，则表示定义热键，即运行表单时按该字母键，将触发按钮的 Click 事件。例如，某命令按钮的 Caption 属性值为“退出\<E”，则表示按下键盘上的 E 键将触发该按钮的 Click 事件。

2）Default：用于设置命令按钮是否为表单的默认按钮，此属性值为逻辑型。当其值为.T.时，命令按钮为当前表单中的默认按钮。命令按钮的 Default 属性的系统默认值为.F.。一个表单中只能有一个默认命令按钮。

在运行表单时，如果焦点不在任何命令按钮上，按下 Enter 键，系统将自动触发表单中默认按钮的 Click 事件；如果焦点在某个命令按钮上，按下 Enter 键，则执行焦点所在的命令按钮的 Click 事件。

3）Cancel：用于设置 Esc 键所触发的命令按钮，Cancel 属性值为逻辑型，系统默认值为.F.。在表单运行时按 Esc 键，将焦点移到 Cancel 值为.T.且“Tab 键次序”最小的命令按钮上，同时触发其 Click 事件。即在同一个表单上可以将多个命令按钮的 Cancel 值设为.T.，但按 Esc 键时只有一个命令按钮做出反应。

4）Enabled：适用于大多数控件，如命令按钮、表单、标签、文本框等。该属性用于设置对象是否可用，即是否响应用户引发的事件。Enabled 属性值为逻辑型，当其值为.T.（默认）时，表示该控件可用。

其他常用属性如表 3-13 所示。

表 3-13　命令按钮的常用属性

属性	说明
Name	指定命令按钮的名称
Visible	当前命令按钮是否可见

2. 复选框控件

复选框（CheckBox）允许从若干个选项中同时选择多项，一个选项对应一个复选框，因此复选框可以在表单中独立存在。复选框的常用属性如下。

1）Caption：用于指定复选框中方框右侧的文字，即复选框的标题。

2）Value：用于设置和保存复选框的当前状态，此属性值可以是数值型或逻辑型，具体类型由 Value 的初始值决定。Value 属性的默认值为数值型 0。

若 Value 值为 0（或.F.），表示复选框处于未选定状态；若 Value 值为 1（或.T.），表示复选框处于选定状态，同时其左侧方框内有 √ 标记；若 Value 值为 2（或.Null.），则表示复选框处于不确定状态，呈灰色。

3）Style：用于设置复选框的外观样式，此属性值为数值型，默认值为 0，表示复选框的外观样式为标准样式，即复选框由方框和标题组成，当方框内出现 √ 标记时表示选定。若 Style 值为 1，表示复选框的外观样式为图形样式，此时可用复选框的 Picture 属性指定图形，图形下方是 Caption 属性值指定的标题，当复选框呈凹下状态时，表示选定。

例 3-6 创建如图 3-10 所示的表单 Form373.scx。表单功能为使用复选框调整字体格式，使用命令按钮修改颜色。

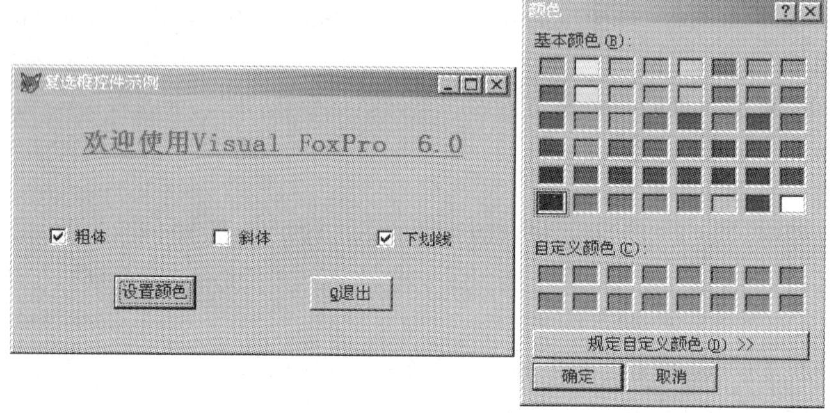

图 3-10 表单样式

操作步骤如下。

1）建立新表单，文件名为 Form373.scx。

2）在表单中添加控件并设置属性，如表 3-14 所示。

表 3-14 表单 Form373 的属性设置

对象名	属性	属性值
Label1	Caption 属性	欢迎使用 Visual FoxPro 6.0
	AutoSize 属性	.T.
Check1	Caption 属性	粗体
Check2	Caption 属性	斜体
Check3	Caption 属性	下划线
Command1	Caption 属性	设置颜色
Command2	Caption 属性	_Q 退出

3）双击“Check1”按钮，进入其 Click 事件的代码编辑窗口，输入下列代码。

```
IF This.Value=1
  ThisForm.Label1.FontBold=.T.
ELSE
  ThisForm.Label1.FontBold=.F.
ENDIF
```

4）双击“Check2”按钮，进入其 Click 事件的代码编辑窗口，输入下列代码。

```
IF This.Value=1
  ThisForm.Label1.FontItalic=.T.
ELSE
  ThisForm.Label1.FontItalic=.F.
ENDIF
```

5）双击“Check3”按钮，进入其 Click 事件的代码编辑窗口，输入下列代码。

```
IF This.Value=1
  ThisForm.Label1.FontUnderline=.T.
ELSE
  ThisForm.Label1.FontUnderline=.F.
ENDIF
```

6）双击“设置颜色”命令按钮，进入其 Click 事件的代码编辑窗口，输入下列代码。

```
ThisForm.Label1.ForeColor=GetColor()&&打开颜色对话框
```

7）双击“退出”命令按钮，进入其 Click 事件的代码编辑窗口，输入下列代码。

```
ThisForm.Release
```

8）运行表单。改变标签上文字格式和颜色。

3.7.4　文本框与编辑框

1. 文本框

文本框（Text）用于输入或编辑数据，且文本框内只能包含一段数据，即当输入“Enter”时，文本框内数据的输入随即终止。文本框可编辑的数据类型可以是字符型、数值型、逻辑型或日期型，具体的数据类型与其 Value 属性的初始值有关。

文本框的常用属性如下。

1）Value：用于接收用户由键盘输入的信息，将不同类型的数据在文本框内显示。

文本框可以接收的数据类型与其 Value 的初始值有关。若 Value 的初始值为空（默认）或为字符型数据，则表示接收字符型数据；若 Value 的初始值为数值型数据，则表示接收数值型数据；若 Value 的初始值为.F.或.T.，则表示接收逻辑型数据；若 Value 的初始值为｛｝时，则表示接收日期型数据。

2）PasswordChar：可以设置文本框内是显示输入的字符，还是显示指定的占位符。系统默认值为空，即文本框内显示输入的字符。若将该属性值设置成一个字符（如*），则向文本框中输入的任何信息，在文本框中都将以该字符（如*）显示。通常输入密码的文本框需要设置该属性。

3）InputMask：用于设置输入数据的格式，该属性值是一个格式字符串，其中每个字符规定了对应位的数据格式，格式字符串的长度规定了输入数据的宽度。格式字符串中各个字符的含义如表 3-15 所示。InputMask 的系统默认值为空。

表 3-15　InputMask 的字符含义

符号	功能描述
X	允许输入任何字符
9	允许输入数字
#	允许输入数字、空格和正（+）、负（-）号
$	在固定位置上显示当前货币符号（由 Set Currency 命令设定）
.	指定小数点位置
,	在对应位上显示逗号“，”

4）Alignment：用于指定了文本在控件中的对齐方式，如表 3-16 所示。

表 3-16　Alignment 属性值说明

设置值	说明
0	左对齐，文本显示在标签区域的左部
1	右对齐，文本显示在标签区域的右部
2	中央对齐，文本在标签区域中间显示
3	默认值，自动，相当于左对齐

文本框是表单上最常用的控件对象，它的常用属性非常多，如表 3-17 所示。

表 3-17　文本框的常用属性

属性	说明
Alignment	指定文本框中内容的对齐方式，如右对齐、左对齐等
ControlSource	在文本框中显示表字段或变量的值
DateFormat	指定文本框中日期的指定格式
Enabled	指定文本框是否响应用户事件
ForeColor	指定文本框中文字的颜色
BackColor	指定文本框背景的颜色
Name	指定文本框的名称
Value	文本框的当前值，默认值为空；如果定义了 ControlSource 属性，则 Value 属性与 ControlSource 属性具有相同的数据和类型
Readonly	指定文本框是否只能浏览不能编辑
Visible	指定文本框可见还是隐藏

文本框的常用事件和方法如表 3-18 所示。

表 3-18　文本框的常用事件和方法

事件或方法	说明
GotFocus 事件	当文本框获取焦点时，将触发该事件
LostFocus 事件	当文本框失去焦点时，将触发该事件
KeyPress 事件	当用户在控件上按下某个键并释放它时，触发该事件
Refresh 方法	重画文本框，刷新它的值
SetFocus 方法	使文本框得到焦点，方便输入

例 3-7　建立表单文件 Form374a.scx，如图 3-11 所示。使其运行时，对输入的日期和天

数进行相加计算；对输入的被除数和除数作求商运算，并将计算后的新日期在标签上显示。表单中所包含的对象及其属性、相应代码如表 3-19 所示。

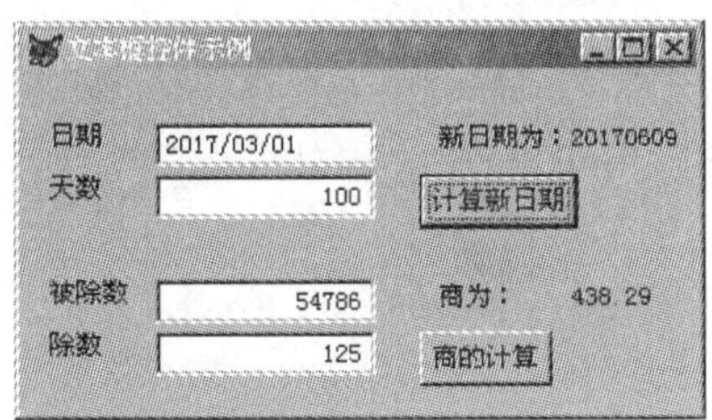

图 3-11　例 3-9 表单运行效果

表 3-19　表单 Form374a 中的对象属性及代码

对象名	属性/事件名	属性值/代码	备注
Label1	Caption 属性	日期	
	AutoSize	.T.	
Text1	Value 属性	{}	
Label2	Caption 属性	天数	
	AutoSize	.T.	
Text2	Value 属性	0	
	InputMask 属性	######	可以有空格最多 6 位
Label3	Caption 属性		用于显示新日期
	AutoSize	.T.	
Command1	Caption 属性	计算新日期	
	Click 事件	ThisForm.Label3.Caption='新日期为：'+ ; DTOC（ThisForm.Text1.Value+ ThisForm.Text2.Value,1）	
	AutoSize	.T.	
Label4	Caption 属性	被除数	
	AutoSize	.T.	
Text3	Value 属性	0	无限制输入
Label5	Caption 属性	除数	
	AutoSize	.T.	
Text4	Value 属性	0	
	InputMask 属性	9 999	只能输入数字最多 4 位
Label6	Caption 属性		用于显示计算结果
	AutoSize	.T.	
Command2	Caption 属性	商的计算	
	Click 事件	ThisForm.Label3.Caption='商为：'+ ; str（ThisForm.Text1.Value/ ThisForm.Text2.Value,10,2）	
	AutoSize	.T.	

操作步骤如下。

1）使用命令 CREATE FORM Form374a 新建表单文件 Form374a.scx。

2）表单中所添加的对象及其属性如表 3-19 所示。

3）命令按钮 Command 的 Click 事件代码如下。

```
ThisForm.Label3.Caption='新日期为:'+ ;
DTOC(ThisForm.Text1.Value+ ThisForm.Text2.Value,1)
```

4）命令按钮 Command2 的 Click 事件代码如下。

```
ThisForm.Label6.Caption='商为:'+ ;
str(ThisForm.Text1.Value/ ThisForm.Text2.Value,10,2)
```

5）运行表单。

6）输入数据时注意，“天数”文本框中可以用“空格”，“10　0”被当作“100”；最后文本框最多输入 4 位数。

2. 编辑框

编辑框（EditBox）与文本框相似，也是用于输入或编辑文本，但编辑框与文本又有所不同，其主要区别如下。

1）编辑框可以输入多段文本，按 Enter 键仅作为每段文本的结束，不会终止编辑框的文本输入；而文本框仅能输入一段文本，按 Enter 键将终止文本框的输入。

2）编辑框仅能接收字符型或备注型数据，常用来处理较长的字符型或备注型数据；而文本框可以接收字符型、数值型、逻辑型或日期型 4 种数据。

在编辑框中允许自动换行并能用方向键、PageUp 键和 PageDown 键及滚动条来浏览文本。编辑框的常用属性如下。

1）AllowTabs：设置编辑框中是否允许使用 Tab 键，此属性值的数据类型为逻辑型。当 AllowTabs 值为.T.时，在编辑框中每按一次 Tab 键将产生一个制表位，按 Ctrl+Tab 组合键可将焦点移出编辑框。当 AllowTabs 值为.F.（默认值）时，按 Tab 键直接将焦点移出编辑框。

2）HideSelection：用于指定当编辑框失去焦点时，是否显示选定文本的选定状态，此属性值为逻辑型。若 HideSelection 值为.T.（默认值），当编辑框失去焦点时，将不显示选定文本的选定状态；若 HideSelection 值为.F.，当编辑框失去焦点时，仍然显示选定文本的选定状态。

3）ReadOnly：用于设置是否允许键盘修改编辑框中的内容，此属性值为逻辑型。若 ReadOnly 值为.F.（默认值），则允许修改编辑框中的内容；反之，不允许修改编辑框中的内容。

4）ScrollBars：用于设置编辑框是否有垂直滚动条，此属性值为数值型。若 ScrollBars 值为 2（默认值），则编辑框包含垂直滚动条；若 ScrollBars 值为 0，则编辑框没有滚动条。

5）SelText：用于获取编辑框中选定的文本内容。若没有选定任何文本，则返回空串。

例 3-8 当选定编辑框中文本后，单击“提取”按钮，则将选定内容在文本框中显示。表单 Form374b 和其中的对象、属性及代码如表 3-20 所示 。

表 3-20　表单 Form374b 中对象属性及代码

对象名	属性/事件名	属性值/代码	说明
Form1	Caption 属性	编辑框演示	

续表

对象名	属性/事件名	属性值/代码	说明
Edit1	HideSelection 属性	.F.	失去焦点时，选定文本仍然处于选定状态
	ScrollBars 属性	2	有垂直滚动条
Text1			此对象各属性均可用系统默认值
Command1	Caption 属性	提取	
	Click 事件	ThisForm.Text1.Value=This.Parent.Edit1.SelText * 此处请体会 Parent 的用法，及如何在文本框中显示数据	

操作步骤如下。

1）使用命令 CREATE FORM Form374b 新建表单文件 Form374b.scx。

2）表单中所添加的对象及其属性如表 3-20 所示。

3）命令按钮 Command1 的 Click 事件代码如下。

```
ThisForm.Text1.Value=This.Parent.Edit1.SelText
```

4）命令按钮 Command2 的 Click 事件代码如下。

```
ThisForm.Edit1.Value=Thisform.Text1.SelText
```

5）运行表单，如图 3-12 所示。在编辑框中输入大量字符，观察滚动条，使用翻页键；使用 Enter 键换行输入；选中一部分文本，单击“提取”按钮；在文本框内输入文本，尝试不可换行输入；选中文本框中部分文本，单击“反提取”按钮，观察编辑框。

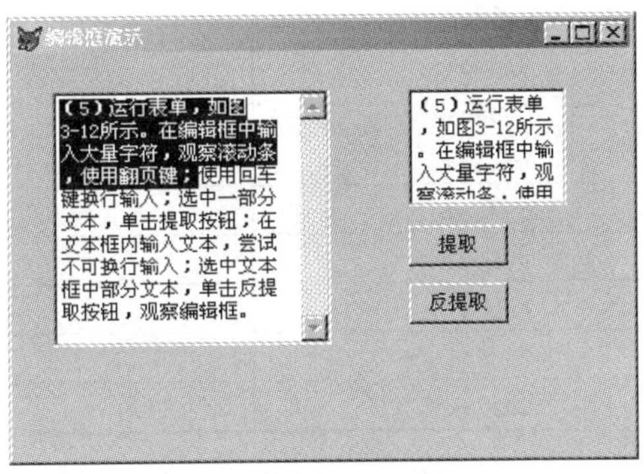

图 3-12　例 3-10 运行结果

3.7.5　计时器

计时器（Timer）控件允许以一定的时间间隔重复地执行某种操作。它通过检查系统时钟，确定是否到了该执行某一任务的时间。

在设计表单时，计时器是可见的；但运行时，计时器是不可见的。

计时器控件的常用属性如下。

1）Interval：用于设置触发 Timer 事件的时间间隔，单位是毫秒（1s=1 000ms），当 Interval 属性值为 0 时，系统不会触发 Timer 事件。

2）Enabled：用于设置是否启动计时器。系统默认值为.T.，即启动计时器，且在表单加载时就生效；若取值为.F.，表示挂起计时器。

计时器控件的常用事件是 Timer，在表单运行时，系统每隔指定的时间间隔，就自动触发一次计时器的 Timer 事件，执行事件中的代码。

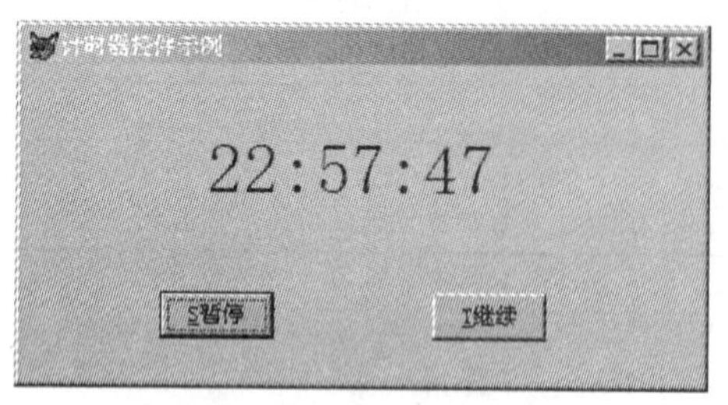

图 3-13　表单运行界面

例 3-9　创建一个表单 Form375，如图 3-13 所示，表单的标题为“计时器控件示例”，在表单中包括计时器控件 Timer1，其 Interval 属性为 1 000；计时器控件 Timer2，其 Interval 属性为 2 000；标签控件 Label1，命令按钮控件暂停（Command1）、继续（Command2），当表单运行时，在 Label1 中自动显示系统时间，若单击“暂停”按钮则时间停止，若单击“继续”按钮则继续显示系统事件，每隔 2s 表单背景颜色随机更换。

操作步骤如下。

1）创建表单界面。

① 在命令窗口中输入“CREATE FORM Form375”，启动表单设计器。

② 向表单中分别添加标签控件 Label1，计时器控件 Timer1、Timer2，命令按钮控件 Command1 和 Command2。

2）打开属性窗口设置控件属性，如表 3-21 所示。

表 3-21　表单 Form375 中的属性设置

对象名	属性	属性值
Form1	Caption	计时器控件示例
Label1	Caption	=time( )
	AutoSize	.T.
	FontSize	28
Timer1	Interval	1 000
Timer2	Interval	2 000
Command2	Caption	/<S 暂停
command2	Caption	/<T 继续

3）编写事件代码。

① 双击表单打开代码窗口。

② 选择对象 Timer1，选择过程 Timer，输入代码。

```
ThisForm.Label1.Caption=time()
```

③ 选择对象 Timer2，选择过程 Timer，输入代码。

```
ThisForm.BackColor=rgb(Rand()*255,Rand()*255,Rand()*255)
```

④ 选择对象 Command1，选择过程 Click，输入代码。

```
ThisForm.Timer1.Interval=0
```

⑤ 选择对象 Command2，选择过程 Click，输入代码。

```
Thisform.Timer1.Interval=1000
```

4）保存并运行表单 Form375。

3.7.6 微调按钮控件

微调（Spinner）控件用于接收指定范围内的数值输入，既可以直接输入数据，也可以使用微调按钮调整数据。

1. 微调按钮的常用属性

1）Value：用于返回微调按钮的当前值，值为 1 是选定状态。

2）KeyboardLowValue：用于设置键盘输入数据的最小值。

3）KeyboardHighValue：用于设置键盘输入数据的最大值。

4）SpinnerLowValue：用于设置微调按钮输入数据的最小值。

5）SpinnerHighValue：用于设置微调按钮输入数据的最大值。

6）Increment：用于设置微调按钮输入数据时的增（减）量，系统默认值是 1。

2. 微调按钮的常用事件

1）UpClick：用鼠标单击增量按钮时，触发此事件。

2）DownClick：用鼠标单击减量按钮时，触发此事件。

例 3-10 创建一个表单 Form376，如图 3-14 所示，表单的标题为“微调控件示例”，利用微调按钮改变图形的形状。在表单中包括微调控件 Spinner1，其 KeyboardHighValue 属性值为 99，KeyboardLowValue 属性值为 0，InputMask 属性值为 99，SpinnerHighValue 属性值为 99，SpinnerLowValue 属性值为 0，Value 属性值为 0。

操作步骤如下。

1）创建表单界面。

① 在命令窗口中输入“CREATE FORM Form376”，启动表单设计器。

② 向表单中分别添加控件，如图 3-14 所示。

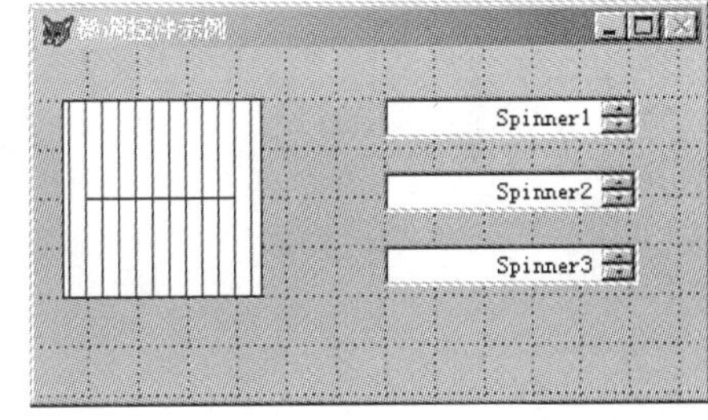

图 3-14　表单设计界面

2）打开属性窗口设置控件属性，如表 3-22 所示。

表 3-22　表单 Form376 中的属性设置

对象名	属性	属性值
Form1	Caption	微调控件示例
Shape1	BackColor	255,255,255
	FillColor	255,0,0
	FillStyle	3
Line1	Height	0
Spinner1	KeyboardHighValue	99
	KeyboardLowValue	0

续表

对象名	属性	属性值
Spinner1	SpinnerHighValue	99
	SpinnerLowValue	0
	Value	0
	InputMask	99
Spinner2、Spinner3		默认

3）编写事件代码。

① 双击表单打开代码窗口。

② 选择对象 Spinner1，选择过程 InteractiveChange，输入代码。

```
ThisForm.Shape1.Curvature=This.Value
```

③ 选择对象 Spinner2，选择过程 InteractiveChange，输入代码。

```
ThisForm.Shape1.Top=This.Value*10
```

④ 选择对象 Spinner3，选择过程 InteractiveChange，输入代码。

```
ThisForm.Shape1.Left=This.Value*10
```

4）保存并运行表单 Form376，如图 3-15 所示，调整微调按钮，观察形状控件的变化。线条控件不跟着形状控件移动，因为形状控件不是容器控件，两者没有包容关系。

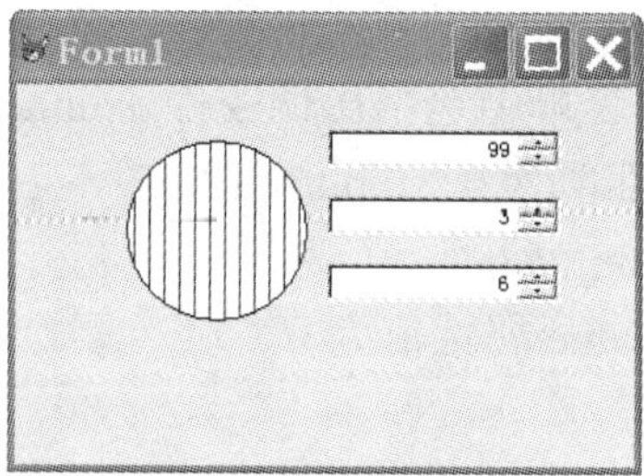

图 3-15　表单 Form376 运行界面

3.8　容器类控件

3.8.1　容器控件

容器控件（Container）是一种可以包含其他控件对象的控件。它的封装性好，使用它可以将一些对象组合在一起，成为一个整体。容器中每个控件的 Left 属性和 Top 属性是相对容器而言的，与所在的表单无关。

1. 容器控件的常用属性

1）BackStyle：用于设置容器控件是否透明，1 为不透明（默认），0 为透明。

2）SpecialEffect 属性：用于设置容器控件样式，0 为凸起，1 为凹下，2 为平面（默认值）。

2. 容器控件的编辑

向容器控件中添加其他控件时，在容器控件上右击，在弹出的快捷菜单中选择“编辑”选项，此时容器控件四周出现绿色边框，然后选择所需控件向容器中添加，才可以使添加的控件包含在容器中。

例 3-11 打开例 3-12 的表单 Form376 继续编辑，在表单上增加一个容器控件 Container1，在容器中添加 1 个形状 Shape1 和 1 个线条形状 Line1，新增加的属性设置如表 3-23 所示，增加 3 个微调按钮用来改变容器内形状的曲度和容器的位置，将表单另存为 Form381。

表 3-23　表单新增控件属性设置

对象名	属性	属性值
Form1	Caption	容器控件示例
Container1	Height	100
	Width	100
Shape1	BackColor	255,255,255
	FillColor	0,255,0
	FillStyle	5
	Height	100
	Width	100
Line1	Height	0
Spinner4	KeyboardHighValue	99
	KeyboardLowValue	0
	SpinnerHighValue	99
	SpinnerLowValue	0
	Value	0
	InputMask	99
Spinner5、Spinner6		默认

操作步骤如下。

1）打开表单界面。

① 在命令窗口中输入“MODI FORM Form376”，启动表单设计器。

② 向表单中添加控件，如图 3-16 所示。

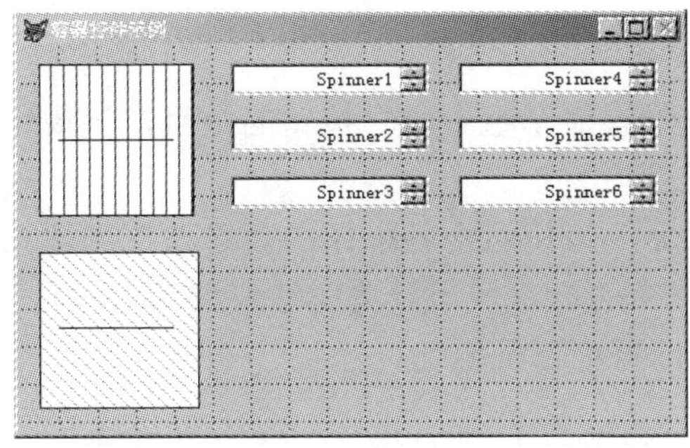

图 3-16　表单界面设计

2）打开属性窗口添加控件属性，如表 3-23 所示。

3）添加事件代码。

① 双击表单打开代码窗口。

② 选择对象 Spinner4，选择过程 InteractiveChange，输入代码。

```
ThisForm.Container1.Shape1.Curvature=This.Value
```

③ 选择对象 Spinner5，选择过程 InteractiveChange，输入代码。

```
ThisForm.Container1.Top=This.Value*10
```

④ 选择对象 Spinner6，选择过程 InteractiveChange，输入代码。

```
ThisForm.Container1.Left=This.Value*10
```

4）另存表单为 Form381 并运行表单，如图 3-17 所示，调整微调按钮，观察形状控件的变化。新的线条控件跟着形状控件移动，因为两个控件都在容器控件之中，具有包容关系。如图 3-18 所示，Shape1 和 Line1 缩进在 Container1 之后就是被其包容。

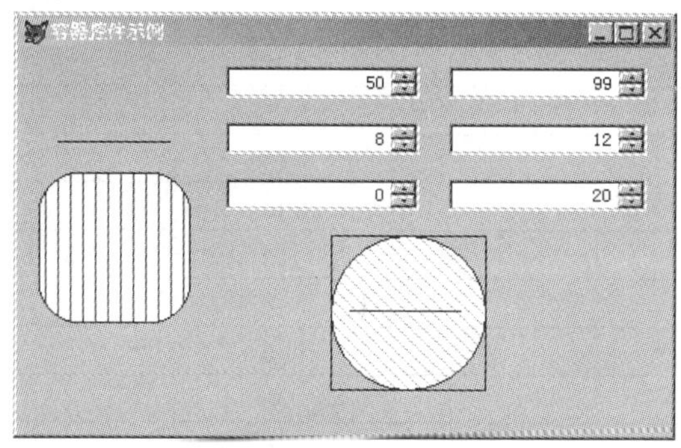

图 3-17　表单运行界面

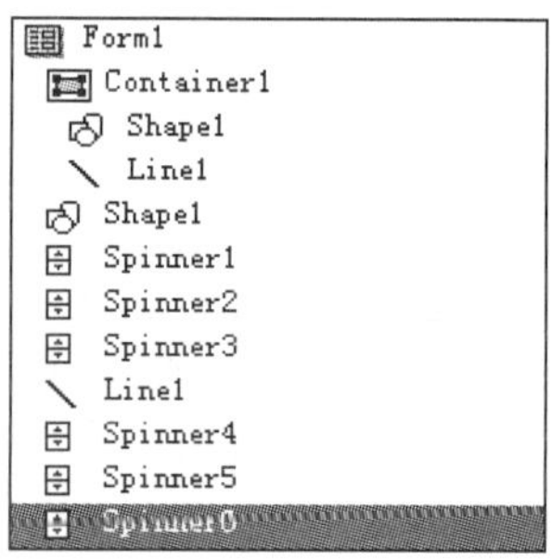

图 3-18　表单对象包容关系

3.8.2　命令按钮组

命令按钮组（Commandgroup）是容器类控件，可以包含多个命令按钮。命令按钮组和组内命令按钮都有各自的属性、事件和方法。因此，既可以单独操作某个命令按钮，也可以对命令按钮组进行整体操作。

1. 命令按钮组的常用属性

1）ButtonCount：用于设置命令组中所含按钮的数目，该属性值为数值型，其系统默认值为 2，即包含 2 个命令按钮。

2）Buttons：用于存取命令按钮组中各按钮的数组。在创建按钮组时建立该属性数组，可以用该数组为命令按钮组中的命令按钮设置属性或调用方法。例如，将命令按钮组中第二个按钮的标题改为“OK”，可用下列语句：

```
ThisForm.Commandgroup1.Buttons(2).Caption='OK'
```

Buttons 属性数组下标的取值范围在 1～ButtonCount 属性值之间。

3）Value：通过命令按钮组的 Value 属性值，可以判断用户单击组内的哪个按钮。Value 属性值可以为数值型（系统默认值为数值 1）或字符型。若 Value 属性的初始值设置为数值型，则 Value 将获得用户所单击的按钮在组内的顺序号；若 Value 属性的初始值设置为字符型，则 Value 将获得用户所单击的按钮的 Caption 属性值。

2. 命令按钮组生成器

与其他控件一样，命令按钮组的属性可以利用属性窗口设置，但对于某些属性，使用命令按钮组生成器设置则较为方便。打开生成器的方法：右击命令按钮组，在弹出的快捷菜单中选择“生成器”选项，在生成器中可以设置命令按钮组中的按钮数目、按钮标题及按钮布局等。

3. 命令按钮组中按钮的编辑

若对命令按钮组中某个按钮进行设计，可采用以下两种方法。

1）在属性窗口中的“对象选择框”中选择命令按钮。

2）右击命令按钮组，在弹出的快捷菜单中选择“编辑”选项，进入编辑状态后，单击某个命令按钮进行单独的编辑操作。这种编辑操作的方法对于其他容器类对象，如选项按钮组和表格等，同样适用。

例 3-12 在运行表单时，单击表单上命令按钮组中的某个按钮，将该按钮的标题显示到标签上。

方法一：具体操作步骤如下。

1）新建表单文件 Form382a.scx。

2）表单中所添加的对象及其属性如表 3-24。

表 3-24　表单 Form382a 中添加的对象及其属性

对象名		属性名	属性值
Label1		Caption	你选择的按钮是：
Label2		Caption	
Label1		AutoSize	.T.
Label2		AutoSize	.T.
Commandgroup1		ButtonCount	3
		AutoSize	.T.
		Value	1
	Command1	Caption	No1
	Command2	Caption	No2
	Command3	Caption	No3

3）命令按钮组 Commandgroup1 的 Click 事件代码如下。

```
n=This.Value                          &&将单击选中的命令按钮序号保存在变量 n 中
DO CASE
CASE n=1
```

```
  ThisForm.Label2.Caption=This.Command1.Caption
                                     &&注意 ThisForm 和 This 的含义
CASE n=2
  ThisForm.Label2.Caption=This.Command2.Caption
CASE n=3
  ThisForm.Label2.Caption=This.Command3.Caption
ENDCASE
```

4）运行表单，如图 3-19 所示。

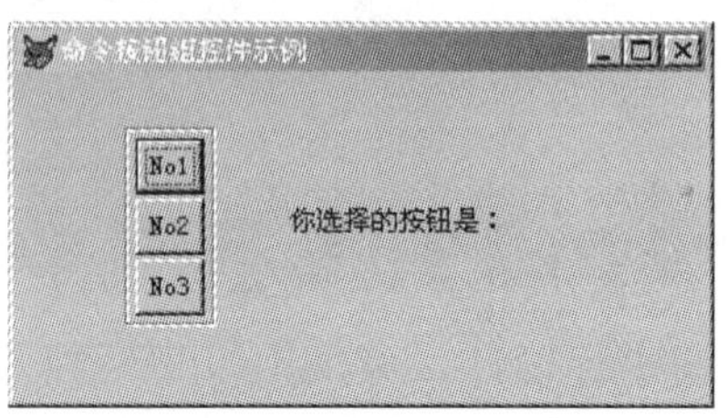

图 3-19　表单运行结果

方法二：具体操作步骤如下。

1）打开表单文件 Form382a.scx，选择“文件”→“另存为”选项，在打开的“另存为”对话框中将文件另存为 Form382b.scx。

2）表单中所添加的对象不变，更改 Commandgroup1 的 Value 属性为空。

3）命令按钮组 Commandgroup1 的 Click 事件代码如下。

```
ThisForm.Label2.Caption=This.Value     &&注意 ThisForm 和 This 的含义
```

4）运行表单。

也就是说，如果将命令按钮组 Commandgroup1 的 Value 初值设为字符型（如 Command1 或空格），则本例 Commandgroup1 的 Click 事件代码可以简化为一行。

由此例可以看出，适当地设置对象的有关属性，会简化程序代码。熟悉属性值的数据类型很重要。

3.8.3　选项按钮组

选项按钮又称为单选按钮，与复选按钮类似，但它不能在表单中独立存在，只能存放于选项按钮组中。选项按钮组（简称选项组）可以包含多个选项按钮，但在同一时刻，一个选项按钮组中只能选定一个选项按钮。选项按钮组的编辑方法与命令按钮组的编辑方法类似，此处不再赘述。

1. 选项按钮的常用属性

1）Caption：用于指定选项按钮的标题。

2）Value：用于设置选项按钮的当前状态。若 Value 值为 0，表示选项按钮处于未选定状态；若 Value 值为 1，则表示选项按钮处于选定状态，即选项按钮中的圆圈内出现黑点标记。

3）Style：用于设置选项按钮的样式，设置方法同复选框的 Style 属性。

2. 选项按钮组的常用属性

1）Value：用于指定组内被选定的选项按钮。Value 值可以是数值型或字符型，具体类型由 Value 初始值决定。

若 Value 值为数值型 N，则表示当前选定选项按钮组中的第 *n* 个按钮，*n* 为选项按钮在组内的序号，如果 N 为 0，则表示没有选定选项按钮；若 Value 值为字符型 C，则表示当前选定选项按钮组中 Caption 属性值为 *c* 的选项按钮。

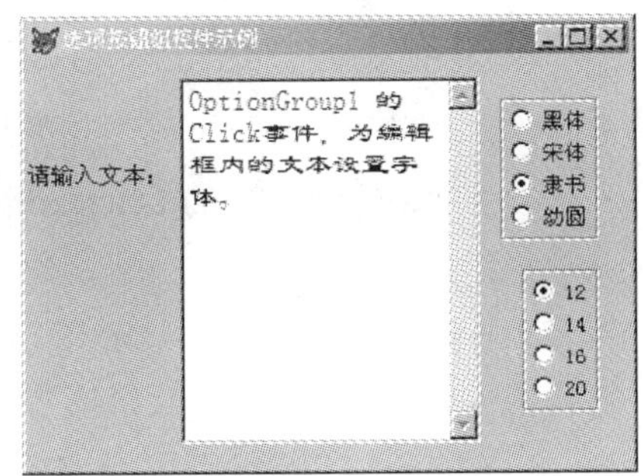

图 3-20　字体设置窗口

2）ButtonCount：表示选项按钮组中的选项按钮个数。

例 3-13 建立表单 Form383，如图 3-20 所示，并对编辑框中文本的字体和字号进行设置。

具体操作步骤如下。

1）新建表单文件 Form383.scx，表单中所包含的对象及其属性设置如表 3-25 所示。

表 3-25　表单 Form383 中的对象及其属性设置

对象名		属性名	属性值
Label1		Caption	请输入文本：
Edit1		控件各属性用系统默认值	
Optiongroup1		Value	1
		ButtonCount	4
	Option1	Caption	黑体
	Option2	Caption	宋体
	Option3	Caption	隶书
	Option4	Caption	幼圆
Optiongroup2		ButtonCount	4
		Value	
	Option1	Caption	12
	Option2	Caption	14
	Option3	Caption	16
	Option4	Caption	20

2）Form1 的 Init 事件，使编辑框得到焦点。具体代码如下。

```
ThisForm.Edit1.SetFocus
```

3）Optiongroup1 的 Click 事件，为编辑框内的文本设置字体。具体代码如下。

```
n=This.Value                          &&变量 n 用于存储被选中按钮的序号
DO CASE
CASE n=1
  ThisForm.Edit1.FontName='黑体'      &&FontName 用于设置字体名的属性
```

```
CASE n=2
   ThisForm.Edit1.FontName='宋体'
CASE n=3
  ThisForm.Edit1.FontName='隶书'
CASE n=4
  ThisForm.Edit1.FontName='幼圆'
EndCase
ThisForm.Edit1.SetFocus
```

4）Optiongroup2 的 Click 事件，为编辑框内的文本设置字号。具体代码如下。

```
n=This.Value                                    &&变量n用于存储被选中按钮的序号
DO CASE
CASE n="12"
  ThisForm.Edit1.FontSize=12
CASE n="14"
  ThisForm.Edit1.FontSize=14
CASE n="16"
  ThisForm.Edit1.FontSize=16
CASE n="20"
  ThisForm.Edit1.FontSize=20
ENDCASE
ThisForm.Edit1.SetFocus
```

3.9 自定义类

本节主要介绍如何创建和使用自定义类。通过调用类设计器可以可视化地创建一个新类，用类创建、定义的类保存在类库文件中，便于管理和维护。类库以文件的形式存放，其默认的扩展名是.vcx。

3.9.1 类设计器

1）使用类设计器可以创建新类，打开类设计器有以下 3 种方法。

2）在项目管理器中，选择“类”选项卡，然后单击“新建”按钮。

3）选择“文件”→“新建”选项，打开“新建”对话框，然后选中“类”单选按钮，单击“新建文件”按钮。

4）用命令 CREATE CLASS 来建立。格式为

```
CREATE CLASS <新类名> OF [<类库名称>] AS  [<父类名称>]
```

5）使用类设计器向新类添加新属性和新方法。

在添加新的属性时，属性的可视性有 3 种：“公共”“保护”“隐藏”，它们的含义如下。

① 公共：一个“公共”属性能够在应用程序的任何地方被访问。

② 保护：一个"保护"属性只能被类定义中的方法和子类定义中的方法所访问。

③ 隐藏：一个"隐藏"属性只能被类定义中的方法所访问，即使是子类中定义的方法也不能访问它。

例 3-14 扩展 Visual FoxPro 基类 Form，创建一个名为 helloform 的自定义表单类。自定义表单类保存在名为 mylib 的类库中。自定义表单类 helloform 的自带属性有 3 项：AutoCenter 属性的默认值为.T.；BackColor 属性设为蓝色；Caption 属性值为"Hello!"。当基于该自定义表单类创建表单时，自动包含一个命令按钮。该命令按钮的标题为"退出"，单击该命令按钮，将关闭此表单所在表单集。

操作步骤如下。

1）选择"文件"→"新建"选项，打开"新建"对话框，选中"类"单选按钮，单击"新建文件"按钮。

2）打开"新建类"对话框，根据题目要求输入"类名""派生于""存储于"信息，如图 3-21 所示。

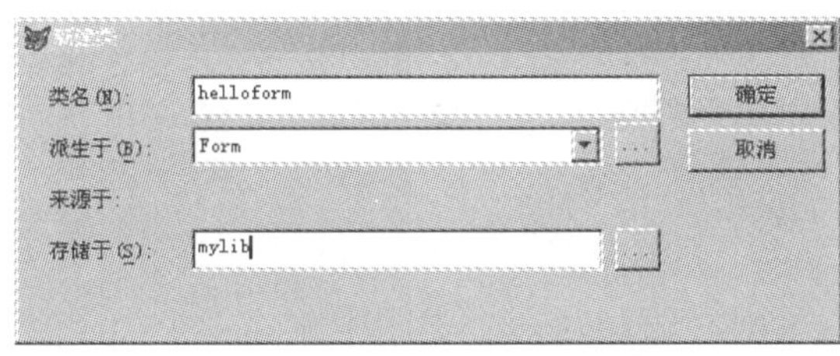

图 3-21　"新建类"对话框

3）单击"确定"按钮，打开类设计器窗口，修改属性及代码如表 3-26 所示。

表 3-26　新类属性及代码设置

对象名	属性/事件名	属性值/代码	说明
helloform	Caption 属性	Hello!	标题文本
	BackColor 属性	0,0,255	蓝色背景
	AutoCenter 属性	.T.	表单自动居中
Command1	Caption 属性	退出	
	Click 事件	ThisFormset.Releas	

4）单击工具栏中的"保存"按钮，保存新创建的类。新表单类如图 3-22 所示。

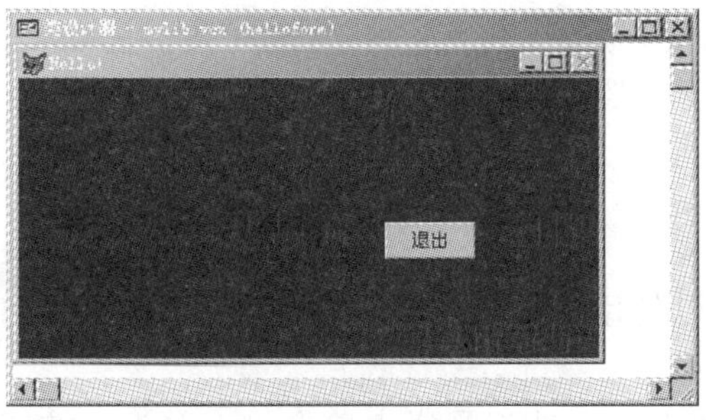

图 3-22　新表单类

3.9.2 类库管理

类库文件实际上是一个表文件，但其扩展名为.vcx，对应的备注文件扩展名为.vct。

1. 创建类库

格式：

```
CREATE CLASSLIB <类库名>
```

如果输入“CREATE CLASSLIB myclass”，则创建了一个名为 myclass.vcx 的类库文件。

2. 复制类

用 CREATE CLASSLIB 命令创建的类库是空的，可以用 CREATE CLASS 向里边建立新类或用 ADD CLASS 语句将一个类库中的某个类定义复制到另一个类库中。

格式：

```
ADD CLASS <类名>[OF <类库名 1>] TO <类库名 2>[OVERWRITE]
```

3. 删除类

可以使用 REMOVE CLASS 语句从一个类库中删除一个类定义。

格式：

```
REMOVE CLASS <类名> OF <类库名>
```

4. 重命名类

可以用 RENAME CLASS 语句重命名类。

格式：

```
RENAME CLASS <类名 1> OF <类库名> TO <类名 2>
```

5. 打开与关闭类库

格式：

```
SET CLASSLIB TO <类库名>        &&打开类库
RELEASE CLASSLIB <类库名 1>     &&关闭类库
```

3.9.3 类的引用

在创建表单时，既可以使用 Visual FoxPro 提供的基类，也可以使用用户自定义的类，使用自定义类的操作方法如下。

1）新建一个表单，在表单控件工具栏中单击“查看类”按钮，在弹出的下拉菜单中选择“添加”选项，如图 3-23 所示。

2）在“打开”对话框中选择所需要的类库文件，如图3-24所示，单击“打开”按钮后，表单控件工具栏中将显示自定义类，如图3-25所示。

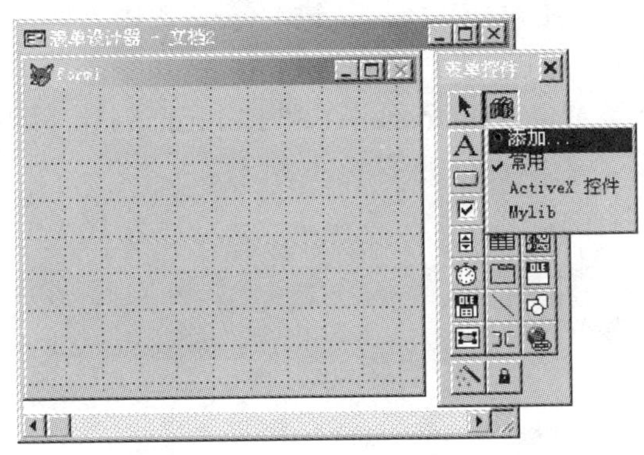

图3-23　添加自定义类

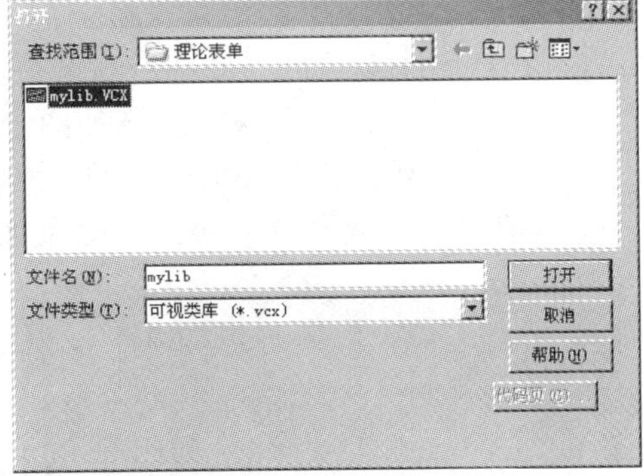

图3-24　打开自定义类

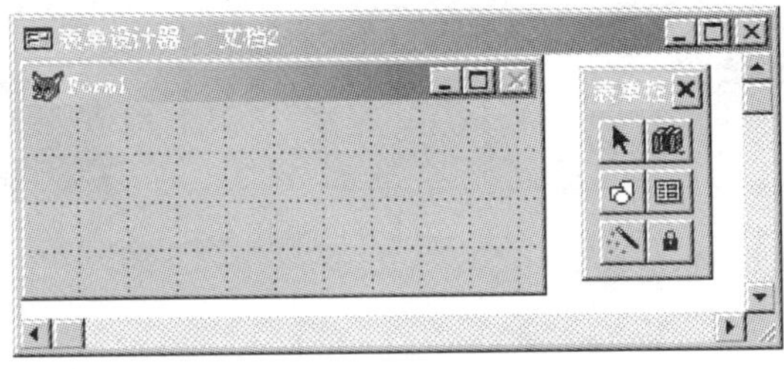

图3-25　显示自定义类

3）在表单控件工具栏中重新显示Visual FoxPro基类，可单击“查看类”按钮，在弹出的下拉菜单中选择“常用”选项。

例3-15 创建一个名为Helloshape的自定义新类，派生于Visual FoxPro基类Shape，保存在名为mylib1的类库中。自定义类Helloshape的属性设置：Height属性值为100；Width属性值为100；Curvature属性值为99；FillStyle属性值为2；FillColor属性设为绿色。新建表单，在表单中添加两个此类的形状。

操作步骤如下。

1）选择“文件”→“新建”选项，打开“新建”对话框，选中“类”单选按钮，单击“新建文件”按钮。

2）打开“新建类”对话框，根据题目要求输入“类名”“派生于”“存储于”信息。

3）单击“确定”按钮，打开类设计器窗口，修改属性及代码如表3-27所示。

表3-27　新类属性及代码设置

对象名	属性	属性值
Helloshape	Height	100
	Width	100
	Curvature	99
	FillStyle	2
	FillColor	0,255,0

4）单击工具栏中的“保存”按钮，保存新创建的类，关闭类设计器。

5）新建表单 Form393，在表单控件工具栏中单击“查看类”按钮，在弹出的下拉菜单中选择“添加”选项。在“打开”对话框中选择所需要的类库文件 mylib1.vcx，单击“打开”按钮后，表单控件工具栏中显示自定义类 Helloshape 图标。

6）选定自定义类，在表单上添加两个自定义类对象：Helloshape1 和 Helloshape2，再添加一个自定义的表单“Helloform1”制作成表单集，表单设计如图 3-26 所示。

7）保存并运行表单。表单运行效果如图 3-27 所示。

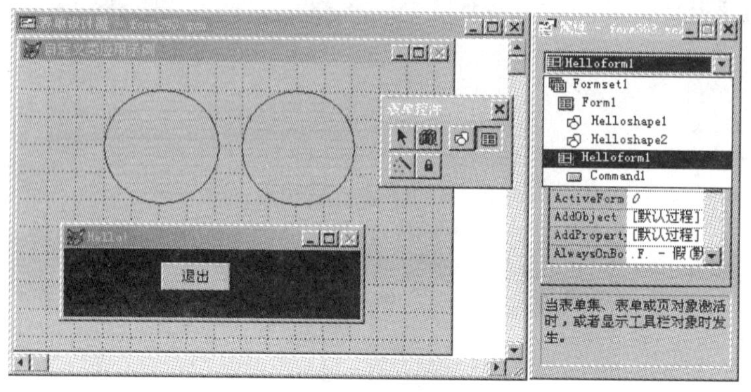

图 3-26　表单设计

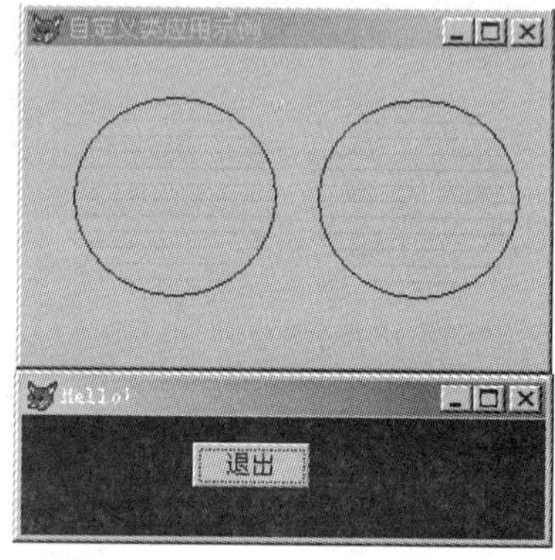

图 3-27　表单运行效果

第 4 章　项目、数据库和表操作

在数据库管理系统中，数据与程序是分开存放的，Visual FoxPro 的数据存储在数据表中，数据表既是建立应用程序的基本单元，同时也是数据库的基本组成部分。数据库是开发与编辑数据库软件的基础，是表与表在 Visual FoxPro 间关系的集合。Visual FoxPro 的数据表分为数据库表和自由表两种，独立于数据库的表称为自由表，将一个自由表添加到某个数据库中就是数据库表，数据库通过一组系统文件将相互关联的数据库表及其相关的数据库对象进行统一的组织和管理。

4.1　项 目 操 作

项目是指文件、数据、文档和对象的集合。项目管理器是 Visual FoxPro 中处理数据和对象的主要组织工具，它将一个应用程序的所有文件集合成一个有机的整体，形成一个扩展名为.pjx 的项目文件，用户可以根据需要创建项目。

1. 创建项目

创建一个新项目有两种途径，一是在“文件”菜单中选择“新建”选项创建项目，二是在命令窗口中通过 CREATE PROJECT 命令实现。

（1）在“文件”菜单中选择“新建”选项创建项目

具体操作步骤如下。

1）选择“文件”→“新建”选项，或单击常用工具栏中的“新建”按钮，打开“新建”对话框，如图 4-1 所示。

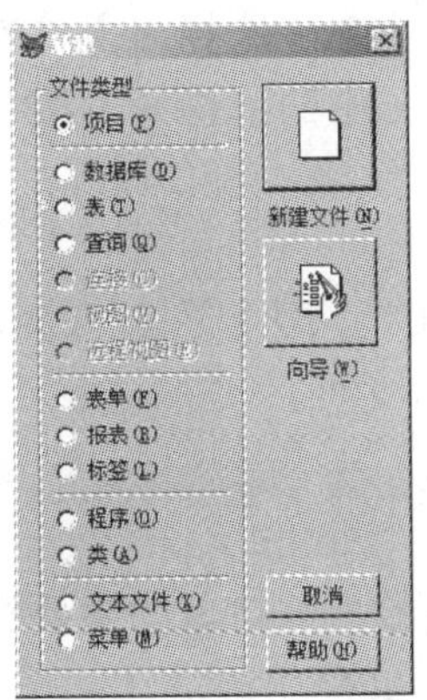

图 4-1　“新建”对话框

2）在“文件类型”区域选中“项目”单选按钮，然后单击“新建文件”按钮，打开“创建”对话框，如图 4-2 所示。

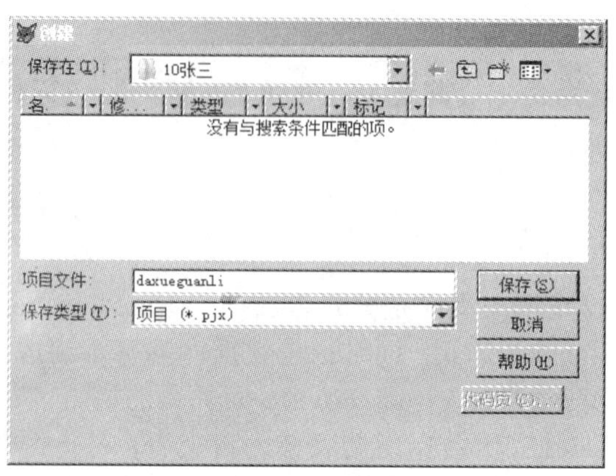

图 4-2　“创建”对话框

3）在“创建”对话框中的“项目文件”文本框中输入项目名称，如“daxueguanli”，在“保存在”组合框中选择保存该项目的文件夹。

4）单击“保存”按钮，Visual FoxPro 就在指定位置建立一个文件名为 daxueguanli.pjx 的项目。

（2）用命令方式创建新项目

在命令窗口中输入“CREATE PROJECT”命令，创建新项目。

2. 关闭保存项目

在 Visual FoxPro 中可以随时关闭保存项目，单击项目管理器右上角的“关闭”按钮即可。未包含任何文件的项目称为空项目，当关闭一个空项目文件时，Visual FoxPro 在屏幕上会打开提示框，如图 4-3 所示，单击提示框中的“保持”按钮，系统将保存该空项目文件。

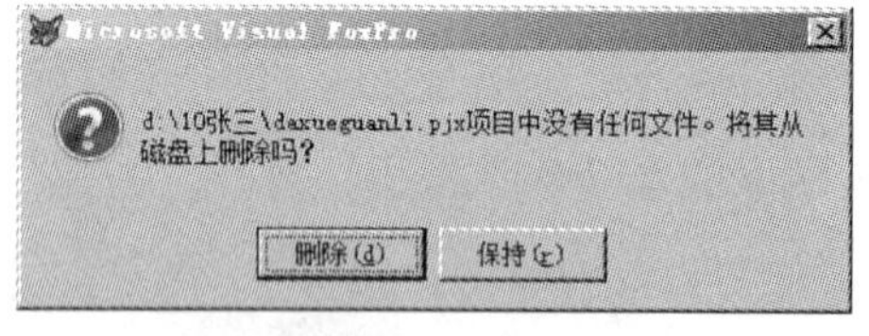

图 4-3　提示框（一）

3. 打开项目

选择“文件”→“打开”选项或单击常用工具栏中的“打开”按钮可以打开项目。

4. 删除项目

单击项目管理器右上角的“关闭”按钮，在打开的图 4-3 所示的提示框中单击“删除”按钮，系统将从磁盘上删除该空项目文件。

5. 使用项目管理器

项目管理器是 Visual FoxPro 中数据与对象的主要组织工具，项目管理器可以用图形化分类的方法来管理属于某一个项目的文件。

（1）新建文件

在项目管理器中，首先选定要新建文件的类型，单击“新建”按钮，在打开的项目管理器中来创建文件。

（2）添加文件

在项目管理器中，选择要添加的文件类型，单击“添加”按钮，在打开的“打开”对话框中选择要添加的文件，单击“确定”按钮即可。

（3）修改文件

在项目管理器中，首先选择要修改的文件，然后单击“修改”按钮，在设计器中修改选择的文件即可。

（4）移去或删除文件

在项目管理器中，选择要移去的文件，单击“移去”按钮，系统打开如图 4-4 所示的提示框。若单击“移去”按钮，则将所选择的文件从项目管理器中移出；若单击“删除”按钮，则将所选择的文件从磁盘中彻底删除。

图 4-4　提示框（二）

6. 定制项目管理器

用户还可以改变项目管理器的外观。例如，可以移动项目管理器的位置，改变项目管理器窗口的大小，展开、折叠或拆分项目管理器窗口等。

4.2　数据库操作

数据库是一种存储数据的结构，数据库是开发应用程序的基础，数据库设计的好坏决定了应用程序的开发能否成功。一个精心设计的数据库可以使信息的访问十分方便，可以使数据库应用系统的建立变得更为简单，起到事半功倍的效果。

1. 建立数据库

Visual FoxPro 系统中，数据库文件的扩展名是.dbc。另外系统还会自动创建一个扩展名为.dct 的数据库备注文件和一个扩展名为.dcx 的数据库索引文件，数据库在创建时文件中并不存储任何数据库表或其他数据库对象。

（1）项目管理器中方式

在项目管理器中创建数据库的步骤如下。

1）打开项目管理器，在“数据”选项卡中选择“数据库”选项，如图 4-5 所示。

2）单击“新建”按钮，打开“新建数据库”对话框，如图 4-6 所示。

3）单击“新建数据库”按钮，打开“创建”对话框，如图 4-7 所示。

4）输入数据库名，如输入“xueshengguanli”，单击“保存”按钮，打开数据库设计器窗口，如图 4-8 所示，同时弹出数据库设计器工具栏。

刚创建的数据库只是一个空库，其中没有数据，也不能输入数据，在创建数据库表和其他数据库对象后，才能输入数据或进行其他数据库操作。

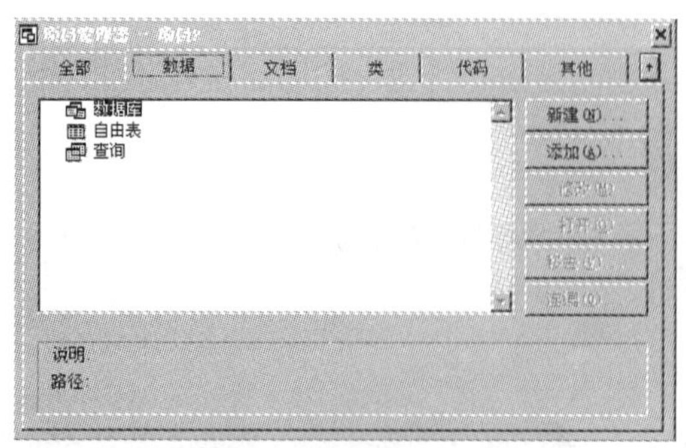

图 4-5 “数据”选项卡

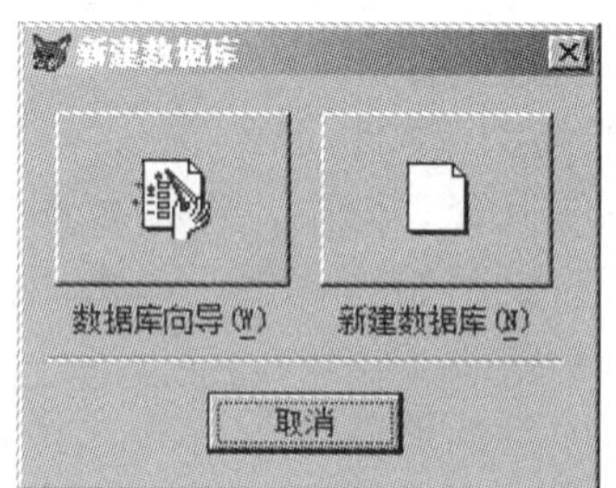

图 4-6 “新建数据库”对话框

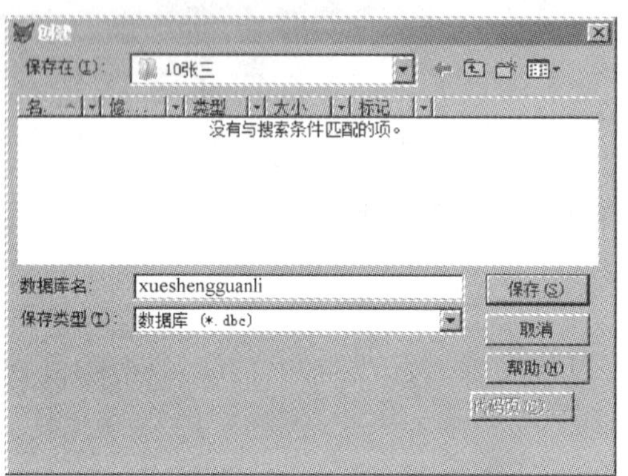

图 4-7 “创建”对话框

图 4-8 数据库设计器

（2）菜单方式

用菜单方式创建数据库的步骤如下。

1）选择“文件”→“新建”选项或单击常用工具栏中的“新建”按钮，打开“新建”对话框，如图 4-1 所示。

2）在“文件类型”区域选中“数据库”单选按钮，然后单击“新建文件”按钮，后面的操作步骤与在项目管理器中创建数据库相同。

（3）命令方式

在命令窗口中输入“CREATE DATABASE”命令，建立数据库。

建立数据库后，在常用工具栏的“数据库列表”中将显示新建立的数据库名。

例 4-1 在项目管理器中建立名为 jiaoshiguanli 的数据库。

操作步骤如下：打开项目管理器，在“数据”选项卡中选择“数据库”选项，单击“新建”按钮，打开“新建数据库”对话框，单击“新建数据库”按钮，打开“创建”对话框，输入数据库的名称“jiaoshiguanli”，单击“保存”按钮。

2. 关闭数据库

为了释放更多的存储空间，对于不使用的数据库要及时关闭，关闭数据库的方法如下。

（1）项目管理器方式

在项目管理器中选择“数据”选项卡，在“数据库”子目录中选择需要关闭的数据库名，

单击“关闭”按钮。此时常用工具栏中的数据库下拉列表中该数据库名称将消失。

（2）命令方式

在命令窗口中输入“CLOSE DATABASE”命令，关闭数据库。

3. 打开数据库

数据库只有打开以后才可以使用，可以用项目管理器方式、菜单方式和命令方式来打开数据库。

（1）项目管理器方式

在项目管理器中选择相应的数据库双击，如图 4-9 所示，即可打开数据库。

（2）菜单方式

使用菜单方式打开数据库的方法如下。

1）选择“文件”→“打开”选项，或单击常用工具栏中的“打开”按钮，打开“打开”对话框，如图 4-10 所示。

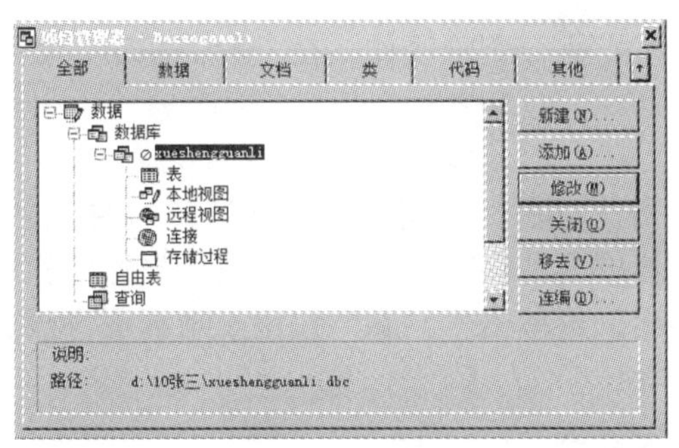
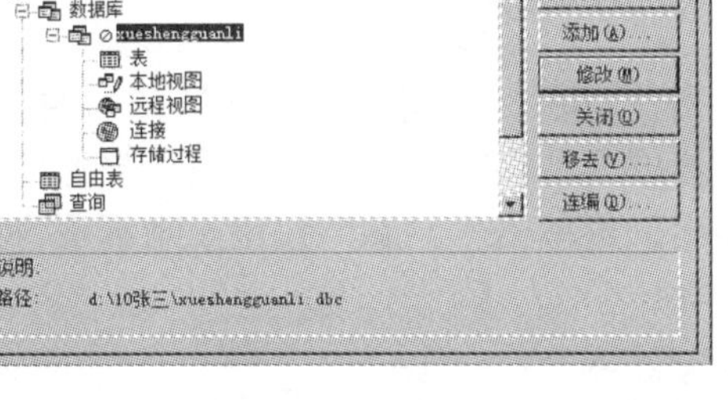

图 4-9　使用项目管理器打开数据库

图 4-10　“打开”对话框

2）在“文件类型”下拉列表中选择“数据库（*.dbc）”选项，选择要打开的数据库，单击“确定”按钮。

在“打开”对话框中有两种数据库打开方式供用户选择：“以只读方式打开”或以“独占”方式打开。

（3）命令方式

在命令窗口中输入“OPEN DATABASE”命令，打开数据库。

在同一时刻如果打开了多个数据库，也只有一个数据库是当前数据库，系统默认最后打开的为当前数据库。可以使用“SET DATABASE TO <数据库名>”命令来改变当前数据库，或者通过常用工具栏中的“数据库”列表来指定当前数据库，如图 4-11 所示。

图 4-11　数据库列表

4. 修改数据库

用户可以用项目管理器方式、通过菜单和命令方式来打开数据库设计器，从而进行数据库的修改。

（1）项目管理器方式

打开项目管理器，如图4-9所示，在“数据”选项卡中选择“数据库”选项并展开数据库子目录，选择要修改的数据库，单击“修改”按钮。

（2）菜单方式

选择“文件”→“打开”选项或单击常用工具栏中的“打开”按钮打开数据库文件，在打开的数据库设计器窗口中即可修改数据库。

（3）命令方式

在命令窗口中输入“MODIFY DATABASE”命令，修改数据库。

5. 删除数据库

删除数据库之前，要先关闭删除的数据库，才能执行删除操作。在一般情况下，数据库被删除后，数据库中的对象并不能删除。

（1）项目管理器方式

打开项目管理器，选择要删除的数据库，单击“移去”按钮。此时会打开如图4-12所示提示框，若单击“移去”按钮，只是将数据库从项目管理器中移出；若单击“删除”按钮，则真正将数据库从磁盘上清除。

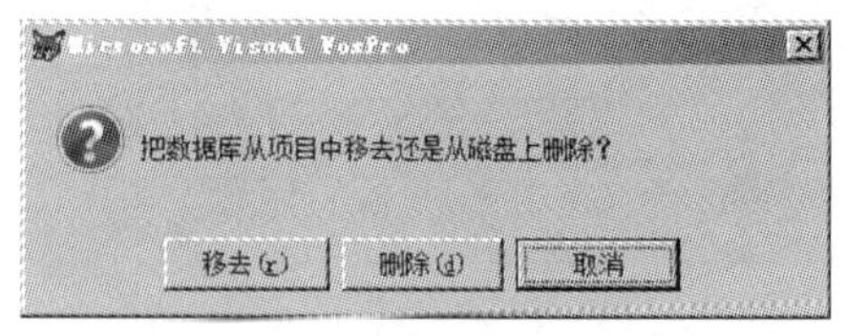

图4-12　提示框

（2）命令方式

在命令窗口中输入“DELETE DATABASE”命令，删除数据库。

4.3　数据库表操作

在Visual FoxPro中，数据表是用来存储和管理数据记录的，它包括了数据库中所有数据的数据对象。数据表又分为自由表和数据库表两种，不属于数据库的表为自由表，属于数据库的表为数据库表，并且通常还与该数据库中的其他数据表有一定的联系。如果在建立表时已经打开了数据库，那么所建立的表即为数据库表，否则建立的表是自由表。

4.3.1　建立数据库表

数据表与表格相似，数据在表中是按行和列的格式排列的，每行代表一个记录，每列代表记录的一个字段，数据表文件的扩展名为.dbf，如果在表中存在备注型字段或通用型字段，系统会生成一个主文件名与表名相同的，且扩展名为.fpt的备注文件。

1. 表的结构

表结构由表中的字段组成，每个字段包括字段的名称、类型、宽度、小数位数、是否允许为空等属性。

（1）字段名

字段名（Fields Name）是每列的名称，必须以字母或汉字开头，由字母、汉字、数字和下划线组成，其中不能包含空格或其他符号。自由表字段名最长为 10 个字符，数据库表字段名最长为 128 个字符，当数据库表转换成自由表时会截去超长部分的字符。

（2）字段类型和宽度

字段类型用来定义各个字段的具体数据特征，它规定了数据能够参与的运算，也能够方便用户的数据管理和维护。

1）字符型（C）：用来存储文本数据。例如，图 4-13zhicheng 表中的“职称”字段可定义成字符型，最大宽度为 254 个字符。

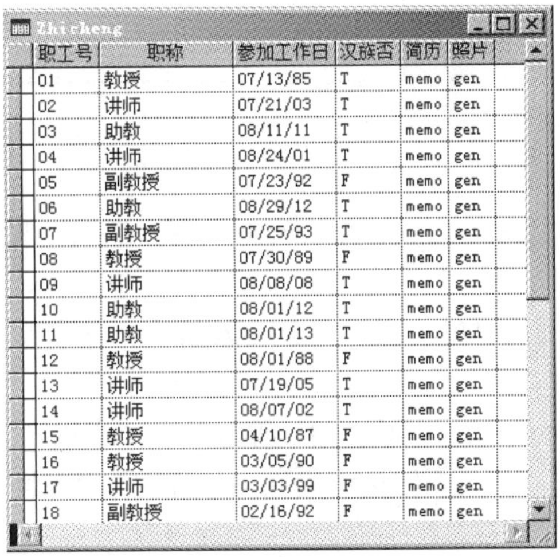

Zhicheng

职工号	职称	参加工作日	汉族否	简历	照片
01	教授	07/13/85	T	memo	gen
02	讲师	07/21/03	T	memo	gen
03	助教	08/11/11	T	memo	gen
04	讲师	08/24/01	T	memo	gen
05	副教授	07/23/92	F	memo	gen
06	助教	08/29/12	T	memo	gen
07	副教授	07/25/93	T	memo	gen
08	教授	07/30/89	F	memo	gen
09	讲师	08/08/08	T	memo	gen
10	助教	08/01/12	T	memo	gen
11	助教	08/01/13	T	memo	gen
12	教授	08/01/88	F	memo	gen
13	讲师	07/19/05	T	memo	gen
14	讲师	08/07/02	T	memo	gen
15	教授	04/10/87	F	memo	gen
16	教授	03/05/90	F	memo	gen
17	讲师	03/03/99	F	memo	gen
18	副教授	02/16/92	F	memo	gen

图 4-13　zhicheng 表

2）数值型（N）：用来存储数值数据。例如，“年龄”“工资”等字段可定义成数值型。

3）日期型（D）：用来存储日期数据。例如，“参加工作日”字段可定义成日期型，宽度固定为 8 字节。

4）逻辑型（L）：用来存储逻辑数据，逻辑值为.T.（逻辑真）或.F.（逻辑假），宽度固定为 1 字节。

5）备注型（M）：当所存储的数据超过 254 个字符时，需要采用备注类型字段。例如，“简历”字段可定义成备注型。备注型字段的宽度固定为 4 字节。

6）通用型（G）：用来存储图片、文件、声音等数据。例如，“照片”字段可定义成通用型。通用型字段的宽度固定为 4 字节。

（3）小数位数

小数位数规定了数值型数据的小数保留位数，小数点将占用 1 字节，小数位数至少应比该字段的宽度小 2 字节。

（4）NULL 值（空值）

NULL 值用于指明字段是否允许空值，空值是指不确定的值。

2. 表结构的创建

建立一个表时，首先要建立表的结构，然后输入表的记录。图 4-13 中 zhicheng 表的结构如表 4-1 所示。

表 4-1 zhicheng 表的结构

字段名	字段类型	字段宽度	小数位数	是否允许 NULL
职工号	字符型	2	—	否
职称	字符型	10	—	否
参加工作日	日期型	8	—	否
汉族否	逻辑型	1	—	否
简历	备注型	4	—	否
照片	通用型	4	—	否

创建表结构的方法如下。

（1）菜单方式

1）选择“文件”→“新建”选项，在打开的“新建”对话框中的选中“表”单选按钮，单击“新建文件”按钮。

2）打开“创建”对话框，如图 4-14 所示，输入新表文件名及文件的保存位置，单击“保存”按钮。

3）打开“表设计器”对话框，如图 4-15 所示，在其中设计表的结构，如图 4-16 所示。

4）单击“确定”按钮，完成表结构的建立，打开提示框，如图 4-17 所示。根据提示内容，单击相应的按钮即可。

（2）数据库设计器方式

1）在数据库设计器中右击，在弹出的快捷菜单中选择“新建表”选项，如图 4-18 所示，打开“新建表”对话框，如图 4-19 所示。

2）单击“新建表”按钮，打开“创建”对话框，重复菜单方式完成表结构的建立。

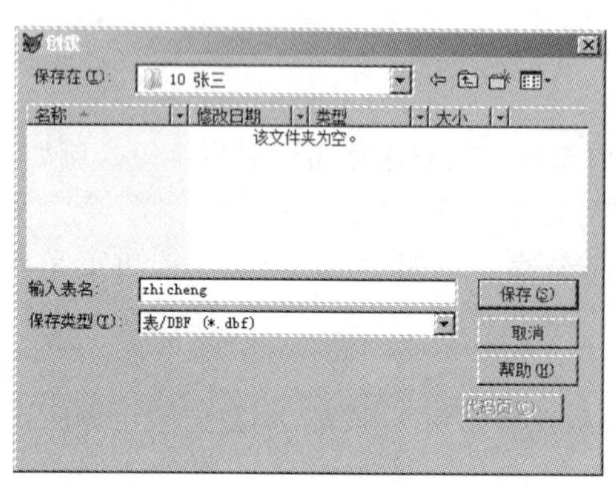

图 4-14 “创建”对话框

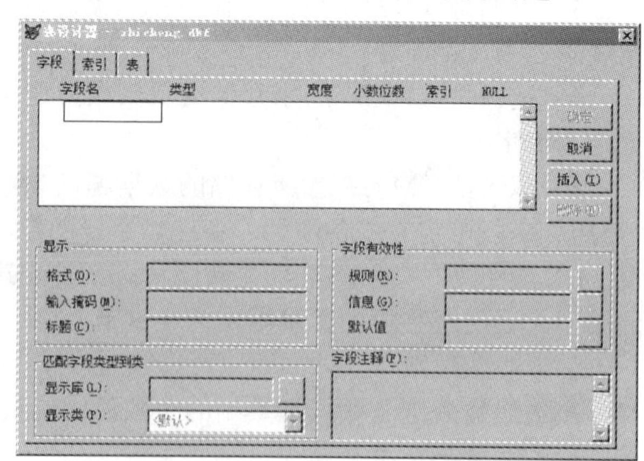

图 4-15 “表设计器”对话框

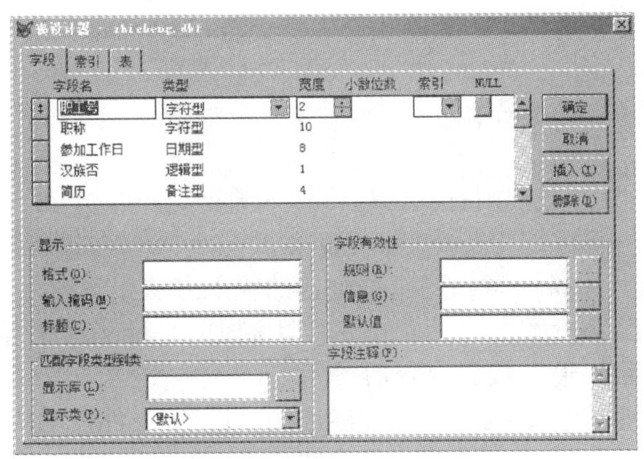

图 4-16　在“表设计器”中定义字段

图 4-17　提示框

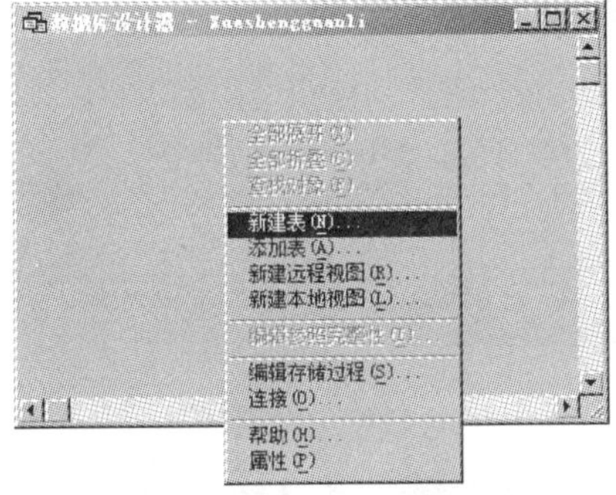

图 4-18　“新建表”选项

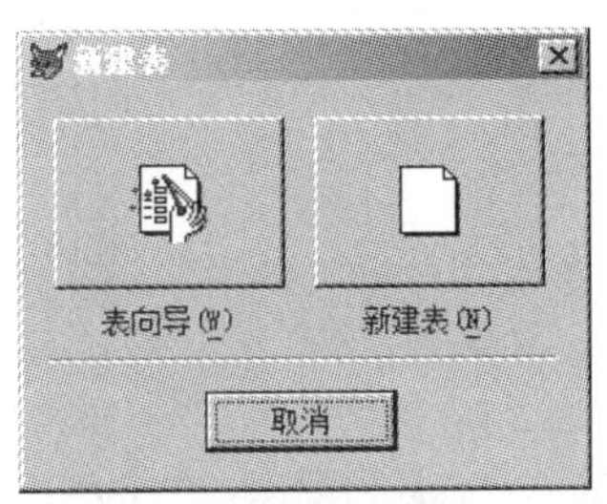

图 4-19　“新建表”对话框

（3）项目管理器方式

1）打开项目管理器，在“数据”选项卡中选择“表”选项，如图 4-20 所示，单击“新建”按钮。

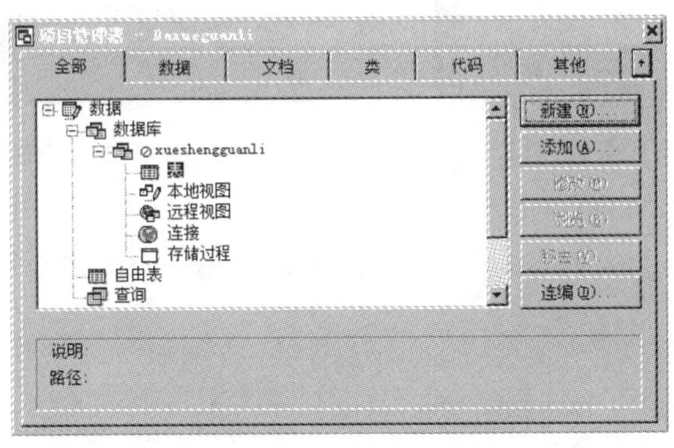

图 4-20　新建数据库表

2）在打开的“新建表”对话框中单击“新建表”按钮，重复菜单方式完成表结构的建立。

（4）命令方式

在命令窗口中输入“CREATE <表文件名>”命令，建立表文件。

3. 表记录的输入

设计好表结构后，接下来输入表的记录，输入记录的方法如下。

（1）直接输入数据

1）在图4-17所示的提示框中单击“是”按钮，则打开让用户输入数据记录的窗口，如图4-21所示。

2）按照记录顺序逐个输入各数据项，其中备注型和通用型数据的输入方法如下。

① 备注型字段数据的输入。输入备注型字段数据时，双击备注型字段的“memo”字样，打开备注型数据的编辑窗口，如图4-22所示，输入数据内容后关闭窗口。

② 通用型字段数据的输入。输入通用型字段数据时，双击通用型字段的“gen”字样，打开通用型数据的编辑窗口，选择“编辑”→“插入对象”选项，打开“插入对象”对话框，如图4-23所示，选择要插入的图片文件，单击“确定”按钮，即可插入指定的图片。

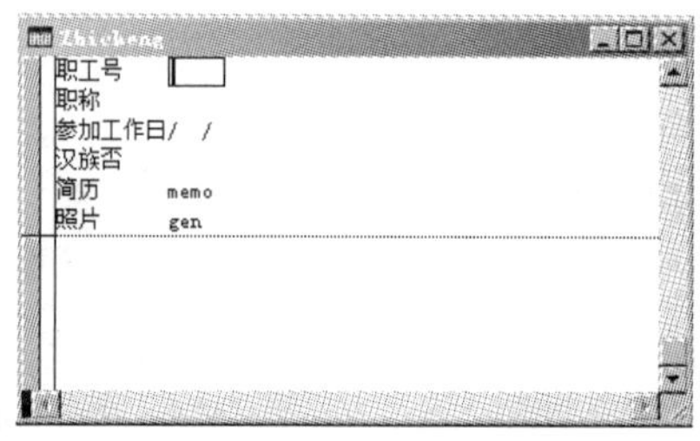

图4-21　输入记录

图4-22　备注型字段编辑窗口

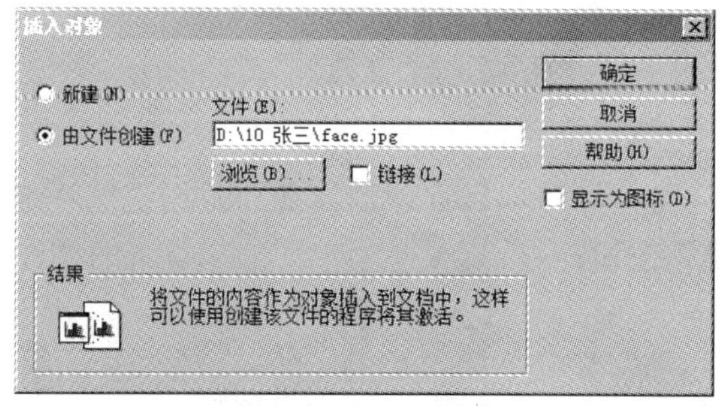

图4-23　“插入对象”对话框

（2）追加方式

选择“显示”→“追加方式”选项，可向表中追加一个或多个记录。

4. 表结构的修改

修改表结构可以采用以下几种方式。

（1）菜单方式

选择“显示”→“表设计器”选项，打开表设计器，在表设计器中完成各字段属性及字段的插入、删除操作。

（2）数据库设计器方式

打开数据库设计器并选中表右击，在弹出的快捷菜单中选择“修改”选项；或者选择“数据库”→“修改”选项；或者单击数据库设计器工具栏中的“修改表”按钮，均可以打开表设计器，完成各项修改。

（3）命令方式

在命令窗口中输入“MODIFY STRUCTURE 命令”，修改表结构。

例 4-2 在数据库文件 jiaoshiguanli.dbc 中新建表文件 zhicheng.dbf。

操作步骤如下。

1）打开数据库文件 jiaoshiguanli.dbc，右击，在弹出的快捷菜单中选择“新建表”选项。

2）打开“新建表”对话框，单击“新建表”按钮，打开“创建”对话框，在“输入表名”文本框中输入“zhicheng”，单击“保存”按钮。

3）打开“表设计器”对话框，输入 zhicheng 表字段的信息，并单击“确定”按钮，在打开的“现在输入记录吗？”提示框中单击“是”按钮，输入 zhicheng 表的数据记录。

4.3.2　将自由表添加到数据库

Visual FoxPro 有自由表和数据库表两种表，两种表可以相互转换。将自由表加入数据库中，即成为数据库表；将数据库表移出数据库，即成为自由表。可以采用以下方法将自由表移入数据库中。

1. 项目管理器方式

在项目管理器中，将要添加自由表的数据库展开至表，如图 4-24 所示。单击“添加”按钮，在打开的“打开”对话框中选择要添加的自由表，单击“确定”按钮。

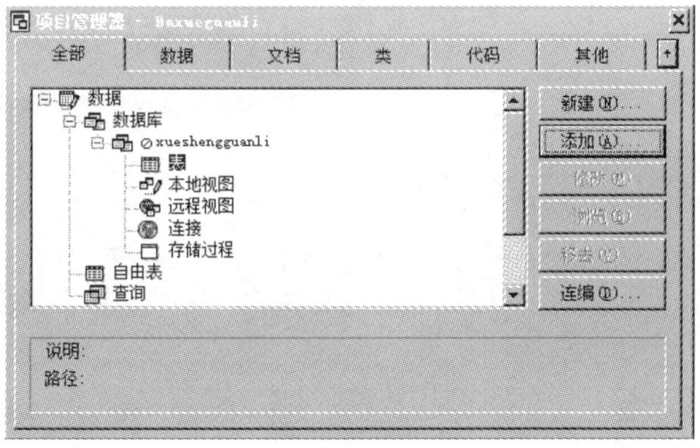

图 4-24　添加自由表

2. 数据库设计器方式

在数据库设计器中，选择“数据库”→“添加表”选项，在打开的“打开”对话框中选择要添加的自由表，单击“确定”按钮。

3. 命令方式

在命令窗口中输入“ADD TABLE”命令，将自由表添加到数据库。

4.3.3 从数据库中移出表

当数据库不再使用某个表时，必须将该表从当前数据库中移出，使其成为自由表。

1. 项目管理器方式

在项目管理器中，将数据库下的表展开，选择所要移出的具体表，单击“移去”按钮，在打开的如图 4-25 所示的提示框中单击“移去”按钮即可。

2. 数据库设计器方式

在数据库设计器中选择表，然后选择“数据库”→“移去”选项，或者右击要移出的表，在弹出的快捷菜单中选择“删除”选项，然后在打开的提示框中单击“移去”按钮即可。

3. 命令方式

在命令窗口中输入“REMOVE TABLE”命令，从数据库中移出表。

例 4-3 在数据库文件 xueshengguanli.dbc 中，将表文件 xuesheng.dbf、chengji.dbf 和 xuanke.dbf 添加进去，并将 xuanke 表移去成为自由表。

操作步骤如下。

1）打开 xueshengguanli 数据库设计器，选择“数据库”→“添加表”选项。在打开的“打开”对话框中选择要添加的 xuesheng、chengji、xuanke 这 3 个自由表，并单击“确定”按钮，添加完成的结果如图 4-26 所示。

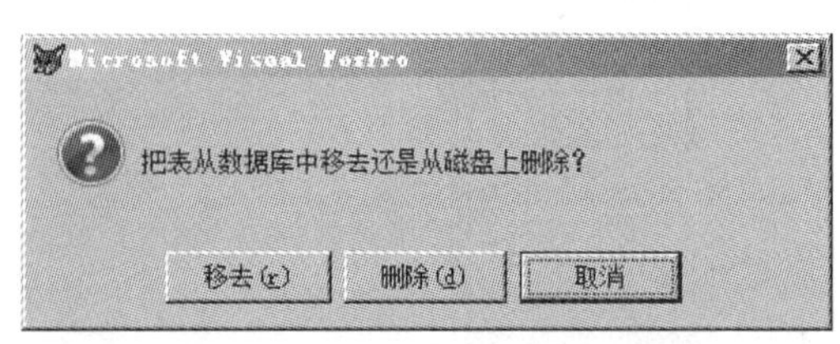

图 4-25 提示框

图 4-26 向数据库中添加表

2）选中 xuanke 表，单击数据库设计器工具栏中的“移去表”按钮，在打开的提示框中单击“移去”按钮，打开如图 4-27 所示的提示框，单击“是”按钮。

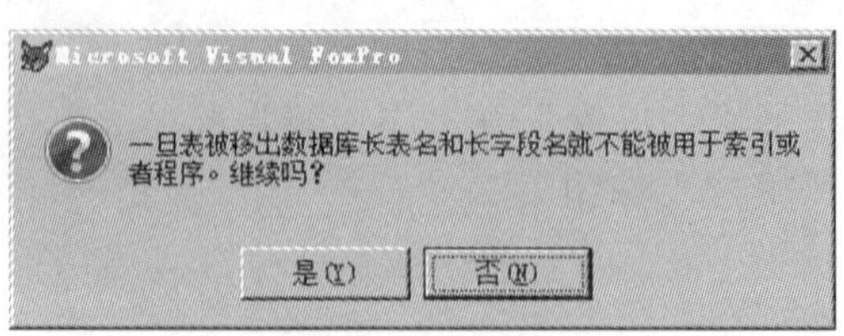

图 4-27 提示框

4.3.4 数据库表记录的浏览、修改和增加

数据库表创建完成以后，可以进行记录的浏览、修改有问题的记录和添加新记录等操作。

1. 浏览记录

浏览数据库表记录有以下几种方法。

（1）项目管理器方式

在项目管理器中将数据库展开至表，选择要操作的表，单击“浏览”按钮。

（2）数据库设计器方式

在数据库设计器中选择要操作的表，然后选择“数据库”→“浏览”选项，或者右击要操作的表，在弹出的快捷菜单中选择“浏览”选项。

（3）数据工作期方式

选择“窗口”→“数据工作期”选项，在打开的“数据工作期”对话框中单击“打开”按钮，如图 4-28 所示。在打开的“打开”对话框中选择要打开的表，单击“确定”按钮，“别名”列表框中即出现打开的表，选择表后单击“浏览”按钮即可。

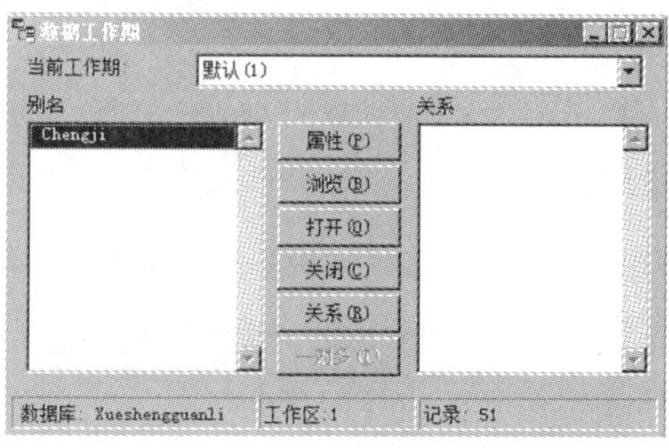

图 4-28 “数据工作期”对话框

说明：常用的浏览操作如下。

1）下一记录：下方向键。

2）前一记录：上方向键。

3）下一页：PageDown 键。

4）前一页：PageUp 键。

5）下一字段：Tab 键。

6）前一字段：Shift+Tab 组合键。

2. 修改记录

（1）浏览修改

在表浏览窗口中修改记录的值，只要将光标定位到要修改的记录和字段值上，然后直接修改即可。

（2）替换修改

如果有规律地对成批的记录进行修改，仍然使用浏览修改的方法会很麻烦，可以使用成

批替换的方法来完成。

例 4-4 求出 gongzi 表中实发工资的值。

操作步骤如下。

1）打开 gongzi 表，如图 4-29 所示。

2）选择“表”→“替换字段”选项，在打开的“替换字段”对话框进行以下设置。

在“字段”下拉列表中选择“实发工资”选项。

在“替换为”文本框中输入“Gongzi.奖金-Gongzi.扣款”。

在“作用范围”下拉列表中选择“All”选项，如图 4-30 所示。

3）单击“替换”按钮，求出“实发工资”的值，如图 4-31 所示。

职工号	奖金	扣款	实发工资
01	520.00	102.00	
02	333.00	13.00	
03	812.00	12.00	
04	520.00	15.00	
05	376.00	26.00	
06	218.00	38.00	
07	150.00	30.00	
08	330.00	70.00	
09	540.00	90.00	
10	612.00	55.00	
11	900.00	46.00	
12	300.00	118.00	
13	216.00	10.00	
14	70.00	5.00	
15			
16			

图 4-29 gongzi 表

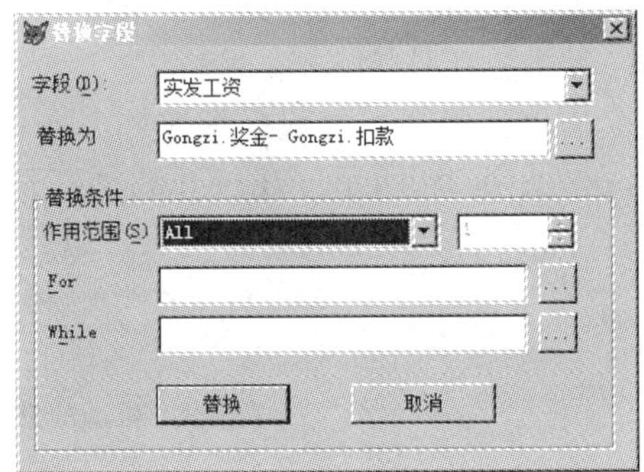

图 4-30 “替换字段”对话框

职工号	奖金	扣款	实发工资
01	520.00	102.00	418.00
02	333.00	13.00	320.00
03	812.00	12.00	800.00
04	520.00	15.00	505.00
05	376.00	26.00	350.00
06	218.00	38.00	180.00
07	150.00	30.00	120.00
08	330.00	70.00	260.00
09	540.00	90.00	450.00
10	612.00	55.00	557.00
11	900.00	46.00	854.00
12	300.00	118.00	182.00
13	216.00	10.00	206.00
14	70.00	5.00	65.00
15			0.00
16			0.00

图 4-31 实发工资

说明：“替换字段”对话框中的“替换条件”包括以下 3 项。

1）作用范围：包括 All、Next、Record、Rest 4 个选项。

① All：表的全部记录。

② Next：从当前记录开始的连续几个记录。

③ Record：表中的第几个记录

④ Rest：从当前记录开始到最后一个记录为止的所有记录。

2）For：选择条件，选择出表中符合条件的所有记录。

3）While：选择条件，选择出表中从当前记录开始符合条件的记录，直到第一个不符合条件的记录为止。

3. 增加记录

增加记录是维护数据库表的一项经常性的操作，增加记录包括追加新记录和从其他文件追加记录。

（1）追加新记录

在表浏览窗口中，选择“表”→“追加新记录”选项，或者选择“显示”→“追加方式”选项，在表中会追加一个新的空白记录。

（2）从其他文件追加记录

在表浏览窗口中，选择“表”→“追加记录”选项，在打开的“追加来源”对话框中选择“来源于”的文件，如图 4-32 所示，单击“确定”按钮。

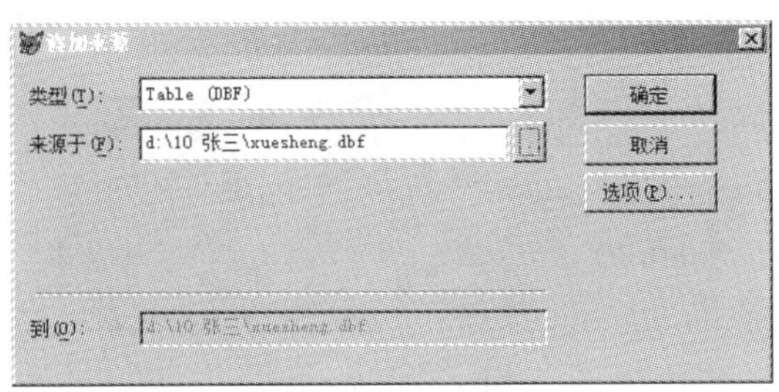

图 4-32　“追加来源”对话框

4.3.5　数据库表记录的删除和恢复

删除记录有逻辑删除和物理删除两种。逻辑删除只是对记录加上删除标记，记录并没有真正地从表中删除，需要时可以恢复被逻辑删除的记录，使其成为正常记录。物理删除是将要删除的记录真正地从表中清除掉，物理删除的记录不能恢复。

1. 逻辑删除记录

逻辑删除记录的方法如下。

1）在表浏览窗口中，单击逻辑删除记录前面的矩形方格，可以对记录加上逻辑删除标记，如图 4-33 所示。

2）在表浏览窗口中，选择“表”→“删除记录”选项，在打开的对话框中设置“作用范围”及条件，如图 4-34 所示，单击“删除”按钮。

2. 恢复逻辑删除的记录

在表浏览窗口中，选择“表”→“恢复记录”选项。

3. 物理删除有逻辑删除标记的记录

在表浏览窗口中，选择“表”→“彻底删除”选项，在打开的提示框中单击“是”按钮，如图 4-35 所示。

Zhicheng

职工号	职称	参加工作日	汉族否	简历	照片
01	教授	07/13/85	T	memo	gen
02	讲师	07/21/03	T	memo	gen
03	助教	08/11/11	T	memo	gen
04	讲师	08/24/01	T	memo	gen
05	副教授	07/23/92	F	memo	gen
06	助教	08/29/12	T	memo	gen
07	副教授	07/25/93	T	memo	gen
08	教授	07/30/89	F	memo	gen
09	讲师	08/08/08	T	memo	gen
10	助教	08/01/12	T	memo	gen
11	助教	08/01/13	T	memo	gen
12	教授	08/01/88	F	memo	gen
13	讲师	07/19/05	T	memo	gen
14	讲师	08/07/02	T	memo	gen
15	教授	04/10/87	F	memo	gen
16	教授	03/05/90	F	memo	gen
17	讲师	03/03/99	F	memo	gen
18	副教授	02/16/92	F	memo	gen

图 4-33　对表中记录加上逻辑删除标记

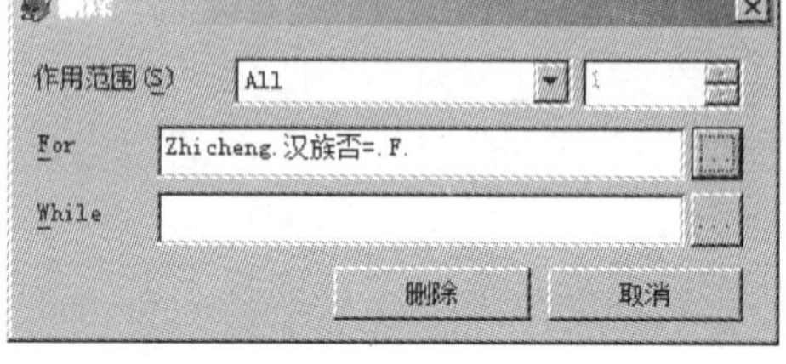

图 4-34　“删除”对话框

图 4-35　提示框

4.3.6　数据库表设计器

数据库表可以使用长表名及长字段名，数据库表的表设计器能够为字段设置标题、注释及默认值，具有插入、更新和删除事件的触发器，还可以进行字段验证和记录验证及设置字段的显示格式等功能。

1. “显示”组框

该组框能够对字段的格式码、输入掩码和标题进行设置。

（1）格式码

格式码是一种输出掩码，它决定了字段在表单、浏览窗口的显示风格，格式码及其功能如表 4-2 所示。

表 4-2　格式码及其功能

格式码	功能	格式码	功能
A	只允许输出文字字符， 不允许输出数字、空格和标点符号	E	使用欧洲日期格式
I	居中对齐	L	前导零
B	左对齐	Z	为零时置空
J	右对齐	(	用（）括住负数
D	使用当前系统设置的日期格式	$	使用货币符号

（2）输入掩码

输入掩码是字段的一种属性，用以限制或控制用户输入的格式。使用输入掩码可以减少人为的数据输入错误，保证数据的统一、有效。输入掩码及其功能如表 4-3 所示。

表 4-3　输入掩码及其功能

掩码字符	功能	掩码字符	功能
X	可输入任何字符	9	可输入数字和正负符号
#	可输入数字、空格和正负符号	$	在某一固定位置显示由“SET CURRENCY”命令指定的货币符号
*	在值的左侧显示星号	.	指定小数点位置
,	逗号可以用来分隔小数点左边的整数部分	—	—

（3）标题

标题是字段显示时的标题。如果没有设置标题，字段名将作为字段的标题，如果定义表结构时字段名称使用了英文名称或拼音的缩写形式，则可以利用“标题”属性，给字段输入汉字或完整的字段名。例如，在 chengji 表中，将“计算机”字段的标题设置为“计算机成绩”，结果如图 4-36 所示。

Chengji

学号	数学	英语	计算机成绩	四级过否
20160101	78.0	80.0	92.0	T
20160102	86.0	85.5	88.0	T
20160103	92.0	72.0	95.0	F
20160104	82.0	80.0	90.5	T
20160105	88.0	82.0	93.0	T
20160106	69.0	88.0	85.0	T
20160107	88.8	86.5	89.0	T
20160108	75.0	60.0	86.0	F
20160109	56.0	86.0	78.0	T
20160110	90.0	92.0	73.5	T
20160111	88.0	80.0	86.0	T
20160112	87.0	85.0	90.0	T
20160113	85.0	55.0	87.0	F
20160114	88.0	90.0	89.0	T
20160115	79.0	78.0	92.0	T
20160116	58.0	60.0	70.0	F
20160117	70.0	80.0	75.0	T

图 4-36　设置“标题”

2. “字段有效性”组框

字段的有效性规则是一个与字段和记录相关的表达式，通过对用户输入的值加以限制，设置违反规则时的提示信息和字段的默认值。这个规则是对一个字段的约束，主要用来检查数据输入的正确性。字段的有效性设置包括以下几个方面。

1）规则：是一个逻辑表达式，该表达式是字段有效性验证规则。

2）信息：是输入有误时的提示信息。

3）默认值：用于指定字段在没有输入时的默认值。

例 4-5 在 xuesheng 表中，设置“性别”字段的字段有效性。

操作步骤如下。

1）在 xuesheng 表设计器对话框中选择“字段”选项卡。

2）在“字段有效性”组框中单击“规则”右侧的按钮，在打开的“表达式生成器”对话框中输入有效规则“性别="男" OR 性别="女"”，如图 4-37 所示，单击“确定”按钮。

3）在“字段有效性”组框中单击“信息”右侧的按钮，在打开的“表达式生成器”对话框中设置出错信息“性别只能输入男或女”，单击“确定”按钮，如图 4-38 所示。

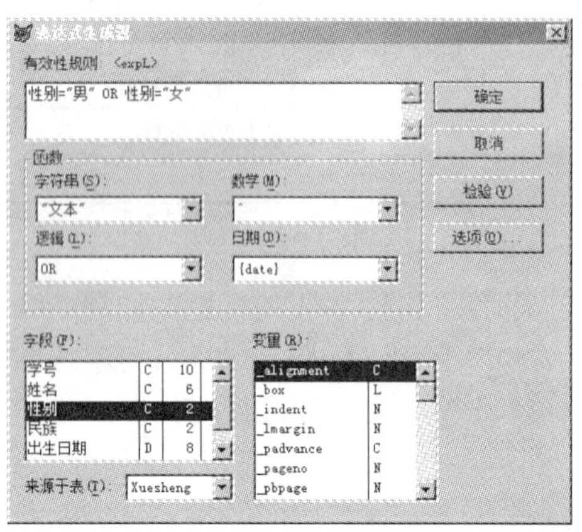

图 4-37　“表达式生成器”对话框

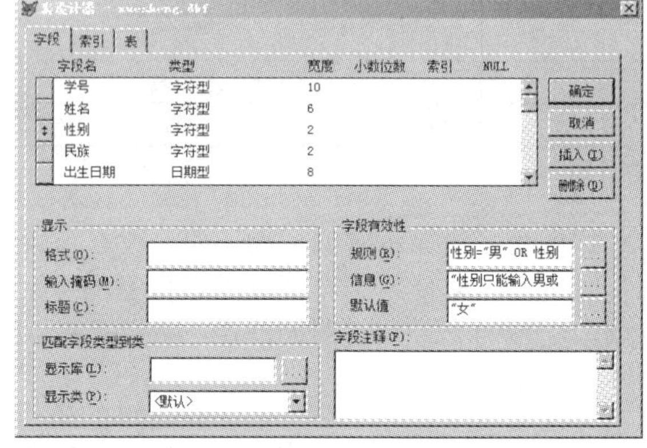

图 4-38　性别的“字段有效性”设置

4）在“字段有效性”组框中单击“默认值”右侧的按钮，在打开的“表达式生成器”对话框中设置默认值“女”，单击“确定”按钮，如图 4-38 所示。

3. “记录有效性”组框

记录有效性是对同一记录中不同字段之间的逻辑关系进行验证。在表设计器中，选择“表”选项卡，就会出现“记录有效性”组框。在“规则”文本框中可以输入记录有效性规则的逻辑表达式。在“信息”文本框中可以输入违反规则时显示的错误提示信息。

例 4-6 为 xuanke 表设置记录有效性为“不允许课程号字段的值为空”。

操作步骤如下。

1）在 xuanke 表设计器中，选择“表”选项卡。

2）单击“记录有效性”组框中“规则”右边的按钮，在打开的“表达式生成器”对话框中输入表达式“NOT EMPTY（课程号）”， 单击“确定”按钮，如图 4-39 所示。

3）单击“信息”右边的按钮，在打开的“表达式生成器”对话框中输入信息“课程号不能为空”，单击“确定”按钮，如图 4-39 所示。

4）打开 xuanke 表窗口，将“课程号”的值修改为空值时，会打开“记录触犯规则”提示框，如图 4-40 所示。

4. “字段注释”组框

“字段注释”组框用来输入字段的用途、特性、使用方法等需要补充说明的注释信息。

例 4-7 为 chengji 表的“四级过否”字段设置字段注释。

操作步骤如下：在 chengji 表的表设计器对话框中，选择“四级过否”字段，在“字段注释”对话框中输入字段注释信息“英语四级通过情况”，如图 4-41 所示。

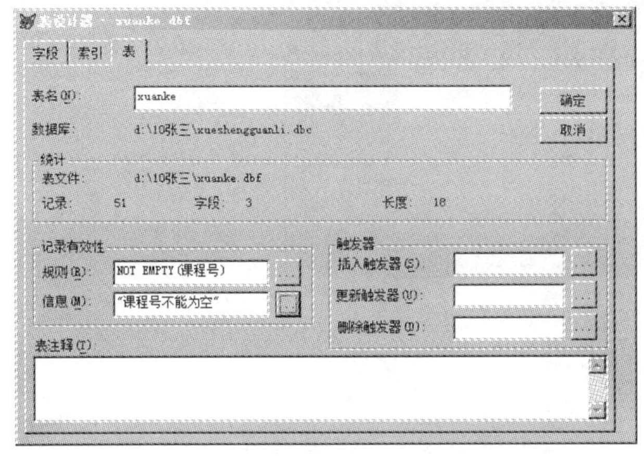

图 4-39 “记录有效性”设置

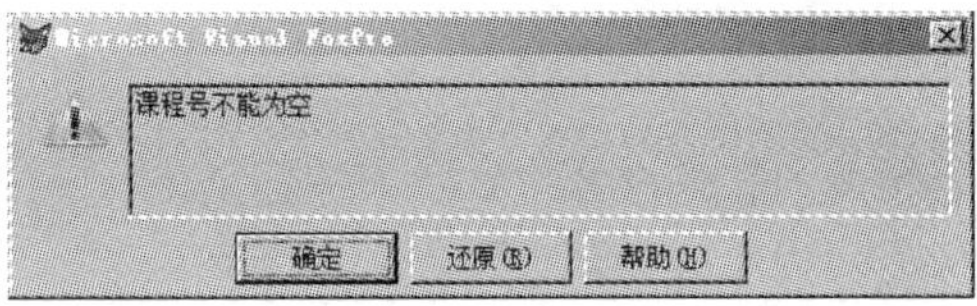

图 4-40 “记录触犯规则”提示框

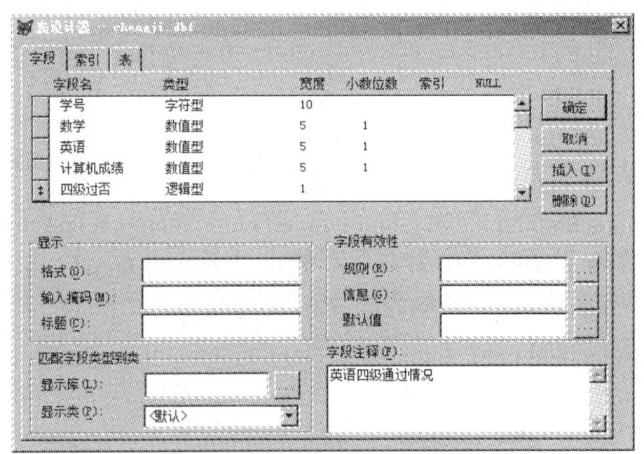

图 4-41 “字段注释”的设置

4.4 自由表操作

自由表就是不属于任何数据库的表，在建立表时如果没有打开的数据库及当前数据库，那么所建立的表即为自由表。

4.4.1 建立自由表

自由表的建立方法与数据库表基本相同，首先建立自由表结构，再输入表中的记录。表结构的建立有以下几种方法。

1. 项目管理器方式

在项目管理器中的“数据”选项卡中选择“自由表”选项，然后单击“新建”按钮，打开表设计器建立表结构，如图 4-42 所示。

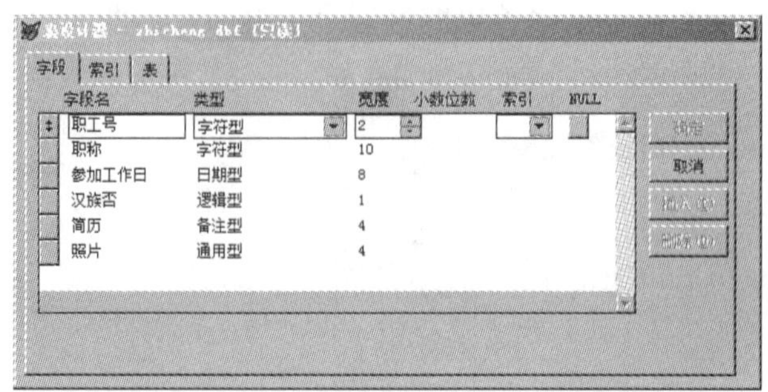

图 4-42 数据库表“表设计器”

2. 菜单方式

在“文件”菜单中选择“新建”选项，在打开的“新建”对话框中的“文件类型”区域选中“表”单选按钮，然后单击“新建文件”按钮，打开表设计器建立表结构。

表结构创建完成后，输入表记录数据的方法与数据库表的输入方法完全相同。

4.4.2 自由表设计器

自由表的字段名限制在 10 个字符以内，而数据库表的字段名最长为 128 个字符，当数据库表转换成自由表时会截去超长部分的字符，而且自由表的字段不具备“显示”“字段有效性”“字段注释”等设置功能，自由表也不能建立字段的各种约束和规则。

例 4-8 观察表文件 zhicheng.dbf 作为数据库表和成为自由表时“参加工作日期”字段的改变情况，以及两种表设计器的区别。

操作步骤如下。

1）将数据库文件 jiaoshiguanli.dbc 中的数据库表文件 zhicheng.dbf 的表设计器打开，如图 4-43 所示，长字段名“参加工作日期”字段名可以使用。

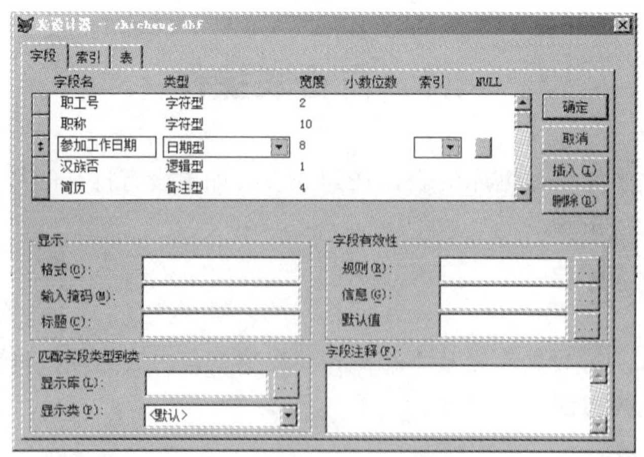

图 4-43 自由表“表设计器”

2）将数据库表文件 zhicheng.dbf 移去成为自由表，打开自由表文件 zhicheng.dbf 的表设计器，如图 4-42 所示，“参加工作日期”字段的长字段名将不能使用，改变为“参加工作日”。并且自由表的表设计器不具备“显示”“字段有效性”“字段注释”等设置功能。

4.4.3　自由表记录的操作

在 Visual FoxPro 中，大部分表操作都是对当前打开的表进行的，因此在进行各种表操作之前要先打开表。

1. 打开表

选择“文件”→“打开”选项，打开“打开”对话框，如图 4-44 所示，在“文件类型”下拉列表中选择“表（*. dbf）”，选中表文件后单击“确定”按钮。

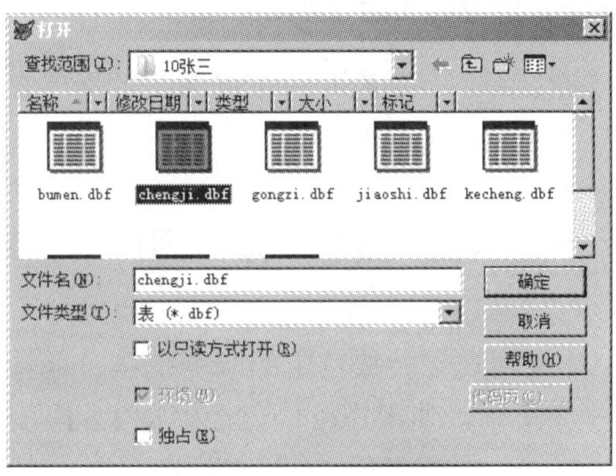

图 4-44　“打开”对话框

2. 关闭表

通过“USE”命令关闭表。

3. 记录指针定位

Visual FoxPro 为每个表都设置了一个记录指针，记录指针是一个指示器，用来指示当前被操作处理的记录，即当前记录。表刚打开时，记录指针会自动指向记录号为 1 的记录，如果要对某个记录进行处理，必须移动记录指针，使其指向该记录。定位记录指针可以通过下面几种方法实现。

（1）交互操作方式

在表浏览窗口，单击要定位记录的任意字段，使该记录最前面的灰色方框中出现黑三角标志，该记录即成为当前记录。

（2）菜单方式

在表浏览窗口，选择“表”→“转到记录”选项，在弹出的子菜单中进行选择，如图 4-45 所示。

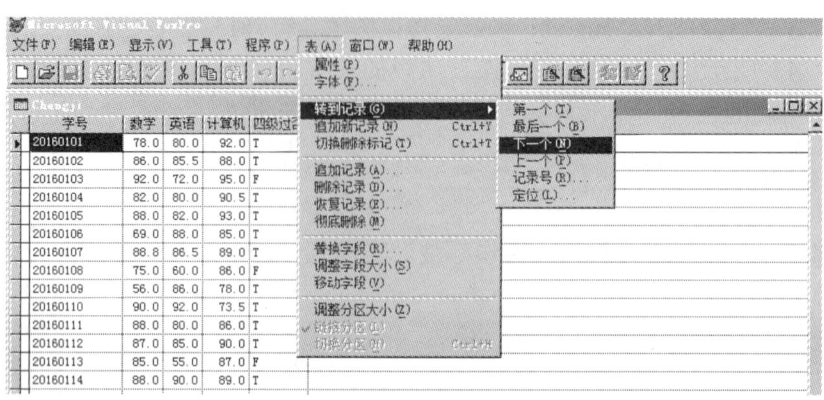

图 4-45 “转到记录”子菜单

4. 表记录的浏览、修改、增加、删除等操作

自由表记录的浏览、修改、增加、删除等编辑操作与数据库表的各项操作基本一致，可参考 4.3.4 和 4.3.5 节内容。

4.5 表 索 引

在 Visual FoxPro 中，如果用户需要按特定的顺序定位、查看或操作表中的记录，可以使用索引。索引作为一种排序机制，使用户可以方便地按不同顺序处理表记录。

1. 建立索引文件

索引文件可以利用表设计器或通过命令进行创建，创建方法如下。

（1）表设计器方式

在表设计器中有“字段”“索引”“表”3 个选项卡，在“字段”选项卡中定义字段时就可以直接指定某些字段是否是索引项，单击“索引”下拉按钮，在弹出的下拉列表中可以看到有 3 个选择项：“无”“↑升序”“↓降序”（默认为“无”），如图 4-46 所示。如果选择了“↑升序”或“↓降序”，则在对应的字段上建立了一个普通索引，索引名与字段名相同，索引表达式就是对应字段。如果要将索引定义为其他的类型，则需选择“索引”选项卡，然后在“类型”下拉列表中选择索引的类型，根据需要选择“主索引”“候选索引”“唯一索引”或“普通索引”。

例 4-9 对表文件 xuesheng.dbf 按“学号”字段建立一个主索引，根据“性别”和“出生日期”两个字段建立一个普通索引，其中索引名为 xbrq。索引顺序都是升序。

操作步骤如下：在 xuesheng 表设计器中，选择“索引”选项卡，输入“索引名”分别为“学号”和“xbrq”；选择“索引类型”分别为“主索引”和“普通索引”；输入“索引表达式”分别为“学号”和“性别+DTOC（出生日期,1）”，如图 4-47 所示，单击“确定”按钮。

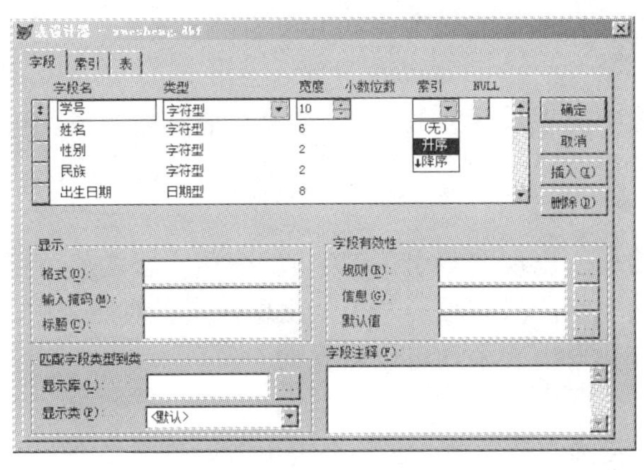

图 4-46 建立普通索引

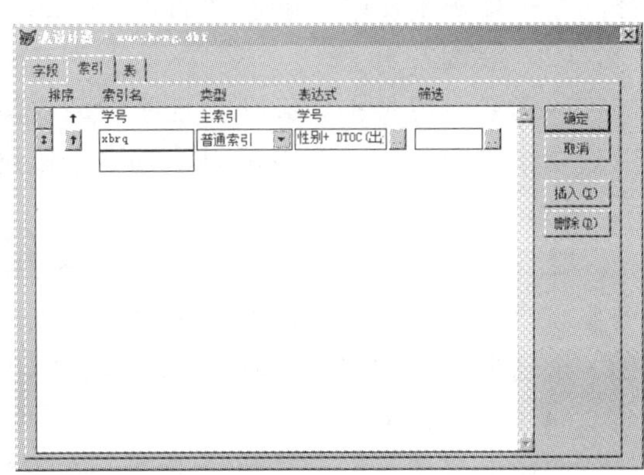

图 4-47 使用“索引”选项卡建立索引

（2）命令方式

在命令窗口中输入“CREATE INDEX”命令，建立索引。

2. 设置主控索引

一个表可以有多个索引文件同时被打开，但同一时刻只能有一个索引起作用，这就是主控索引。打开索引文件时，第一个打开的索引文件就是主控索引文件，如果主控索引文件是单索引文件，那么它包含的索引就称为主控索引；如果索引文件是复合索引文件，还需要指定哪个标示为主控索引。设置主控索引的操作步骤如下。

1）打开数据表，在表浏览窗口中选择“表”→“属性”选项，打开“工作区属性”对话框，如图 4-48 所示。

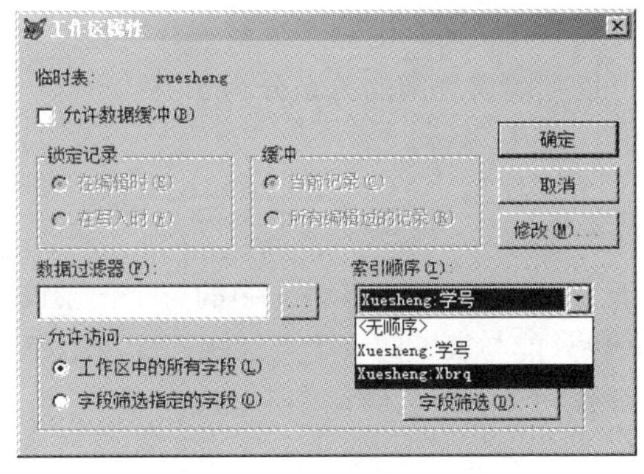

图 4-48 “工作区属性”对话框

2）在“索引顺序”下拉列表中选择一个索引标志项，单击“确定”按钮。

3. 索引类型

在 Visual FoxPro 中，索引分为 4 种类型：主索引、候选索引、唯一索引和普通索引。

（1）主索引

主索引是不允许在指定字段或表达式中出现重复值的索引，即关键字表达式的值在表文件的全部记录都是唯一的。只有数据库表文件才允许创建一个主索引。

（2）候选索引

候选索引也是不允许在指定字段或表达式中出现重复值的索引。数据库表和自由表均可以建立候选索引，一个表可以建立多个候选索引。

（3）唯一索引

唯一索引是指系统只在索引文件中保留第一次出现的索引关键字值，索引字段的值可以重复。“唯一”是指在使用该索引时重复的索引字段只有唯一一个值出现在索引对照表中，在一个表中可以建立多个唯一索引，数据库表和自由表中均可以建立唯一索引。

（4）普通索引

普通索引是一个最简单的索引，允许索引关键字值重复。在一个表中可以建立多个普通索引，数据库表和自由表中均可以建立普通索引。

4. 索引文件类型

索引文件可分为单索引文件和复合索引文件两种。其中单索引文件是根据单个索引关键字表达式（或关键字）来创建的索引文件，其扩展名为.idx；复合索引文件是指可以包含多个索引关键字或关键字表达式的索引文件，其扩展名为.cdx。一个复合索引文件相当于多个单索引文件的集合。复合索引文件又分为结构复合索引文件和非结构复合索引文件两种。

4.6 创建和编辑关系

Visual FoxPro 是一个关系数据库管理系统，每个独立的表中存储的数据之间具有一定的关联。可以在这些表间定义关系，从而利用这些关系来查找数据库中有联系的信息。根据两个表中记录的匹配情况，可以把两表之间的关系分为 3 类：一对一关系、一对多关系和多对多关系。

1. 一对一关系

在一对一关系中，对于 1 和 2 两个表，若表 1 中的一个记录仅与表 2 中的一个记录相匹配，同时表 2 中的一个记录也只能与表 1 的一个记录相匹配，则称表 1 和表 2 是一对一关系。通常把表 1 称为父表，表 2 称为子表，一般记作 1∶1。

2. 一对多关系

一对多关系是最常见的关系类型。如果表 1 中的一个记录与表 2 中的多个记录相匹配，而表 2 中的一个记录最多只能和表 1 中的一个记录相匹配，则称表 1 和表 2 是一对多关系，记作 1∶n。

3. 多对多关系

如果表 1 中的一个记录能与表 2 中的多个记录相匹配，同时表 2 中的一个记录也能与表

1 的多个记录相匹配，则称表 1 和表 2 是多对多关系，记作 $m:n$。

Visual FoxPro 建立两表间关系时，有临时性关系和永久性关系两种。

4.6.1　表间临时性关系

临时性关系是指不同工作区的记录指针创建的一种临时联动关系，只要有一个表关闭，临时性关系将取消，下次打开表时，用户必须重新建立临时性关系。

1. 建立表间临时性关系

两表间建立临时性关系的前提条件是父表和子表要具有某一相同的字段，且对应的值相等，子表必须以关联字段建立索引，并设置为主控索引。

例 4-10　在数据库文件 xueshengguanli.dbc 中，对表文件 xuesheng.dbf 和 chengji.dbf 按学号建立临时性关系。

操作步骤如下。

1）对表文件 chengji.dbf 按学号建立普通索引。

2）在“数据工作期”窗口中，分别打开表文件 xuesheng.dbf 和 chengji.dbf。

3）在“别名”列表框中选择表文件 xuesheng.dbf，单击“关系”按钮。

4）双击表文件 chengji.dbf，在打开的“设置索引顺序”对话框中选择“chengji:学号”，如图 4-49 所示，单击“确定”按钮。

5）在打开的“表达式生成器”对话框中，选择索引字段“学号”，单击“确定”按钮，则建立了表文件 xuesheng.dbf 和 chengji.dbf 的临时性关系，如图 4-50 所示。

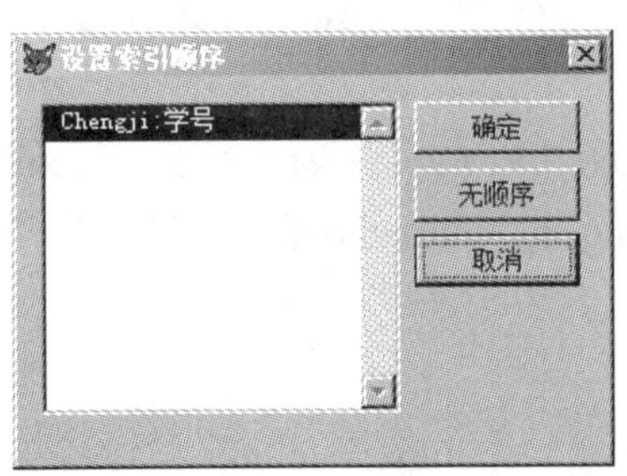

图 4-49　“设置索引顺序”对话框

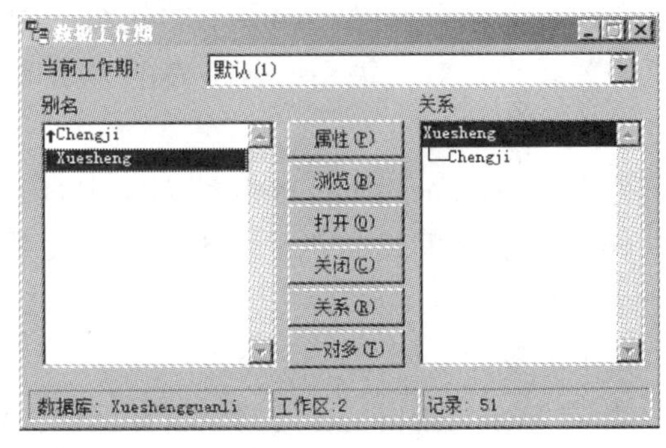

图 4-50　建立表间临时性关系

2. 表间记录指针的联动

当两个表之间建立了临时性关系后，父表记录指针移动时，子表记录指针会随之移动。

例 4-11　xuesheng 表和 chengji 表按学号建立临时性关系后，观察表间记录指针的联动。

操作步骤如下：选择 xuesheng 表，单击“浏览”按钮，再以同样的方式浏览 chengji 表，在 xuesheng 表的浏览窗口中选择不同的记录时，在 chengji 表的浏览窗口中将出现和当前记录的“学号”字段相匹配的记录，如图 4-51 所示。

学号	姓名	性别	民族	出生日期	是否党员
20160101	刘美辰	女	汉	01/07/98	F
20160102	李铮	男	汉	03/17/98	F
20160103	王宏宇	男	汉	02/18/98	F
20160104	杨诗瑶	女	汉	09/27/97	F
20160105	吴峻男	男	满	11/17/97	F
20160106	李光宁	男	汉	02/26/98	F
20160107	赵红静	女	藏	05/11/98	F
20160108	刘博	男	汉	09/19/97	T
20160109	杨一凡	男	汉	03/07/98	F
20160110	高鸿宇	男	回	01/09/98	F
20160111	李婧	女	汉	04/07/98	F
20160112	杨志良	男	汉	10/29/97	F
20160113	王慧	女	满	03/11/98	T
20160114	罗丽娜	女	汉	11/27/97	F
20160115	赵军	男	汉	10/16/97	F
20160116	吴润博	男	汉	02/17/98	F
20160117	杨天姿	女	汉	01/05/98	F

学号	数学	英语	计算机	四级过否
20160104	82.0	80.0	90.5	T

图 4-51 “子表”记录指针随“父表”记录指针的移动而移动

4.6.2 表间永久性关系

永久性关系是指两个数据库表之间通过索引连接的关系，该关系建立后将存储在数据库中，只要不删除或变更就一直存在，因此称为永久性关系。

1. 建立表间永久性关系

建立永久性关系的前提是父表和子表要具有某一相同的字段，且对应的值相等；每一个表都要用该字段建立索引，父表的索引类型必须是主索引，子表的索引类型是主索引、候选索引、普通索引或唯一索引中的任意一种。若子表的索引类型是主索引或候选索引，则表间的关系是一对一关系；若子表的索引类型是普通索引或唯一索引，则表间的关系是一对多关系。

例 4-12 在 xueshengguanli 数据库中有 xuesheng、chengji、xuanke 这 3 个表，在 xuesheng 表和 chengji 表之间建立一对一的永久性关系，在 xuesheng 表和 xuanke 表之间建立一对多的永久性关系。

操作步骤如下。

1）在 xueshengguanli 数据库设计器中，添加 xuesheng、chengji、xuanke 这 3 个表。

2）将 xuesheng 表按“学号”字段建立主索引或候选索引， chengji 表按“学号”字段建立主索引或候选索引，xuanke 表按“学号”字段建立普通索引。

3）将 xuesheng 表的主索引“学号”拖动到 chengji 表的主索引“学号”上，将 xuesheng 表的主索引“学号”拖动到 xuanke 表的普通索引“学号”上，则表间就会出现相应连线，如图 4-52 所示，永久性关系建立完成。

2. 编辑修改表间永久性关系

单击关系连线，当连线变粗后，选择“数据库”→“编辑关系”选项，或者右击关系连接，在弹出的快捷菜单中选择“编辑关系”选项，就可以编辑或修改关系。

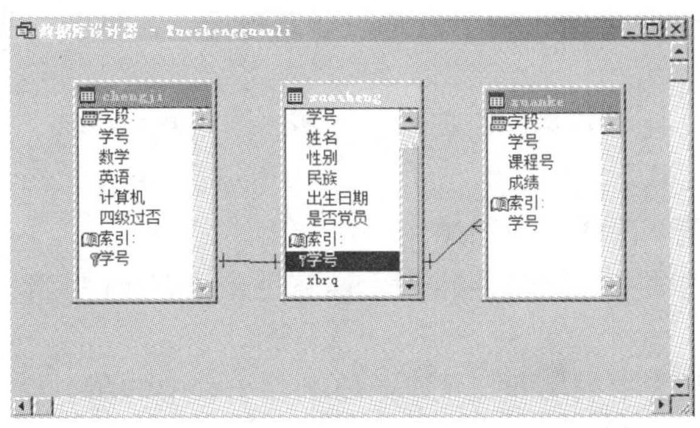

图 4-52　创建表间的永久性关系

4.7　建立参照完整性

参照完整性是数据库表文件之间的一种验证规则，对于具有永久性关系的两个数据表，当对一个表进行插入、删除、更新操作时，如果另一个表并未做相应改变，则将破坏数据的完整性。为了保证数据的完整性，Visual FoxPro 提供了建立表间参照完整性规则，用户可以通过参照完整性生成器来保证数据完整性的要求。

1. 建立参照完整性

参照完整性的建立在“参照完整性生成器”对话框中设置，具体建立过程如下。

（1）清理数据库

选择“数据库”→“清理数据库”选项。

（2）打开“参照完整性生成器”对话框

在数据库设计器中的空白处右击，在弹出的快捷菜单中选择“编辑参照完整性”选项，或者选择“数据库”→“编辑参照完整性”选项，在打开的“参照完整性生成器”对话框中有“更新规则”“删除规则”“插入规则”3 个选项卡。

1）“更新规则”选项卡。如图 4-53 所示，它用来设置当更新父表中的关键字值时，子表中的相关记录如何进行处理。

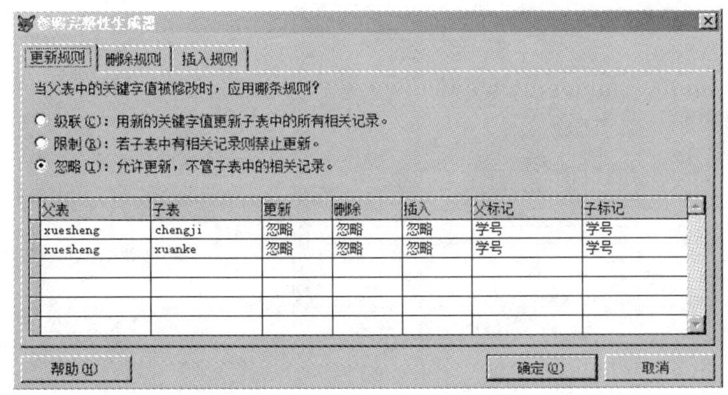

父表	子表	更新	删除	插入	父标记	子标记
xuesheng	chengji	忽略	忽略	忽略	学号	学号
xuesheng	xuanke	忽略	忽略	忽略	学号	学号

图 4-53　“更新规则”选项卡

“级联”：当更新父表中的关键字值时，则系统用新的联接字段值更改子表中的相关记录。

“限制”：当更新父表中的某一记录时，若子表中有相应字段，则禁止父表中关键字值被修改。

“忽略”：两表的更新操作互不影响。

2）“删除规则”选项卡。如图 4-54 所示，它用来设置删除父表中的记录时，如何处理子表中的相关记录。

“级联”：当删除父表中的某一记录时，将删除子表中的所有相关记录。

“限制”：当删除父表中的某一记录时，若子表中有相关记录，则禁止该操作。

“忽略”：两表的删除操作互不影响。

3）“插入规则”选项卡。如图 4-55 所示，它用于设置当插入子表中的新记录时，是否进行参照完整性检查。

“限制”：当在子表中插入某一新记录时，若父表没有相应记录，则禁止该操作。

“忽略”：两表的插入操作互不影响。

（3）保存设置

设置完成后，单击“确定”按钮，在打开的保存提示框中单击“是”按钮，如图 4-56 所示。

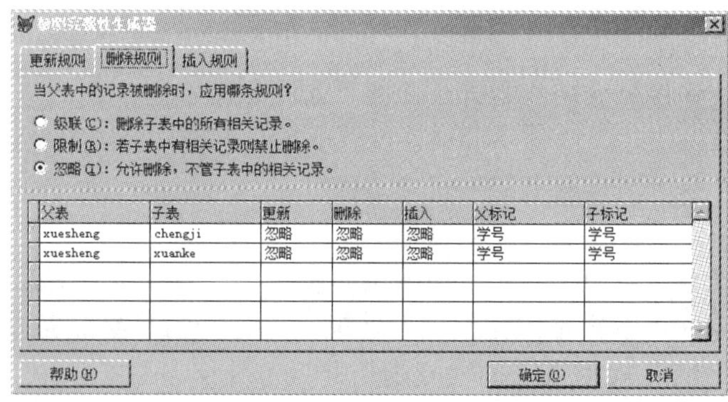

图 4-54 “删除规则”选项卡

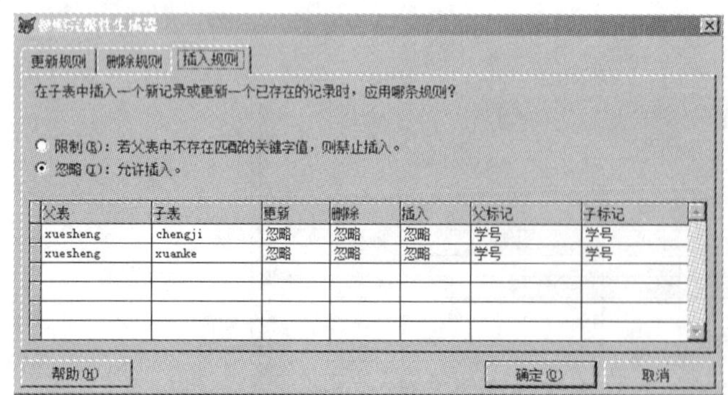

图 4-55 “插入规则”选项卡

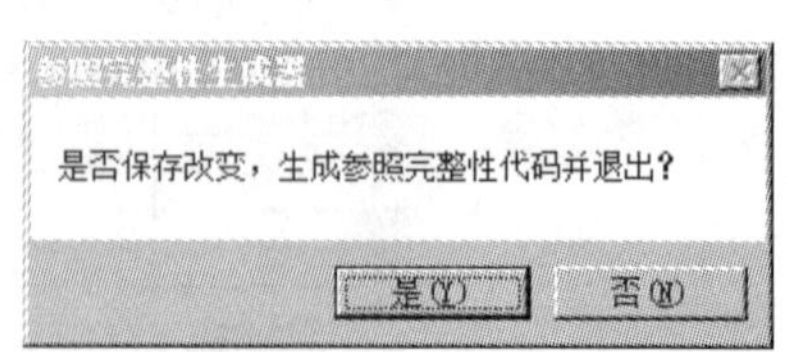

图 4-56 “参照完整性生成器”保存提示框

2. 建立参照完整性实例

例 4-13 为 xuesheng 表和 chengji 表间永久性关系设置参照完整性，更新规则为“级联”，删除规则为“限制”，插入规则为“忽略”。

操作步骤如下。

1）清理数据库。选择“数据库”→“清理数据库”选项。

2）建立参照完整性。打开“参照完整性生成器”对话框：设置更新规则为“级联”、删除规则为“限制”、插入规则为“忽略”单击“确定”按钮。

3）保存设置。在打开的保存提示框中单击“是”按钮，在打开的确认提示框中，单击“是”按钮则完成全部设置。

第 5 章　查询与视图

在设计数据库时，各个数据表的结构是根据整个数据库系统的需要，按照规范化理论来设计的。一个数据库可以加入多个表，涵盖的信息非常庞大，但在实际的应用过程中，不同的用户对数据库的认识是不同的，每个用户只关心自己的应用。也就是说，用户在许多时候，只关心整个数据库中的一部分信息。如何快速简便地提取出用户需要的信息呢？查询和视图就是为了满足这个需要而设计的，是查询和操作数据库的工具。本章将介绍查询和视图的建立、使用，以及它们各自的特点。

5.1　查询、视图与 SQL 语句

在创建查询和视图时，系统会自动生成对应的 SQL 语句，运行 SQL 语句也能得到查询和视图的结果。

1. 查询

查询的功能是根据表或视图，通过设置一些查询条件，在一定的范围内查找符合条件的数据，以一定的顺序显示和保存查询结果。查询不需要依赖数据库存在，它是以单独的文件形式存在的，文件的扩展名为.qpr，查询数据实际上就是运行查询文件的过程，查询被运行后，系统还会自动生成一个编译后的查询文件，扩展名为.qpx。

查询的数据源可以是一个或多个相关的自由表、数据库表、视图。查询得到的结果，不仅可以用来浏览，还能以多种方式输出。

2. 视图

视图是从一个或多个数据表中选择满足特定需要的数据所生成的“表”。它并不是一个真正的表，因为视图中的数据还是存储在原来的数据表中，因此，我们可以把它看作一个虚拟表。鉴于这个特点，视图是不能单独存在的，它必须依赖于某一数据库并依赖其中的数据表而存在，只有在打开与视图相关的数据库时才能创建和使用视图，视图中的数据来源于数据库中的表或其他视图，视图有 4 个明显的优点，使视图成为数据库设计中不可或缺的工具。

1）灵活有效地选取数据：视图既可以在一个数据表中挑选出需要的字段，组成原数据表的“子表”；也可以在多个数据表中，各挑选出部分或全部字段，组成逻辑上包含多个数据表字段的虚拟表；甚至可以通过远程数据库建立远程视图。

2）不增加数据冗余：数据库中的视图只需要定义，是不包含实际数据的。所以无论视

图从数据表中选择多少数据组成“新表”，都不会重复存储任何数据，减少了数据冗余和由此带来的操作异常。

3）使用方便：尽管视图与数据表有本质的不同，但是在逻辑上二者是等价的。即视图一经定义，用户就可以像使用数据表一样使用视图中“包含”的数据了。

4）更新数据：视图可以将对其中数据的修改回存到数据表，并且能够修改的字段是事先设置的。这就使视图既能够实现对数据表的更新功能，又可以保证更新是在合法的范围内进行的，保护了数据库中的其他数据不被非法修改。

在 Visual FoxPro 中，按照数据的来源，视图分为本地视图和远程视图两种。顾名思义，本地视图的数据来源是本地数据库，在不引起混淆的前提下，本地视图可以简称为视图。远程视图是指使用远程数据源建立的视图，通过远程视图，用户可以从 ODBC（Open Data Base Connetivity，开放式数据库互连）服务器上提取一部分数据，而不用将所有的数据都载入本地计算机。在本地对所选择的记录进行更改后，可以将结果返回远程的数据源。本书只介绍本地视图的创建与使用。

3. 查询与视图的区别

查询和视图是检索和操作数据库的两个基本手段，两者都可以从一个或多个相关联的数据表中提取有用的信息，查询与视图有十分相似的一面，也有显著的不同点，它们的区别有以下几点。

1）视图必须在数据库中建立，离开数据库就失去了数据来源，也无法生成和存在；而查询可以脱离数据库以独立的文件形式存在。

2）查询的结果可以以多种的形式输出，而视图只能以虚拟表的形式浏览和使用。

3）查询只能从数据库中读取数据，不能修改原始数据，而视图可以修改更新数据库。

假如检索查看需要的数据之后需要生成一个数据表，以文件的形式保存在磁盘上，只能通过建立查询来实现。

假如需要检索出需要的数据并且要更新成新的数据内容，再存盘新的表文件，就需要先建立视图，再根据视图建立查询。

5.2 结构化查询语言 SQL

结构化查询语言 SQL 是一种介于关系代数与关系演算之间的语言，其功能包括查询、操纵、定义和控制 4 个方面，它是一种通用的、功能极强的关系数据库语言。

1. SQL 简介

SQL 是 Structured Query Language 的缩写，意为“结构化查询语言”，它是美国国家标准学会（American National Standards Institute，ANSI）确认的关系数据库的标准语言，一条 SQL 语句就可以代替许多条 Visual FoxPro 命令。由于引进了 SQL 语言，Visual FoxPro 的查询功能更加强大。SQL 语言是一种非过程化的语言，它与传统的 C、FORTRAN 等过程化语言不同，用 SQL 语言编写的程序，用户需要指出“干什么”，而不需要知道“怎么干”，即存取路径的选择和 SQL 语言操作的过程由系统自动完成，SQL 语言在结构上接近英语口语，是一种用户性能良好的语言，非常便于用户的学习和掌握。

2. SQL 的格式

SQL 的核心功能是查询，查询命令也称为 SELECT 命令，它的基本形式由 SELECT-FROM-WHERE 查询模块组成，多个查询可以嵌套执行。

格式：

```
SELECT <列名表>
FROM <表名>
[WHERE <条件表达式>]
[ORDER BY<排序项目>[ASC/DESC][,[ASC/DESC]]…]
[GROUP BY<分组项目> HAVING<条件表达式>]…
```

说明：

① SELECT 子句的<列名表>指出需要的列字段名，可以选择一个或多个字段，字段与字段之间用逗号分开，“*”可以用来表示某一个数据表中的所有字段。

② FROM 子句的<表名>，指出在查找过程中所涉及的表，可以是单个表，也可以是多个表，若为多个表，表与表之间应用逗号分开。

③ WHERE 子句的<条件表达式>，指出所需数据应满足的条件。条件表达式中必须用到比较运算符或逻辑运算符。

④ ORDER BY 子句，可以控制查询所得记录的排列顺序。<排序项目>指出按哪一列的值进行排序，它可以是字段名或表达式，ASC 表示按升序排序，DESC 表示按降序排序，省略时按升序排列。当有多个排序条件时，它们之间应该用逗号分开。在排序时，先按第一列的值排序，对于第一列值相同的记录，再按第二列的值排序，依次类推。

⑤ GROUP BY 用于查询结果进行分组，可以利用它进行分组汇总。

⑥ HAVING 必须跟随 GROUP BY 短语使用，它用来限定分组必须满足的条件。

3. SQL 命令的使用

SQL 语言的查询使用 SELECT 命令，分为单表查询和多表查询。

（1）单表查询

单表查询，就是所有查询信息均出自一个表中，在 SELECT 语句中表现为 FROM 子句中只有一个表名。

1）无条件查询。如果要获取表中所有的记录，则无须指定任何条件。无条件查询仅涉及 SELECT 子句和 FROM 子句，可以通过 SELECT 子句指定获取部分列或全部列的信息。

例 5-1 查询 jiaoshi 数据表中的所有信息，并按工资排序。

```
SELECT  *  FROM  jiaoshi ORDER BY 工资
```

例 5-2 查询显示 zhicheng 数据表中的职工号和职称信息。

```
SELECT 职工号,职称 FROM  zhicheng
```

2）条件查询。无条件查询是选取表中的所有记录，而在实际应用中，用得更多的是条件查询，即选取表中满足一定条件的记录。在 SELECT 语句中，条件由 WHERE 子句指出。WHERE 子句后的条件表达式的值可以为真或假，系统在执行 SELECT 语句时，把条件表达式的值为真的记录反馈回来，而对使条件表达式的值为假的那些记录信息，则什么也不执行。

格式：

```
WHERE 列名 比较运算符  常量(或者列名)
```

例 5-3 查询显示 xuesheng 数据表中女党员的学生姓名。

```
SELECT  姓名 FROM xuesheng WHERE 是否党员=.T. AND 性别="女"
```

例 5-4 查询显示 xuesheng 数据表中姓氏为“朱”的学生信息。

```
SELECT  * FROM xuesheng  WHERE 姓名 LIKE "朱%"
```

注意：%代表任意长字符，_代表一个字符。

（2）多表查询

数据库是由多个相互关联的数据表组成的。在实际应用中，经常需要同时从多个数据表中提取信息。关系数据库管理系统允许用户将两个或多个表的记录通过相关字段（联接字段）结合在一起，这种运算称为联接运算。联接运算是关系运算中的重要功能，它也是区别关系与非关系系统的重要标志。例如，“教工”数据库中的“职工档案”数据表中的姓名列和“职工工资”数据表中的姓名列相对应，两个表可以通过职工姓名这一公共字段进行联接运算。

例 5-5 查询显示所有学生的姓名及成绩。

```
SELECT  姓名,成绩 FROM xuesheng,xuanke WHERE xuesheng.学号=xuanke.学号
```

系统在执行查询时，首先从 xuesheng 表中读出一个记录，然后依次到 xuanke 表中读取每一个记录，与 xuanke 表中的数据拼接成一个新的记录，并判别其中的两个学号字段值是否相等，若相等，取 SELECT 语句中相应的列作为结果输出。

4. SQL 语句在 Visual FoxPro 中的使用方法

SELECT 是 SQL 命令，它和其他 Visual FoxPro 命令一样可以使用。当需要使用一个 SELECT 查询时，其使用方法如下。

1）在命令窗口中使用。将 SQL 命令当作一条独立的 Visual FoxPro 命令在命令窗口中使用，但在执行 SQL 命令前先要打开要查询的数据库。

2）在 Visual FoxPro 程序中使用。

3）在查询设计器中使用。

5.3 查 询 数 据

使用 SQL 语言可以构造复杂的查询条件。如果需要快速获取结果，应采用 Visual FoxPro 的查询设计器，根据它提供的交互式应用界面，不用编写代码，即可检索存储在表和视图中

的信息。查询设计器能够搜索那些满足指定条件的记录，也可以根据需要对记录进行排序和分组，以及基于查询结果创建报表、标签、表和图形。

5.3.1 建立简单查询

简单查询只包括选择列表、FROM 字句和 WHERE 字句。

1. 建立查询的方法

1）用命令方式建立查询。

格式：

```
CRATE QUERY <查询名>
```

2）可以在项目管理器的“数据”选项卡中选择“查询”选项，单击“新建”按钮建立查询。

2. 运行查询的方法

1）查询设计器窗口为当前窗口时，选择“查询”→“运行查询”选项。

2）在查询设计器窗口的空白部分右击，在弹出的快捷菜单中选择“运行查询”选项。

3）选择“程序”→“运行”选项。

4）在项目管理器对话框中，选择要运行的查询文件，单击“运行”按钮。

5）在命令窗口中执行 DO <查询文件名.QPR>命令。例如，输入“DO 查询 1.QPR”。

6）在查询设计器中按 Ctrl+Q 组合键运行查询。

3. 修改查询的方法

1）选择“文件”→“打开”选项，在打开的“打开”对话框中，选择所要修改的查询文件，单击“确定”按钮，进入查询设计器窗口中修改。

2）在命令窗口中输入“MODIFY QUERY <查询文件名>”命令，修改查询。

4. 查询设计器各个选项卡

1）字段：用来选定包含在查询结果中的字段。

2）排序依据：用来决定查询结果中输出记录或行的排列顺序。

3）联接：用来确定各数据表或视图之间的联接关系。

4）筛选：利用条件过滤，查找一个符合条件的特定的数据子集。

5）分组依据：分组就是将数据表或视图中的数据按同一属性分组，在组内进行统计计算。分组条件的值有几个，分几组查询，结果就有几个记录。

6）杂项：用来控制查询结果中显示的查询结果。

下面以使用菜单方式建立查询文件的方法为例，实现查询的建立和运行。

例 5-6 用查询设计器查询表 xuesheng 中女学生的学号、姓名、民族、出生日期等信息，运行后将结果存入表文件 xuesheng1.dbf，查询名为 query1.qpr。

操作步骤如下。

1）选择“文件”→“新建”选项，在打开的“新建”对话框中选择文件类型为“查询”，单击“新建文件”按钮，进入查询设计器窗口。在如图5-1所示的对话框中选择用于建立查询的表，选择表 xuesheng 后，单击“添加”按钮，该表就被添加到查询设计器窗口中。如果该对话框中没有需要的表，单击“其他”按钮，打开“打开”对话框，如图5-2所示，选择合适的表即可。如果不需添加更多的表或视图，则单击“关闭”按钮，进入如图5-3所示的查询设计器窗口。

查询设计器窗口中可以选择的查询对象有表和视图，这里的表包括数据库表和自由表。

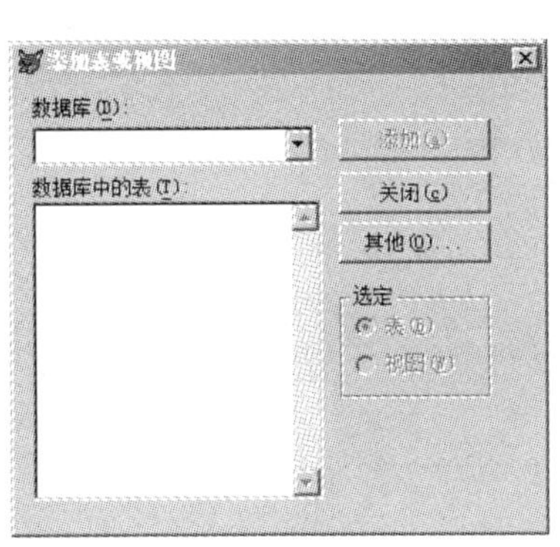

图5-1 “添加表或视图”对话框

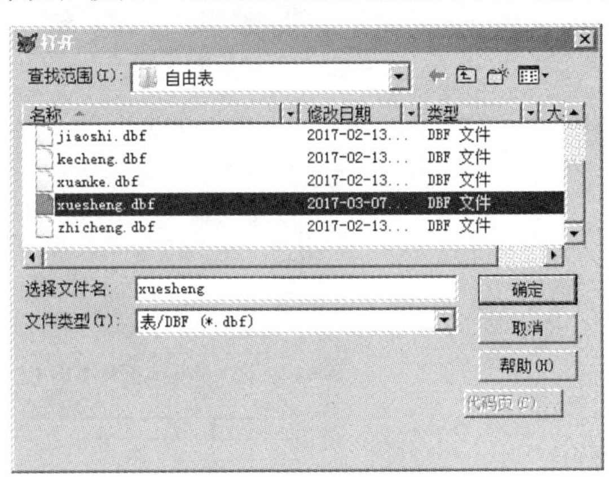

图5-2 “打开”对话框

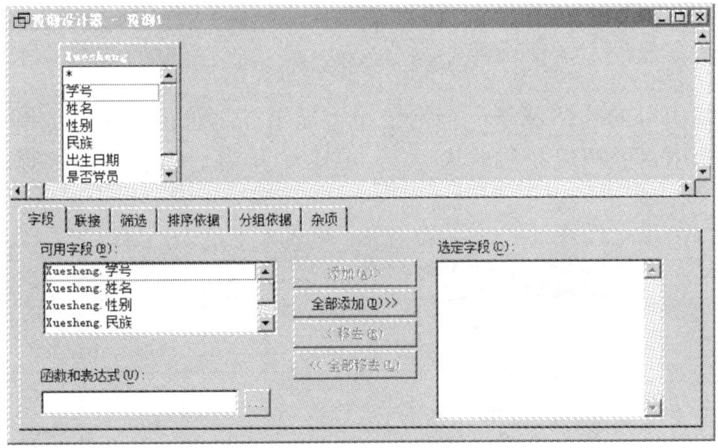

图5-3 查询设计器

2）选择字段。在“字段”选项卡的“可用字段”列表框中选择“学号”字段，单击“添加”按钮将该字段添加到“选定字段”列表框中。按照相同的方法将“可用字段”中的“姓名”“民族”“出生日期”字段都添加到“选定字段”列表框中，如图5-4所示。

3）在“筛选”选项卡中，选择字段名为“性别”，条件为“=”，实例为“女”，如图5-5所示。

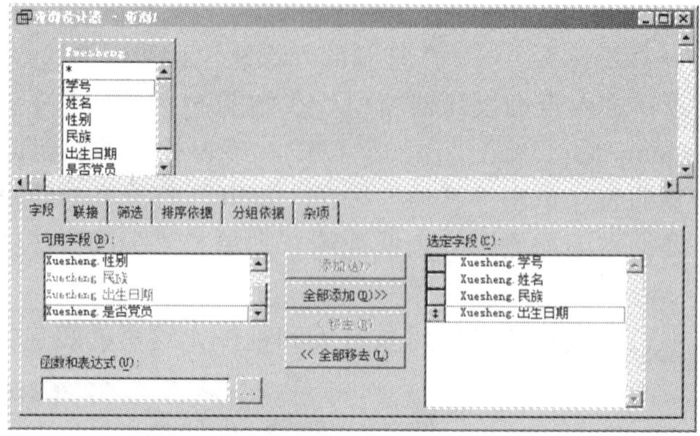

图 5-4　选择查询结果中的字段

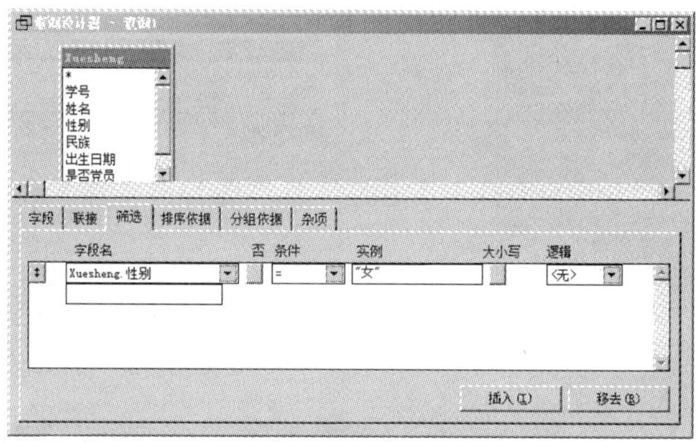

图 5-5　设置筛选条件

在没有选定输出目的的情况下，查询结果将显示在浏览窗口中，如图 5-6 所示。除此之外，查询结果的输出目的可以是临时表、表、图形、屏幕、报表、标签等。选择结果去向的方法如下。

查询

学号	姓名	民族	出生日期
20160101	刘美辰	汉	01/07/98
20160104	杨诗瑶	汉	09/27/97
20160107	赵红静	藏	05/11/98
20160111	李婧	汉	04/07/98
20160113	王慧	满	03/11/98
20160114	罗丽娜	汉	11/27/97
20160117	杨天姿	汉	01/05/98
20160118	李晓娴	汉	09/16/97
20160122	吴秀秀	汉	10/13/97
20160123	李梦彤	汉	11/07/97
20160125	李晓蕾	汉	03/09/98
20170101	王旭	汉	02/25/99
20170103	王一彤	汉	11/09/98
20170104	潘小琪	满	04/01/99
20170108	杨晴	汉	12/07/98
20170110	邹洁	汉	03/09/99
20170111	李倩	汉	01/08/99
20170113	王冬羽	汉	11/21/98
20170114	胡小萌	汉	12/04/98
20170202	柳楠	满	02/18/99
20170203	张维	汉	05/21/99
20170207	苏丽雪	汉	12/22/98
20170209	郑文如	汉	12/15/98

图 5-6　查询结果

① 单击查询设计器工具栏中的“查询去向”按钮。

② 查询设计器为当前窗口时，在“查询”菜单中选择“查询去向”选项。

③ 在查询设计器空白部分右击，在弹出的快捷菜单中选择“输出设置”选项。

以上 3 种方法都可打开“查询去向”对话框。单击“表”按钮，输入表文件的名称“xuesheng1”，单击“确定”按钮，如图 5-7 所示。

4）运行查询。单击工具栏中的“运行”按钮 ! 运行查询。查看查询结果，需要打开表 xuesheng1，在显示菜单中运行浏览，结果如图 5-8 所示。

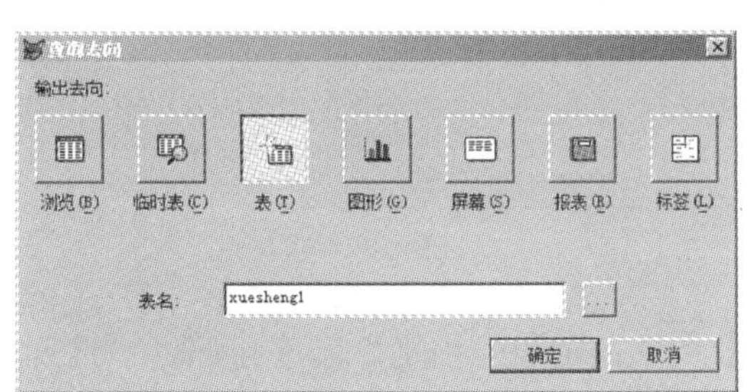

图 5-7 “查询去向”对话框

学号	姓名	民族	出生日期
20160101	刘美辰	汉	01/07/98
20160104	杨诗瑶	汉	09/27/97
20160107	赵红静	藏	05/11/98
20160111	李婧	汉	04/07/98
20160113	王慧	满	03/11/98
20160114	罗丽娜	汉	11/27/97
20160117	杨天姿	汉	01/05/98
20160118	李晓娴	汉	09/16/97
20160122	吴秀秀	汉	10/13/97
20160123	李梦彤	汉	11/07/97
20160125	李晓蕾	汉	03/09/98
20170101	王旭	汉	02/25/99
20170103	王一彤	汉	11/09/98
20170104	潘小琪	满	04/01/99
20170108	杨晴	汉	12/07/98
20170110	邹洁	汉	03/09/99
20170111	李倩	汉	01/08/99
20170113	王冬羽	汉	11/21/98
20170114	胡小萌	汉	12/04/98
20170202	柳楠	满	02/18/99
20170203	张维	汉	05/21/99
20170207	苏丽雪	汉	12/22/98
20170209	郑文如	汉	12/15/98

图 5-8 浏览结果

5）保存查询文件。选择“文件”→“保存”选项，打开“另存为”对话框。将查询文件保存在默认目录，文件名为 query1.qpr，如图 5-9 所示。.qpr 是查询文件的扩展名，查询文件实际上是一个文本文件，这个文本文件中存储了一句 SQL 查询语句。这个查询语句可以在不同的情况下被反复使用。

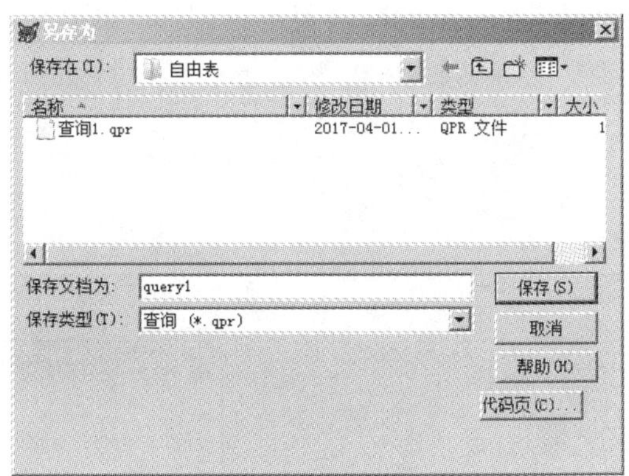

图 5-9 保存查询

5.3.2 为查询结果排序

排序查询是指按一个或多个字段的值进行升序或降序显示。排序决定了查询输出结果中记录或行的先后顺序，查询设计器可以通过“排序依据”选项卡设置查询结果的排列次序。在“排序依据”选项卡中，从“选定字段”列表框中选择要使用的字段，并把它们移到“排序条件”列表框中，再在“排序选项”栏中选择升序或降序，完成排序条件的设置，如图 5-10 所示。

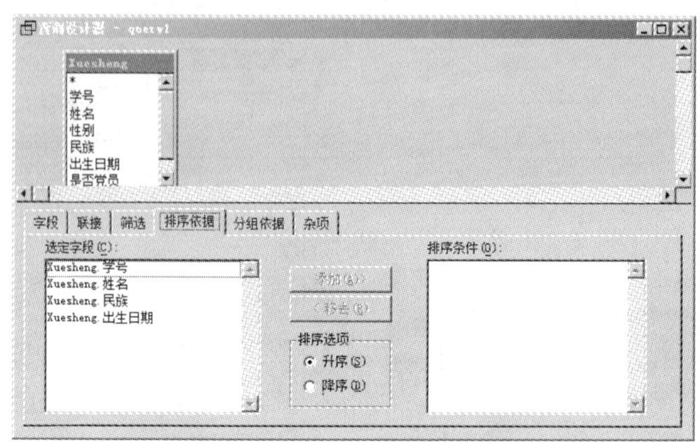

图 5-10 “排序依据”选项卡

例 5-7 查询 xuesheng 表中的所有信息，查询结果按字段“性别”升序排序，“性别”字段值相同的按字段“出生日期”降序排序，运行后结果存入表文件 xuesheng2.dbf，查询名为 query2.qpr。

操作步骤如下。

1）创建查询，将 xuesheng 表添加到查询设计器中。

2）在“字段”选项卡中选择所有字段，在“排序依据”选项卡中选择“性别”字段，单击“添加”按钮，添加字段到“排序条件”列表框中，选择“升序”排序；添加字段“出生日期”到“排序条件”列表框中，选择“降序”排序，如图 5-11 所示。

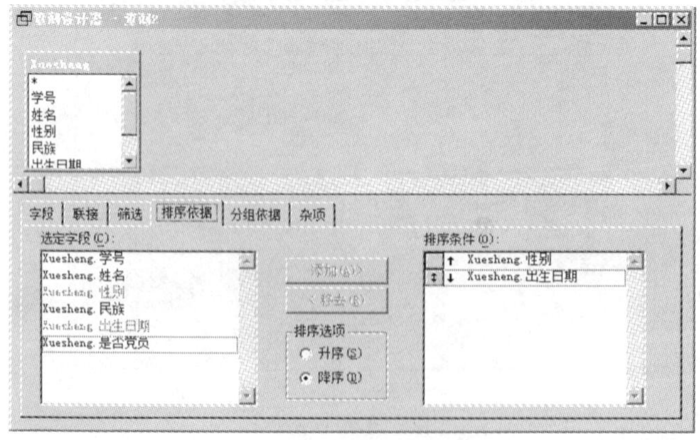

图 5-11 排序依据

3）运行查询，结果如图 5-12 所示。

学号	姓名	性别	民族	出生日期	是否党员
20170112	周立勇	男	汉	04/06/99	F
20170206	张盛名	男	藏	03/03/99	F
20170109	周一明	男	汉	02/17/99	F
20170204	于英东	男	汉	02/13/99	F
20170115	侯文新	男	汉	01/15/99	F
20170105	吴伟平	男	汉	01/06/99	T
20170107	杨润博	男	汉	10/17/98	F
20170106	李剑	男	汉	10/08/98	F
20170102	刘君伟	男	汉	10/07/98	F
20170208	黄赫	男	汉	10/01/98	T
20170201	沈毅	男	汉	09/07/98	F
20170205	朱杨	男	汉	08/09/98	F
20160119	胡少鹏	男	汉	05/07/98	F
20160124	王赟	男	汉	04/08/98	T
20170211	付朝阳	男	藏	03/24/98	F
20160102	李铮	男	汉	03/17/98	F
20160109	杨一凡	男	汉	03/07/98	F
20160106	李光宁	男	汉	02/26/98	F
20160103	王宏宇	男	汉	02/18/98	F
20160116	吴润博	男	汉	02/17/98	F
20160121	冯业权	男	满	02/17/98	F
20160110	高鸿宇	男	回	01/09/98	F
20160105	吴峻男	男	满	11/17/97	F

图 5-12　运行结果

查询去向是表，保存名为 xuesheng2，保存查询名为 query2，方法同例 5-6。

5.3.3　筛选查询结果

通过设置筛选条件，筛选出表中满足条件的记录并显示在查询结果中。

例 5-8 用查询设计器查询 xuesheng 表中党员学生的学号、姓名、民族等信息，运行后将结果存入表文件 xuesheng3.dbf。

操作步骤如下。

1）创建查询，将 xuesheng 表添加到查询设计器中。

2）在“字段”选项卡中选择学号、姓名、民族字段，在“筛选”选项卡中选择字段名为“是否党员”，条件为“=”，实例为“.T.”，如图 5-13 所示。

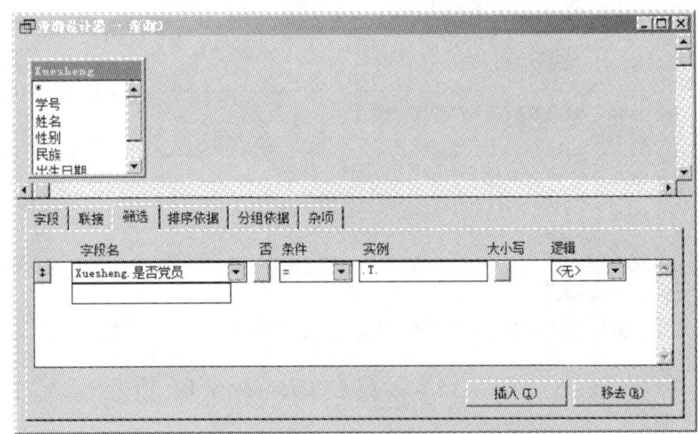

图 5-13　“筛选”选项卡

3）运行查询，结果如图 5-14 所示。

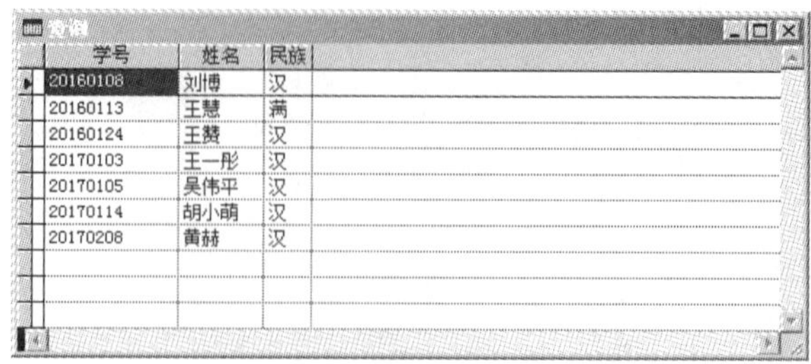

学号	姓名	民族
20160108	刘博	汉
20160113	王慧	满
20160124	王赟	汉
20170103	王一彤	汉
20170105	吴伟平	汉
20170114	胡小萌	汉
20170208	黄赫	汉

图 5-14　运行结果

查询去向是表，保存名为 xuesheng3，方法同例 5-6。

5.3.4　查询结果的分组

分组是指将数据表中某关键字段相同的记录分组生成一个记录。例如，查询 xuesheng 表中男生人数和女生人数。这个查询不能从数据表中找到男生人数、女生人数这样的字段，但是表中隐含了这些数据，使用查询设计器的“字段”选项卡中的“函数和表达式”文本框或表达式生成器完成统计查询。

例 5-9　查询 xuesheng 表中男生人数和女生人数，查询结果中包含男生人数和女生人数字段。

操作步骤如下。

1）新建查询，将 xuesheng 表添加到查询设计器中。

2）在“字段”选项卡中的“函数和表达式”文本框中输入“COUNT(*)AS 人数”，如图 5-15 所示。单击“添加”按钮，将新构造的字段添加到“选定字段”列表框中，再添加“性别”字段。

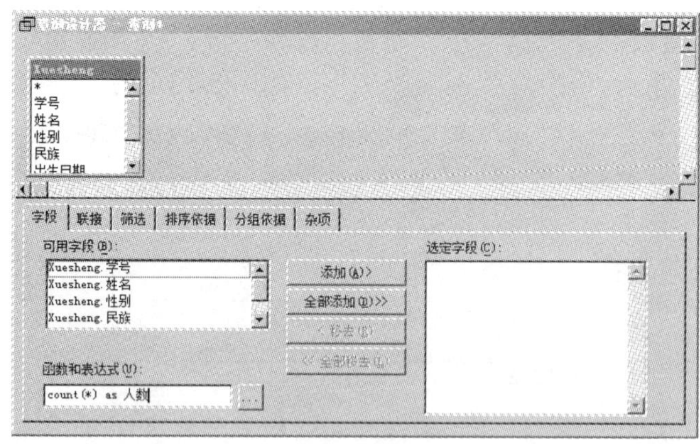

图 5-15　设置 COUNT( )函数

3）选择“分组依据”选项卡，将“可用字段”列表框中的“性别”字段添加到“分组字段”列表框中，如图 5-16 所示。

4）运行查询，查询结果如图 5-17 所示。

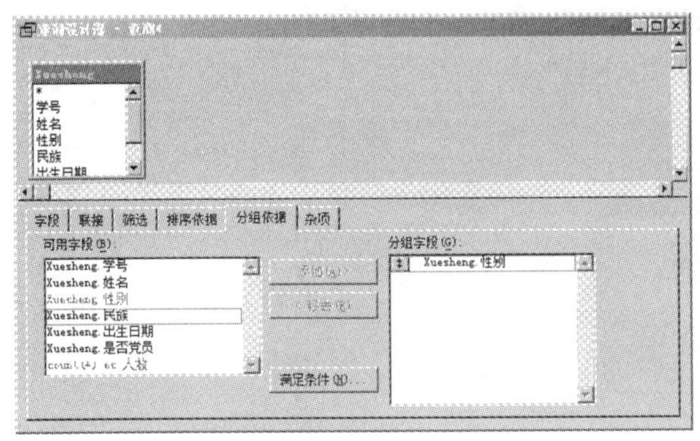

图 5-16　设置分组

图 5-17　运行结果

5.3.5　创建多个表的查询

在实际应用中很多时候查询的对象不是一个表，大多数情况下所需要的数据来源于多个表文件。对多个表进行查询时，需要指出这些表间的联接关系。

启动查询设计器，使用“添加表或视图”对话框向查询设计器中添加多个表时，系统自动打开“联接条件”对话框。在“联接条件”对话框中根据相关字段建立两个表的联接，单击“确定”按钮，两表间就有了一条连线，代表它们之间的联接，如图 5-18 所示。

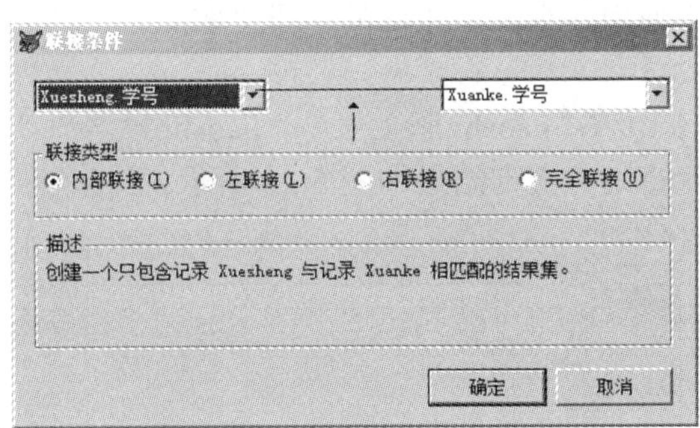

图 5-18　“联接条件”对话框

或者在查询设计器中选择“联接”选项卡，在“联接”选项卡中设置多个表之间的联接关系，如图 5-19 所示。在查询设计器的“联接”选项卡中，可以建立表和表之间的联系，也可以删除联系、修改联系及改变联系的类型。

在 Visual Foxpro 6.0 中表间的联接有 4 种类型，分别如下。

1）内部联接（Inner Join）：查询结果中仅包含满足联接条件的记录，此类型是默认的，也是最常用的。

2）右联接（Right Outer Join）：查询结果中包含满足联接条件的记录，以及右侧表中的所有记录（即使不匹配联接条件）。

3）左联接（Left Outer Join）：查询结果中包含满足联接条件的记录，以及左侧表中的所有记录（即使不匹配联接条件）。

4）完全联接（Full Join）：查询结果中包含两个表中所有满足和不满足联接条件的记录。

设置多个表的联接条件时，一般情况下是同名字段相等。个别情况有不同名字段相等情况。后一个联接条件和前一个联接条件之间是“AND”关系。

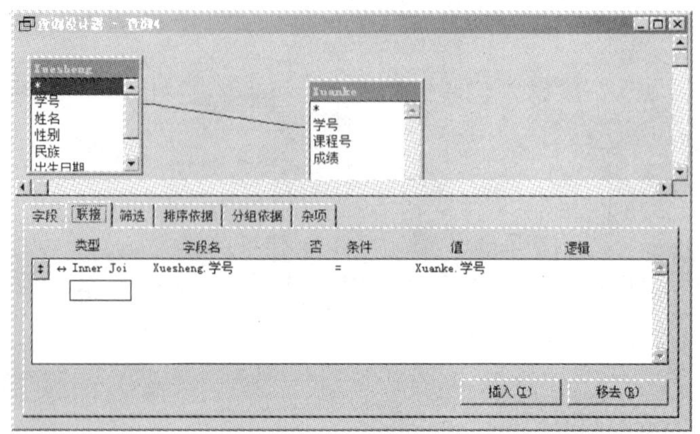

图 5-19 “联接”选项卡

例 5-10 查询 jiaoshi 表和 gongzi 表中教师的奖金。

操作步骤如下。

1）新建查询文件，添加 jiaoshi 表到查询设计器，在“添加表或视图”对话框中单击“其他”按钮，打开“打开”对话框，将 gongzi 表添加到查询设计器。系统自动打开“联接条件”对话框，默认情况下使用两个表中相同的字段“职工号”建立内部联接，单击“确定”按钮。

2）在“字段”选项卡中将“jiaoshi.职工号”“jiaoshi.姓名”“gongzi.奖金”添加到“选定字段”列表框中。运行查询，查询结果如图 5-20 所示。

职工号	姓名	奖金
01	袁月	520.00
02	王林非	333.00
03	刘光旭	812.00
04	张微微	520.00
05	李洋	376.00
06	孙皓月	218.00
07	钱瑞金	150.00
08	韩若曦	330.00
09	王洪磊	540.00
10	张凯元	612.00
11	林文正	900.00
12	乔漫华	300.00
13	周沛东	216.00
14	欧阳鹏	70.00
15	Jack	
16	David	

图 5-20 运行结果

5.4 视图查询

前面学习的查询操作是从一个或多个数据表或视图中检索符合条件的记录，并以多种格式将查询结果存储起来，但它只能提供用户浏览使用，不能对其中的数据进行修改。视图设

计是为了便于用户对数据库的操作，将同一数据库的各表中数据按要求重新组织成类同表供用户进一步操作。在 Visual FoxPro 6.0 中视图文件不能独立存在，它是数据库的一部分。根据视图的来源，视图分为两种类型：本地视图和远程视图。本地视图的数据来自工作站，远程视图的数据来自数据服务器。

由于视图和查询有很多相似之处，所以创建视图与创建查询的步骤也很相似。可以利用视图设计器来设计视图，也可以利用视图向导来设计视图。

5.4.1　视图文件的建立

视图是数据库中的一个特有功能，只有在包含视图的数据库打开时才能使用视图。

1. 命令方式

格式：

```
CRE ATE VIEW <视图名>
```

2. 视图向导方式

用视图向导建立视图的操作步骤如下。

1）选择“文件”→“打开”选项，打开要建立视图的数据库所在的项目，这里选择的项目是“用户项目”。

2）在项目管理器中，选择“jiaoshiguanli”数据库，然后选择“本地视图”或“远程视图”选项。

3）单击“新建”按钮，在“新建本地视图”对话框中，单击“视图向导”按钮。打开“本地视图向导”对话框，按照向导要求的步骤，一步一地建立视图。

3. 视图设计器方式

由于使用向导创建视图不能灵活自如地对记录进行分组、创建计算字段及更新数据等，所以常使用视图设计器来建立视图。这样用户可以自己设置更新条件、定义更新字段等。选择“本地视图”选项，创建本地视图，如果需要在 ODBC 数据源的表上建立可更新的视图，则选择“远程视图”选项。若要创建本地表的视图，可使用视图设计器。本地表包括本地 Visual FoxPro 表、使用.dbf 格式的表和储存在本地服务器上的表。

若要使用视图设计器，则应先创建或打开一个数据库。当展开项目管理器中数据库名称旁边的加号时，将显示出数据库中的所有组件。

创建本地视图的步骤如下。

1）在项目管理器的“数据”选项卡中，选择一个数据库，这里选择“jiaoshiguanli”数据库。

2）单击数据库符号旁边的加号。

3）选择“本地视图”选项，如图 5-21 所示，单击“新建”按钮。

4）打开“新建本地视图”对话框，如图 5-22 所示，在对话框中，单击“新建视图”按钮。

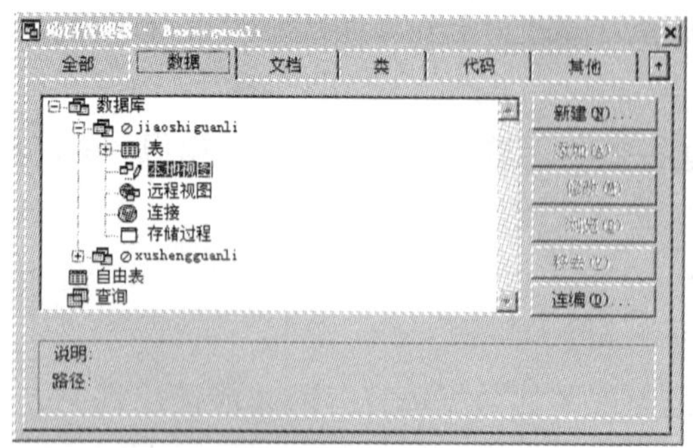

图 5-21　选择“本地视图”选项

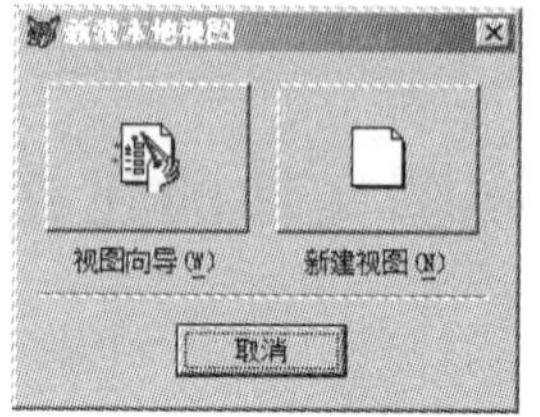

图 5-22　“新建本地视图”对话框

5）打开“添加表或视图”对话框，如图 5-23 所示，在对话框中，选择要使用的表或视图，这里选择 jiaoshi 表，然后单击“添加”按钮。

6）打开视图设计器窗口，同时显示出选择的表或视图，如图 5-24 所示。

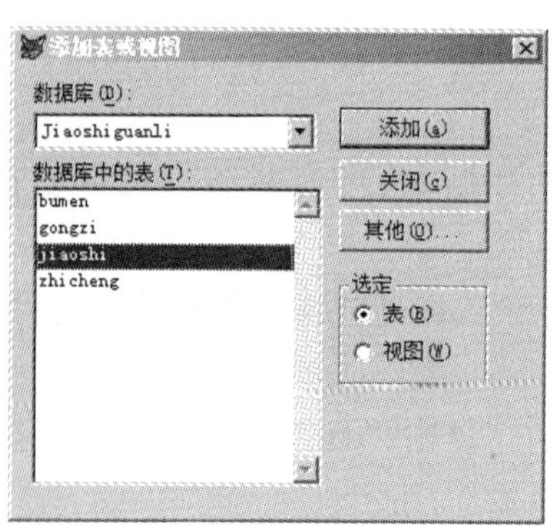

图 5-23　“添加表或视图”对话框

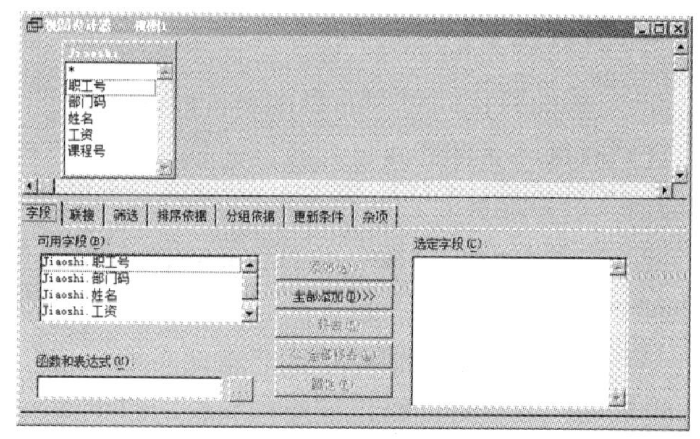

图 5-24　视图设计器窗口

可以看到，视图设计器基本上与查询设计器一样，但视图设计器多了一个“更新条件”选项卡，用它可以控制数据的更新。“字段”“联接”“筛选”“排序依据”等选项卡的操作方法与查询设计器也基本相同，在此不再赘述，保存视图名为“视图 1”，结果如图 5-25 所示。

职工号	部门码	姓名	工资	课程号
01	A1	袁月	6408.00	8
02	A2	王林非	4390.00	4
03	A3	刘光旭	2450.00	6
04	A4	张微微	3200.00	1
05	A5	李洋	4520.00	13
06	A1	孙皓月	2976.00	3
07	A2	钱瑞金	4987.00	4
08	A3	韩若曦	6220.00	6
09	B1	王洪磊	3980.00	10
10	A1	张凯元	2400.00	3
11	A2	林文正	1800.00	5
12	A3	乔漫华	5400.00	7
13	A5	周沛东	3670.00	14
14	A2	欧阳鹏	3345.00	5

图 5-25　“视图 1”窗口

7）在项目管理器中，选择“本地视图”选项下已建立的视图1文件，如图5-26所示，单击“浏览”按钮，可以浏览已经建立的视图文件内容。

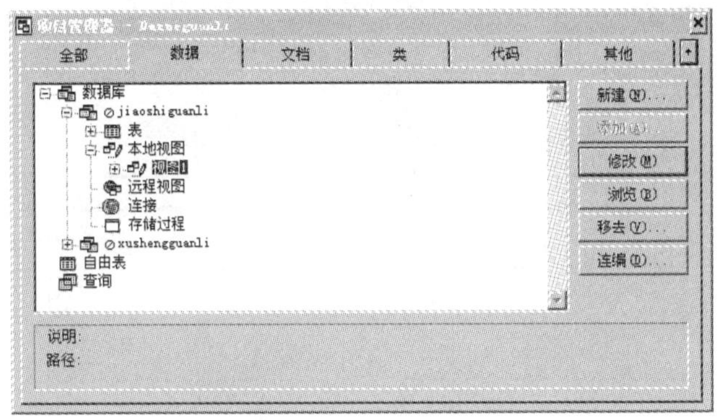

图5-26　视图文件

5.4.2　控制视图字段的显示与输入

通常所设置的筛选条件都是固定的，如jiaoshi表中部门码是A1的记录，每次浏览视图时，所显示的记录都是A1部门的记录，这时如要检索其他部门码，需要修改视图中的筛选条件，非常不方便。因此，系统提供了设置视图参数的功能来克服这个缺点，每次浏览视图时根据输入值的不同产生不同的查询结果。在视图中可以包含表达式、设置输入的提示、也可以设置如何与服务器进行数据通信。因为视图属于数据库的一部分，因而可以使用数据库的一些特性，如可以给字段添加标题、添加注释、设置触发规则。

控制视图字段显示的操作步骤如下。

1）在项目管理器中选择“数据库”选项，然后选择一个视图。

2）单击“修改”按钮，打开视图设计器，选择“字段”选项卡，如图5-27所示。

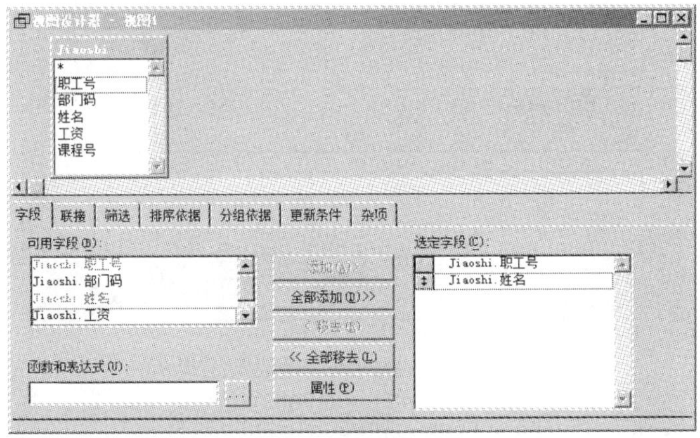

图5-27　设置视图的字段

3）在“选定字段”列表框中，选择一个字段，然后单击“属性”按钮，打开如图5-28所示的“视图字段属性”对话框。

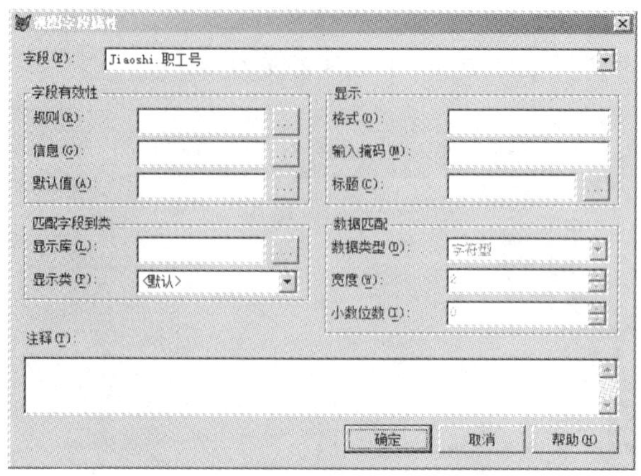

图 5-28　设置视图的字段属性

4）在“视图字段属性”对话框中，可以输入显示、字段有效性等属性，方法同第 4 章数据库表属性设置。

5）单击“确定”按钮，完成属性的设置。

5.4.3　为视图添加筛选表达式

在浏览视图时，符合筛选条件的记录才显示到屏幕上。视图和查询一样，通过加入表达式和函数来实现筛选条件。给视图添加表达式的操作步骤如下。

1）在项目管理器中选择“数据库”选项，然后选择一个视图。

2）单击“修改”按钮，打开视图设计器，选择“筛选”选项卡，如图 5-29 所示。

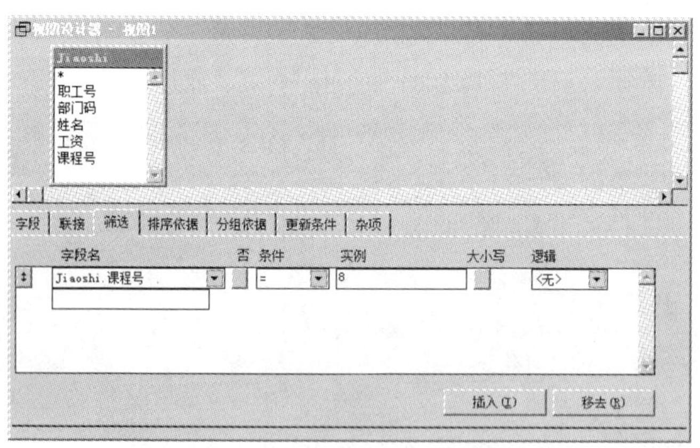

图 5-29　为视图添加筛选表达式

3）在“筛选”选项卡中仿照“查询”筛选表达式的设计，构造出筛选表达式。

4）退出视图设计器，完成设置。

5.4.4　建立远程数据连接

远程视图使用的是远程 ODBC 数据源中选取的数据。因此在建立远程视图之前，必须

先连接到一个远程数据源上，从 ODBC 服务器上选取一部分数据，在本地对所选择的记录进行更改或添加后，再将结果返回远程的数据源中。

建立远程数据连接的操作步骤如下。

1）在项目管理器中选择“数据库”→“连接”选项。

2）单击“新建”按钮，打开连接设计器。

3）在连接设计器中，按要求在“数据源”下拉列表中选择数据源。

4）如果有必要，则输入“用户标识”“密码”及“数据库”文本框中的内容。

5）指定显示 ODBC 登录提示的时刻，设置数据处理方式，设置超时间隔。单击“验证连接”按钮，可对刚输入的内容进行检查。如果连接成功，则显示提示成功信息；如果连接失败，则出现错误信息。

6）选择“文件”→“保存”选项，为此连接命名并保存。

在连接设计器的“数据源”下拉列表中，如果没有需要的数据源，可以单击“新建数据源”按钮，在打开的“ODBC 数据源管理器”对话框中设置数据源，也可以单击“验证连接”按钮来验证连接是否能执行。还可以通过选择“文件”→“新建”选项，在打开的“新建”对话框中选中“连接”单选按钮来建立一个新的连接。

5.4.5 建立远程视图

建立远程视图与建立本地视图的方法基本一样，只是在打开视图设计器时有所不同。建立远程视图时，一般要根据网络上其他计算机或其他数据库中的表建立视图，所以需要首先选择“连接”或“数据源”选项，然后进入界面建立远程视图。

5.4.6 用视图更新数据

视图的最大特点是可以对源表中的数据进行更新。要更新数据必须在视图设计器中设置更新条件，实现视图的更新功能，如图 5-30 所示。

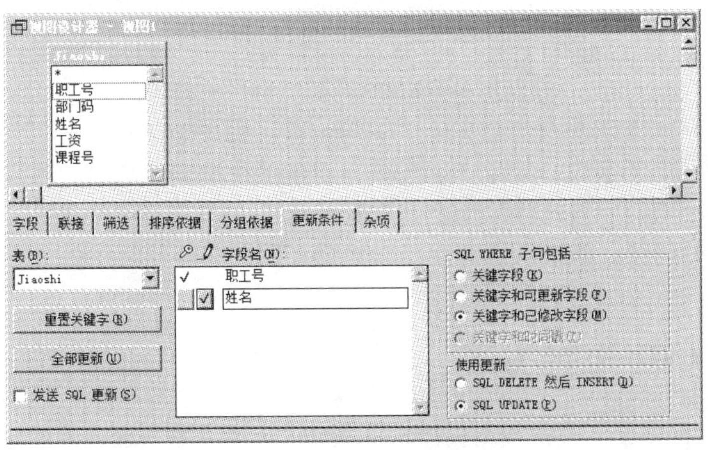

图 5-30 “更新条件”选项卡

1）选取可更新的表。默认的可更新的表为当前数据库中所有的表，可以根据需要选取所需的表。选取方法是，单击图 5-30 中的“表”下拉按钮，在弹出的下拉列表中选取要更新的表，则在视图中该表就可以被更新，其他表就不能被更新。图 5-30 中选取了全部表为可更新的表。

2）设置关键字段。选定表后，“字段名”列表框中列出该表中的所有字段，在这里可以设定哪些字段可更新。在图 5-30 中“字段名”标签前有一把“钥匙”标签和一支“笔”标签。在“字段名”标签前的“钥匙”标签下如果有“√”，表示“√”后的字段被设为更新的关键字。在“字段名”前的“笔”下方如果有“√”，表示该字段可被更新。设置时先要设定“关键字段”，然后才能设定“可更新字段”。单击“全部更新”按钮可把表中所有字段都设为可更新字段，单击“重置关键字”按钮就可以重设关键字。

3）发送 SQL 更新。选中“发送 SQL 更新”复选框，表示修改结果要返回数据源中去更新数据源。不选中“发送 SQL 更新”复选框，表示修改结果不返回数据源，也就是说视图中更新的值只在视图中起作用，不影响提供数据的表或视图。

5.4.7　控制更新数据的条件

如果用户工作在多用户环境下，与多个用户共同访问服务器上的数据库，有可能出现多个客户同时改变远程服务器上的数据的情况。在 Visual FoxPro 中可以用“更新条件”选项卡来设置更新的条件。

在“SQLWHERE 子句包括”栏中，可以设置当多个用户获得同一数据时的更新原则。在更新操作被允许之前，Visual FoxPro 检查在远程数据源中的表，看它们从被提取时算起是否已经改动。如果在数据源中的数据已经改动，更新不被允许。“SQL WHERE 子句包括”栏的选项如图 5-31 所示。

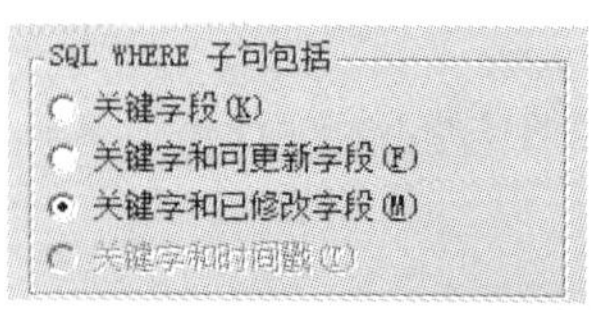

图 5-31　设置远程更新条件

“SQL WHERE 子句包括”栏中的选项决定了在 UPDATE 和 DELETE 语句中 WHERE 子句包含的字段。当在视图中对数据改动时，Visual FoxPro 向远程数据源或表发送什么样的更新指令，WHERE 子句用来判断用户的视图从数据库中提取数据到发送更新指令期间，这些记录被其他用户进行的操作。

“SQL WHERE 子句包括”栏中选项的含义如下。

1）关键字段：如果在源表中的主关键字被修改，则更新失败。

2）关键字和可更新字段：如果在远程数据表中的可更新字段被修改，则更新失败。

3）关键字和已修改字段：如果用户在本地修改的字段在源表中被变更，则更新失败。

4）关键字和时间戳：如果从第一次提取数据开始，字段的时间戳（Timestamp）发生改变，则更新失败。

5.4.8　控制视图更新的方法

控制视图更新的方法，可以使用视图设计器中“更新条件”选项卡中的“使用更新”栏，如图 5-32 所示，来决定当关键字段更新时，发往服务器或“源”表的更新语句使用的 SQL 语句命令。若选中“SQL DELETE 然后 INSERT”单选按钮，则先删除旧记录，再插入一个新记录完成更新操作；若选中“SQL UPDATE”单选按钮，表示更新源表中对应字段的内容，对其他字段的内容没有影响。

图 5-32　使用更新选项

5.4.9　为视图传递参数

在建立视图时，可以为它传递一个参数，从而完成一个特定的查询。例如，用户想查看 jiaoshi 表中部门码是“A2”的记录，可以为“部门码”字段定义一个参数，参数名可以是字母、数字或下划线。给视图传递参数的操作步骤如下。

1）在项目管理器中选择“数据库”中的 jiaoshiguanli，然后选择视图 1。

2）单击“修改”按钮，打开视图设计器，选择“筛选”选项卡。

3）在“实例”文本框中，用“部门码”代表参数名来构造表达式，如图 5-33 所示。

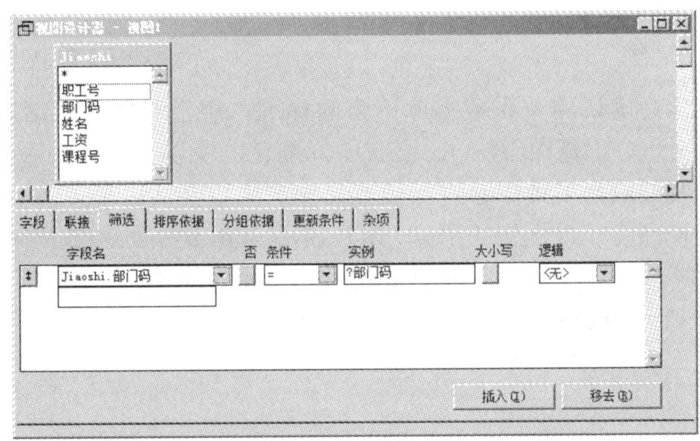

图 5-33　“筛选”选项卡

4）关闭视图设计器窗口，保存视图文件名为视图 1。

5）在项目管理器中，选择“视图 1”，单击“浏览”按钮，打开“视图参数”对话框，如图 5-34 所示。输入部门码参数为“A2”，单击“确定”按钮，打开“视图 1”的内容，如图 5-35 所示。

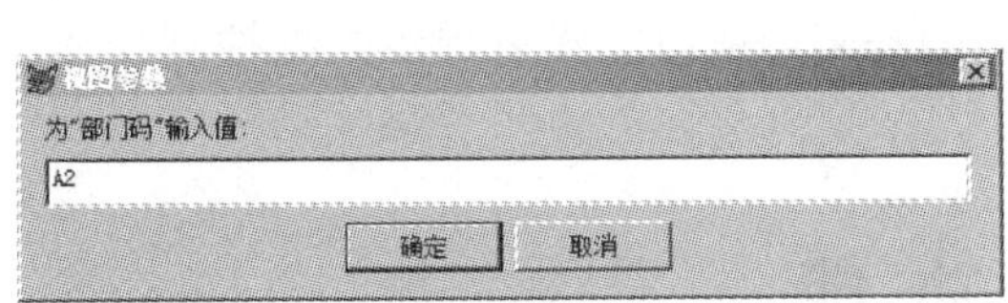

图 5-34　“视图参数”对话框

职工号	部门码	姓名	工资	课程号
02	A2	王林非	4390.00	4
07	A2	钱瑞金	4987.00	4
11	A2	林文正	1800.00	5
14	A2	欧阳鹏	3345.00	5
27	A2	Thomas	1800.00	4

图 5-35　视图内容

第 6 章　关系数据库标准语言 SQL

SQL 语言是关系数据库的标准语言，可以嵌入关系数据库系统中使用。查询是 SQL 的核心，但它还不局限于查询，还包括数据定义、数据查询、数据操纵和数据控制等方面的功能，可以完成数据库活动中的全部工作。

6.1　SQL 概述

1. SQL 语言的特点

美国国家标准学会确认的关系数据库语言的标准，用于对关系数据库中的数据进行存储、查询及更新等操作。正是由于 SQL 语言的标准化，所以大多数关系数据库系统都支持 SQL 语言，它已经发展成为多种平台进行交互操作的底层会话语言。

SQL 语言是一种高度非过程化的语言，用户使用 SQL 语言处理数据时，只需要描述“做什么”不必说明“怎么做”，系统会自动完成。SQL 语言简单、使用灵活，一个 SQL 命令可以用来代替多个 Visual FoxPro 命令。

2. SQL 的命令

SQL 有很多命令，按命令的功能可分为以下 4 类，其中使用最多的是查询命令，在 Visual FoxPro 中，可以在程序中混合使用 Visual FoxPro 命令和 SQL 命令，在命令窗口可以使用 Visual FoxPro 自身的命令，也可以使用 SQL 命令。

1）用于数据查询：SELECT。

2）用于数据操纵：INSERT、UPDATE、DELETE（表记录的修改）。

3）用于数据定义：CREATE、DROP、ALTER（表结构的修改）。

4）用于数据控制：GRANT、REVOKE。

说明：由于 Visual FoxPro 自身在安全控制方面的缺陷，所以它没有提供数据控制功能，即不支持 GRANT 命令和 REVOKE 命令。

6.2　查 询 功 能

数据查询是指对数据库中的数据按指定条件和顺序进行检索输出。使用数据查询可以对数据源进行各种组合，有效地筛选记录、统计数据，并排序；可以让用户以需要的方式显示数据表的数据，并控制显示数据表的字段及记录的显示次序。

查询是 SQL 语言的核心功能，查询功能可以实现单个数据表的查询和多个数据表的查询，并可以实现对查询结果的排序和分组等操作，还可以进行复杂的组合查询和嵌套查询；同时，它将数据的查询功能与统计功能集于一体。与 Visual FoxPro 对数据表的操作有所不同，SQL 命令查询无须打开数据表，而且在查询之后，系统会自动在新的工作区打开数据表，SQL 的查询命令是 SELECT。

SELECT 的基本形式由 SELECT-FROM-WHERE 查询块组成。基本语法格式如下。

```
SELECT [ALL|DISTINCT][TOP 数值表达式 [PERCENT]];
列名或列名表达式[AS 列标题];
FROM <表名 1>[,<表名 2>…];
[WHERE <条件表达式>];
[GROUP BY 列名] [HAVING 分组条件];
[UNION [ALL] SELECT 查询语名];
[ORDER BY 排序字段名 1[ASC|DESC] [,排序字段名 2[ASC|DESC]…]]
[INTO DBF|INTO TABLE|INTO COUSOR<临时表名>|TO FILE <文件名>|INTO ARRAY
<数组名>|TO PRINTER[PROMPT]]|TO SCREEN]
```

其中主要短语的含义如下。

1）SELECT：说明要查询的数据。

2）FROM：说明要查询的数据来自哪个（些）表或视图，可以对单个表或多个表进行查询。

3）WHERE：说明查询条件，即选择元组的条件。

4）GROUP BY：用于对查询结果分组，可以利用它进行分组汇总。

5）HAVING：只能与 GROUP BY 配合使用，用来限定分组必须满足的条件。

6）ORDER BY：用来对查询结果进行排序。ASC 为升序排列，DESC 为降序排列。

7）INTO：控制查询去向，如果不指定查询去向，系统自动将查询结果显示在一个浏览窗口中；如果指定去向，可以将查询结果存放到一个数据表或一个文本文件中或数组变量中，也可直接输出到屏幕、打印机。

SQL 的 SELECT 命令的使用非常灵活，用它可以构造各种各样的查询。一般可以将查询分成 3 种类型：单表查询、联接查询、嵌套查询。

6.2.1　简单查询

简单查询是指由 SELECT 和 FROM 构成的无条件查询，或由 SELECT、FROM 和 WHERE 构成的条件查询。

格式：

```
SELECT [DISTINCT] 字段名表 FROM [数据库名!]表名
SELECT [DISTINCT] 字段名表 FROM [数据库名!]表名 WHERE 条件
```

功能：从一个表中检索满足条件的元组。

说明：DISTINCT 短语的功能是去掉重复值。

1. 检索表中指定的列

例 6-1 从 xuanke 表中检索所有人的学号。

```
SELECT 学号 FROM xuanke
```

可以看到，在结果中有重复行，如果要去掉重复行需要指定 DISTINCT 短语。

```
SELECT DISTINCT 学号 FROM xuanke
```

2. 检索表中的所有元组

例 6-2 检索 zhicheng 表中的所有记录。

```
SELECT 职工号,职称,参加工作日 FROM zhicheng
```

部分结果如下：

职工号	职称	参加工作日
01	教授	07/13/85
02	讲师	07/21/03
03	助教	08/11/11
04	讲师	08/24/01
05	副教授	07/23/92
06	助教	08/29/12
07	副教授	07/25/93
08	教授	07/30/89

上述查询选择了 zhicheng 表中所有列，这可以使用星号（*）代替，它表示所有字段，这与下面语句的结果相同。

```
SELECT * FROM zhicheng
```

3. 检索经过计算的值

SELECT 命令不仅可以检索表中的列，也可以检索列的表达式。

例 6-3 检索 gongzi 表中每个职工的职工号和实发工资（奖金-扣款）。

```
SELECT 职工号,奖金-扣款 FROM gongzi
```

部分结果如下：

职工号	EXP_1
01	418.00
02	320.00
03	800.00
04	505.00
05	350.00
06	180.00

07	120.00
08	260.00

例 6-4 检索 gongzi 表中每个职工的职工号和年奖金。

```
SELECT 职工号,奖金*12 FROM gongzi
```

部分结果如下：

职工号	EXP_2
01	6240.00
02	3996.00
03	9744.00
04	6240.00
05	4512.00
06	2616.00
07	1800.00
08	3960.00

上述结果的第二列是通过表达式（奖金*12）计算的列。列名由系统自动给出，为 EXP_2。用户可以通过指定列的别名来改变查询结果的列标题，这对于含算术表达式、常量、函数名的列尤为有用。例如，对于上例，可以如下定义列别名。

```
SELECT 职工号,奖金*12  AS 年奖金 FROM gongzi
```

“年奖金”是虚拟列“奖金*12”的别名。

如果要从表中查询满足条件的记录，应该使用 WHERE 短语，SQL 支持的关系运算符有等于=，不等于<>、!=、#，精确相等==，大于>，大于等于>=，小于<，小于等于<=。

这里的 WHERE 条件可以是任意复杂的逻辑表达式，可以使用逻辑 NOT、AND、OR 构成复杂条件。

例 6-5 检索扣款多于 100 的职工号。

```
SELECT  职工号 FROM  gongzi  WHERE 扣款>100
```

例 6-6 检索 jiaoshi 表中姓“李”且姓名是两个字的记录。

```
SELECT * FROM jiaoshi WHERE 姓名 LIKE "李_"
```

结果如下：

职工号	部门码	姓名	工资	课程号
05	A5	李洋	4520.00	13

例 6-7 检索 zhicheng 表中 1985 年以前参加工作，职称是教授的信息。

```
SELECT * FROM zhicheng WHERE YEAR(参加工作日)<1985 AND 职称="教授"
```

6.2.2 简单的联接查询

若一个查询同时涉及两个或两个以上的表，则称为联接查询。有多种类型的联接查询：简单的联接查询、自联接查询、超联接查询等。使用联接查询时，首先必须找到表的联系，即相同字段名相等，并使用该联系将表联系起来。即 WHERE 子句不但要包含题目中的查询条件，还要将联接条件作为查询条件的一部分。

简单联接查询的一般格式：

```
SELECT [DISTINCT] 字段名表 FROM 表名 1,表名 2[,表名 3…]  WHERE 各表间的联接条件
[AND 其他查询条件]
```

各表间的联接条件是表间相同列名相等。

例 6-8 检索每个学生的姓名及其所选数学课程的成绩。

该查询涉及 xuesheng 表和"chengji 表，因此要做这两个表的联接，这两个表是通过"学号"字段联系的，查询语句如下：

```
SELECT xuesheng.姓名,数学 FROM xuesheng,chengji WHERE xuesheng.学号=chengji.
学号
```

在做多个表联接时，要把联接的表写在 FROM 子句里，中间用逗号分隔，在 WHERE 子句中要包含联接条件，这里的"xuesheng.学号= chengji.学号"就是联接条件，为了区分不同表的同名字段，需要在字段前加上表名前缀。

如果在查询结果列中包含两个表的联接字段（如学号），也必须在该字段前加上表名前缀以示区分。否则，将出现错误。

部分结果如下：

姓名	数学
刘美辰	78.0
李　铮	86.0
王宏宇	92.0
杨诗瑶	82.0
吴峻男	88.0
李光宁	69.0
赵红静	88.8
刘　博	75.0

例 6-9 查询数学成绩大于 90 的学生的学号、姓名、数学成绩。

```
SELECT xuesheng.学号,姓名,数学 FROM xuesheng,chengji;
WHERE xuesheng.学号=chengji.学号 AND 数学>90
```

结果如下：

学号	姓名	数学
20160103	王宏宇	92.0
20170101	王　旭	96.0
20170109	周一明	100.0
20170203	张　维	100.0

这里的"xuesheng.学号=chengji.学号"是联接条件，"数学>90"是查询条件。

例 6-10 检索出部门为"基础学院"的奖金的和。

```
SELECT SUM(奖金) AS 奖金和 FROM jiaoshi,gongzi,bumen WHERE jiaoshi.职工号
=gongzi.职工号 AND jiaoshi.部门码=bumen.部门码 AND 部门名="基础学院"
```

结果如下：

奖金和

1750.00

6.2.3 嵌套查询

嵌套查询是指在一个查询中又包含了一个子查询，也就是一个查询块，在SQL语言中，一个 SELECT-FROM-WHERE 语句称为一个查询块。将一个查询块嵌套在另一个查询块的WHERE子句或HAVING短语的条件中的查询称为嵌套查询。它的查询结果出自一个表，但条件却涉及另外的多个相关表。外层查询要使用内层查询的查询结果作为查询条件。

例如，要查询所有选修了课程的学生信息。

```
SELECT * FROM xuesheng;             && 外层查询
WHERE 学号 IN ;
(SELECT 学号 FROM chengji)          && 内层查询
```

本例中，内层查询块“SELECT 学号 FROM chengji”嵌套在外层查询块“SELECT * FROM xuesheng WHERE 学号 IN”的 WHERE 条件中。内层查询块称为子查询。

1. 带IN谓词的子查询

在嵌套查询中，子查询的结果往往是一个集合，所以谓词IN是嵌套查询中最经常使用的谓词。

例6-11 检索没有授课的教师信息。

```
SELECT 职工号,姓名 FROM jiaoshi;
WHERE 课程号 NOT IN (SELECT 课程号 FROM xuanke)
```

结果如下：

职工号	姓名
13	周沛东
26	Frank

例6-12 检索被学生选取的课程的课程名，并按课程名升序排序。

```
SELECT 课程名 FROM kecheng;
WHERE 课程号 IN (SELECT 课程号 FROM xuanke);
ORDER BY 课程名
```

结果如下：

课程名

程序设计

大学英语

儿科
妇产科学
计算机基础
解剖学
内科学
生化
生理
外科学
药分
药理
足球

2. 带 ANY（SOME）或 ALL 量词的子查询

量词查询格式：

```
<表达式><比较运算符>[ANY|SOME|ALL](子查询)
```

ANY、SOME 和 ALL 是量词，其中 ANY 和 SOME 是同义词，在进行比较运算符时只要子查询结果中有一行能使结果为真，则结果就为真，而 ALL 则要求子查询中所有的行都能使结果为真。

例 6-13 检索学生成绩大于或等于选修了课程号为“12”的任意一门成绩的选课信息。

该查询可以使用 ANY 或 SOME 量词实现。

```
SELECT * FROM xuanke  WHERE 成绩>=ANY;
(SELECT 成绩 FROM xuanke  WHERE 课程号="12")
```

部分结果如下：

学号	课程号	成绩
20160101	1	98.0
20160104	1	84.0
20160106	2	81.0
20160107	2	77.0
20160101	3	82.0
20160102	3	77.0
20160103	3	91.0
20160107	4	81.0
20160108	5	76.0

因为“大于某一个”与“大于最小的”是等价的，因此该查询等价于：

```
SELECT * FROM xuanke  WHERE 成绩>=;
(SELECT MIN(成绩)  FROM xuanke  WHERE 课程号="12")
```

例 6-14 检索学生成绩都大于或等于课程号为“12”的所有课程成绩的学生信息。

该查询可以使用 ALL 量词实现。

```
SELECT * FROM xuanke  WHERE 成绩>=ALL;
(SELECT 成绩 FROM xuanke  WHERE 课程号="12")
```

结果如下：

学号	课程号	成绩
20160101	1	98.0
20170103	11	97.0
20170105	11	96.0
20170108	12	94.0
20170113	13	97.0

因为“大于所有的”与“大于最大的”是等价的，因此该查询等价于：

```
SELECT * FROM xuanke WHERE 成绩>=;
(SELECT MAX(成绩)  FROM  xuanke  WHERE 课程号="12")
```

3. 内外层相关的子查询

以前讨论的查询都是外层查询依赖于内层查询的结果，而内层查询与外层查询无关。实际上，有时也需要内层、外层相关的查询，这时内层查询需要外层查询提供相应的值，而外层查询的条件需要内层查询的结果。

例 6-15 查询 xuanke 表中每门课程成绩的最大值并按课程号升序排列。

```
SELECT 课程号,成绩 FROM xuanke a  WHERE 成绩= ;
(SELECT MAX(成绩) FROM xuanke b WHERE a.课程号=b.课程号) ORDER BY 课程号
```

在这个查询中，内层查询和外层查询使用同一个表，为了加以区分，分别指定别名为 a 和 b，在执行过程中，内层查询利用外层查询提供的每一个课程号，找到成绩的最大值，这个值作为外层查询的查询条件。

4. 带 EXISTS 谓词的子查询

EXISTS 和 NOT EXISTS 表示存在元组和不存在元组，它们使用在外层查询中，用来检测内层查询是否存在返回值。

WHERE 条件中它的格式为

```
EXISTS(<子查询>)
```

或

```
NOT  EXISTS(<子查询>)
```

使用 EXISTS 的含义是，如果<子查询>结果为非空，条件为真；如果<子查询>结果为空，条件为假。

使用 NOT EXISTS 的含义是，如果<子查询>结果为空，条件为真；如果<子查询>结果为非空，条件为假。

例 6-16 检索所有没有授课的教师信息。

```
SELECT * FROM jiaoshi;
WHERE NOT EXISTS (SELECT * FROM xuanke  WHERE 课程号=jiaoshi.课程号)
```

结果如下：

职工号	部门码	姓名	工资	课程号
13	A5	周沛东	3670.00	14
26	A5	Frank	2400.00	15

如果要检索授课教师的信息，将上述语句中的“NOT EXISTS”换成“EXISTS”即可。

6.2.4 几个特殊运算符

1）查询的条件是在什么范围之内，可以使用 BETWEEN…AND…。

查询的条件是某个字段值在什么范围内，可以使用 BETWEEN…AND…。BETWEEN 后面是下界值，AND 后面是上界值，且包含下界值和上界值本身。

例 6-17 检索 gongzi 表中奖金在 400～700 范围内的记录。

```
SELECT * FROM gongzi WHERE 奖金  BETWEEN 400 AND 700
```

结果如下：

职工号	奖金	扣款	实发工资
01	520.00	102.00	
04	520.00	15.00	
09	540.00	90.00	
10	612.00	55.00	
31	400.00	50.00	
33	700.00	80.00	

这个查询的条件与下面的条件等价：

```
奖金>=400 AND 奖金>=700
```

2）字符串匹配查询可以使用 LIKE 运算符。

在查询语句的 WHERE 条件中可以使用 LIKE 谓词进行字符串的匹配。其格式如下：

```
<字段>[NOT] LIKE "<匹配串>"
```

功能：查找指定的<字段>值与<匹配串>相匹配的记录，<匹配串>中通常包含通配符%和_。

说明：%（百分号）代表任意长度（长度可以为 0）的字符串，_（下划线）代表任意单个字符。

例 6-18 检索 xuesheng 表姓名中含有“杨”字的信息。

```
SELECT * FROM xuesheng WHERE 姓名 LIKE "%杨%"
```

结果如下：

学号	姓名	性别	民族	出生日期	是否党员
20160104	杨诗瑶	女	汉	09/27/97	.F.
20160109	杨一凡	男	汉	03/07/98	.F.
20160112	杨志良	男	汉	10/29/97	.F.
20160117	杨天姿	女	汉	01/05/98	.F.
20170107	杨润博	男	汉	10/07/98	.F.
20170108	杨　晴	女	汉	12/07/98	.F.
20170205	朱　杨	男	汉	08/09/98	.F.

3）SQL 中“!=”及“NOT”的应用。

例 6-19 检索表 kecheng 中学时数不大于等于 60 学时的信息。

```
SELECT * FROM kecheng WHERE NOT 学时>60
```

或

```
SELECT * FROM kecheng WHERE !=学时>60
```

结果如下：

课程号	课程名	学时
6	计算机基础	36
7	程序设计	36

6.2.5 排序

若要对查询结果排序，可使用 ORDER BY 短语，格式如下：

```
RDER BY 排序项 1 [ASC|DESC] [,排序项 2 [ASC|DESC]…]
```

可以按升序（ASC）或降序（DESC）排序，默认是按升序排序，也可以按一列或多列排序。

例 6-20 检索全部学生的选课信息，结果要求按成绩值升序排序。

```
SELECT * FROM xuanke ORDER BY 成绩 ASC
```

部分结果如下：

学号	课程号	成绩
20160106	4	50.0
20160109	2	53.0
20170205	9	54.0
20160109	5	64.0
20160124	7	65.0
20170101	10	65.0
20160103	1	66.0
20160110	5	66.0

上述语句中的 ASC 可以省略。如果按降序排序，只要加上 DESC 即可。

例 6-21 检索全部学生的选课信息，结果要求先按成绩升序排序，再按课程号降序排序。

```
SELECT * FROM xuanke ORDER BY 成绩,学号 DESC
```

部分结果如下：

学号	课程号	成绩
20160106	4	50.0
20160109	2	53.0
20170205	9	54.0
20160109	5	64.0
20170101	10	65.0
20160124	7	65.0
20170209	10	66.0
20160110	5	66.0

对排序后的记录，我们可能需要显示部分结果。这可以通过 TOP nExpr[PERCENT]短语实现。其中 nExpr 是数字表达式，TOP nExpr 表示前多少记录，TOP nExpr PERCENT 表示前百分之多少记录。如果 nExpr 表示记录个数，它的范围是 1～32 666；如果 nExpr 表示百分比，它的范围是 0.01～99.99。

注意：TOP 短语必须与 ORDER BY 短语同时使用才有效。

例 6-22 显示 gongzi 表中奖金最高的 3 名职工的信息。

```
SELECT * TOP 3 FROM gongzi  ORDER BY 奖金 DESC
```

结果如下：

职工号	奖金	扣款	实发工资
11	900.00	46.00	
03	812.00	12.00	
33	700.00	80.00	

例 6-23 显示成绩最高的前 15%学生的选课信息。

```
SELECT * TOP 15 PERCENT FROM xuanke ORDER BY 成绩 DESC
```

结果如下：

学号	课程号	成绩
20160101	1	98.0
20170103	11	97.0
20170113	13	97.0
20170105	11	96.0
20170108	12	94.0
20170104	11	93.0

20170109	12	93.0
20160103	3	91.0
20170203	8	91.0

6.2.6 简单的计算查询

SQL 语句不仅具有一般的检索能力，而且还有计算方式的检索。SQL 语言提供了 5 个常用的聚集函数，实现计算查询。

1）COUNT（*）：统计记录个数。

2）SUM（<列名>）：计算一列值的总和。

3）AVG（<列名>）：计算一列值的平均值。

4）MAX（<列名>）：求一列值中的最大值。

5）MIN（<列名>）：求一列值中的最小值。

COUNT（*）是一种简便的标记方法，它与具体字段无关，*表示该函数作用于所有字段，也可以使用表中的任何一字段替换“*”。

例 6-24 检索学生的总选课门数。

```
SELECT COUNT(DISTINCT 课程号) AS 选课门数 FROM xuanke
```

结果是 13。

这里在 COUNT 函数中使用了 DISTINCT，表示课程号相同只记数一次。

例 6-25 求出所有教师的工资之和。

```
SELECT  SUM(工资)  AS  工资和 FROM  jiaoshi
```

结果是 140622.00。

例 6-26 检索 zhicheng 表和 jiaoshi 表中职称是教授的工资的最高值、最低值和平均值。

```
SELECT MAX(工资),MIN(工资),AVG(工资) FROM jiaoshi a,zhicheng b WHERE a.
职工号=b.职工号 AND 职称="教授"
```

6.2.7 分组与计算查询

可以将查询结果按某一列或多列的值分组，值相等的为一组。这可以使用 GROUP BY 短语实现。

格式：

```
GROUP BY 分类字段列表 [HAVING 分组条件]
```

使用 HAVING 可以指定筛选条件，选择满足条件的组。

例 6-27 查询 kecheng 表和 xuanke 表表中每门课的平均成绩大于 80 的课程名和平均成绩。

```
SELECT 课程名,AVG(成绩)  AS  平均成绩  FROM xuanke a,kecheng b  GROUP BY 课
程名 HAVING 平均成绩>80 WHERE a.课程号=b.课程号
```

结果如下：

课程名	平均成绩
大学英语	80.50
儿科	86.75
妇产科学	92.75
解剖学	82.25
生化	81.25
足球	84.25

例 6-28 使用 SQL 的 SELECT 命令查询每个学生所选的所有课程的成绩都是 60 分以上（包括 60 分）的学生的学号、姓名、平均成绩和最低分，并将查询结果按学号升序排序。

```
SELECT 学号,姓名 AVG(成绩) AS 平均成绩, MIN(成绩)  AS 最低分 FROM xuanke  GROUP
BY 学号 HAVING 最低分>=60 ORDER BY 学号
```

6.2.8 利用空值查询

在数据库表中某些列的值可能是空值（NULL）。例如，在 xuanke 表中，某些学生某门课程的成绩没有确定，这个属性值为空。我们可以检索涉及空值的记录。

例 6-29 找出尚未确定成绩的学生的选课信息。

```
SELECT * FROM xuanke WHERE 成绩 IS NULL
```

注意：查询空值时要使用 IS NULL，而不要使用=NULL。

6.2.9 别名与自联接查询

自联接是一个表可以与它自己联接，是将同一关系与其自身进行联接。这种联接是根据一个表中出自同一值域的两个不同字段进行一对多联系。同一个表在 FROM 子句中多次出现，为了区别该表的每一次出现，需要为表定义一个别名。自联接用于“从不同角度看待相同数据”，也可以理解为将需要两次查询的语句综合成一条语句一次执行成功。

例 6-30 查询与“李洋”是同一部门的教师信息。

常规查询要两次：查询李洋所在部门；查询这个部门的教师信息。

```
SELECT 部门码 FROM jiaoshi WHERE 姓名="李洋"
```

该语句查询的结果为“A5”。

```
SELECT * FROM jiaoshi WHERE 部门码="A5" ORDER BY  职工号
```

该语句的查询结果如下：

职工号	部门码	姓名	工资	课程号
05	A5	李洋	4520.00	13
13	A5	周沛东	3670.00	14
17	A5	Diana	3408.00	13

26	A5	Frank	2400.00	15
29	A5	Mirana	3670.00	13

使用自联接查询语句如下：

```
SELECT A.* FROM  jiaoshi  a,jiaoshi b WHERE b.姓名="李洋" AND a.部门码=b.
部门码 ORDER BY a.职工号
```

两次查询的结果相同。

6.2.10 超联接查询

Visual FoxPro 的 SQL 支持超联接查询，它的格式为

```
SELECT … FROM 左表  INNER|LEFT|RIGHT|FULL JOIN 右表 ON 联接条件 [WHERE 其他
条件]
```

在超联接中，需要联接的表通过 JOIN 实现，联接条件通过 ON 实现。其中，INNER JOIN 表示内联接，它与普通联接相同；LEFT JOIN 表示左联接；RIGHT JOIN 表示右联接；FULL JOIN 表示全联接；ON 表示指定联接条件。

下面的例子使用超联接实现。

1. 内联接

内联接与普通联接相同，只有满足联接条件的记录才出现在查询结果中。它使用 INNER JOIN 或 JOIN 实现联接。

例 6-31 检索每位教师授课的姓名和所授课程的课程名。

该查询涉及 jiaoshi 表和 kecheng 表，因此要做这两个表的联接，这两个表是通过“学号”字段联系的，查询语句如下：

```
SELECT 姓名,课程名 FROM jiaoshi  INNER JOIN kecheng ;
ON  jiaoshi.课程号=kecheng.课程号
```

这里的 INNER 可以省略。

例 6-32 查询英语和数学成绩都大于等于 90 的学生的姓名、英语、数学成绩。

```
SELECT 姓名,英语,数学 FROM xuesheng JOIN chengji ;
ON  xuesheng.学号=chengji.学号 WHERE 数学>=90 AND 英语>=90
```

这里的 ON 指定联接条件，WHERE 指定查询条件。

2. 左联接

左联接是除满足联接条件的记录出现在查询结果中外，第一个表（左边）中不满足联接条件的记录也出现在查询结果中，相关的右表查询字段值是 NULL。基本格式：

```
SELECT … FROM 左表  LEFT JOIN 右表 ON 联接条件 [WHERE 其他条件]
```

例 6-33 检索教师授课信息，要求没有授课的教师信息也出现在查询结果中。

```
SELECT 姓名,课程名 FROM jiaoshi LEFT JOIN kecheng ON jiaoshi.课程号=kecheng.
课程号
```

3. *右联接*

基本格式：

```
SELECT … FROM 左表  RIGHT  JOIN 右表 ON 联接条件 [WHERE 其他条件]
```

除满足联接条件的记录出现在查询结果中外，右表中不满足联接条件的记录也出现在查询中，而相关的左表查询字段值是 NULL。

例 6-34 检索每门课程的课程名称和每门课程的平均成绩，要求没有人选的课程名也出现在查询结果中。

```
SELECT 课程名,AVG(成绩) AS 平均成绩  FROM kecheng RIGHT JOIN  xuanke;
ON kecheng.课程号=xuanke.课程号 GROUP BY 课程名
```

4. *全联接*

基本格式：

```
SELECT … FROM 左表  FULL  JOIN 右表 ON 联接条件 [WHERE 其他条件]
```

查询的左右表各个字段的所有值全部显示，有满足联接条件的记录在同行输出，不满足联接条件的字段相应列将显示为 NULL。

例 6-35 检索出所有学生的姓名、性别和所选课程的成绩，要求所有信息都出现在查询结果中。

```
SELECT 姓名,性别,成绩  FROM xuesheng FULL JOIN xuanke;
ON xuesheng.学号=xuanke.学号
```

注意：超联接查询中多个表联接时，FROM 后的中间表是联接前后表的纽带，它必须与前后表都有联接关系，另外 FROM 后表名的顺序与条件 ON 的顺序是相反的。

例 6-36 检索出所有学生的姓名、性别和所选课程的课程名及成绩。

```
SELECT 姓名,性别,课程名,成绩  FROM xuesheng  JOIN xuanke JOIN  kecheng  ON
xuanke.课程号=kecheng.课程号 ON xuesheng.学号=xuanke.学号
```

部分结果如下：

姓名	性别	课程名	成绩
刘美辰	女	大学英语	98.0
李　铮	男	大学英语	74.0
王宏宇	男	大学英语	66.0
杨诗瑶	女	大学英语	84.0
吴峻男	男	生理	69.0

李光宁	男	生理	81.0
赵红静	女	生理	77.0
刘　博	男	生理	67.0

6.2.11　集合的并运算

SQL 支持集合的并（UNION）运算，可以将具有相同查询字段个数且对应字段值域相同的 SQL 查询语句用 UNION 短语联接起来，合并成一个查询结果输出。

例 6-37 根据下面的表查询出两个表中的学号、姓名、毕业成绩。

档案（学号，姓名，性别，民族，毕业成绩，毕业去向）

学生（学号，姓名，毕业成绩）

```
SELECT 学号,姓名,毕业成绩 FROM 档案 UNION;
SELECT 学号,姓名,毕业成绩 FROM 学生
```

6.2.12　Visual FoxPro 中 SQL SELECT 的几个特殊选项

1. 将查询结果存放到数组中

在 SQL 查询语句的尾部添加 INTO ARRAY <数组名>，可以将查询的结果放入指定的数组中。此操作的主要目的通常是将一个表中的查询数据添加到另一个已存在的表中。

例 6-38 根据下面的表将档案表中男生的学号、姓名、毕业成绩添加到学生表中。

档案（学号，姓名，性别，民族，毕业成绩，毕业去向）。

学生（学号，姓名，毕业成绩）。

```
SELECT 学号,姓名,毕业成绩 FROM 档案;
WHERE 性别="男" INTO  ARRAY  LM                 &&查询的数据被临时存放至数组 LM
INSERT  INTO 学生 FROM  ARRAY  LM               &&将数组LM中的学生信息插入学生表尾部
```

2. 将查询结果存放到临时表中

在 SQL 查询语句的尾部添加 INTO CURSOR <临时表名>，可以将查询的结果放入指定的临时表中。此操作通常是将一个复杂的查询分解，临时表通常不是最终结果，可以对临时表操作得到最终结果。生成的临时表是当前被打开的并且是只读的，关闭该文件时将自动删除。

例 6-39 查询 xuesheng 表男生的学号、姓名，将其存放到临时表 AA 中。

```
SELECT 学号,姓名 FROM xuesheng  WHERE 性别="男" INTO  CURSOR  AA
```

3. 将查询结果存放到永久表中

在 SQL 查询语句的尾部添加 INTO DBF|TABLE <表名>，可以将查询的结果放入新生成的指定表中。

例 6-40 根据 xuesheng 表将男生的学号、姓名按出生日期升序存入到 BB 表中。

```
SELECT 学号,姓名 FROM xuesheng  WHERE 性别="男" ORDER BY 出生日期 INTO  TABLE  BB
```

4. 将查询结果存放到文本文件中

在 SQL 查询语句的尾部添加 TO FILE <文本文件名>，可以将查询的结果放入新生成的指定文本文件中。

例 6-41 根据 xuesheng 表将男生的学号、姓名按出生日期升序存入文本文件 CC.txt 中。

```
SELECT 学号,姓名 FROM xuesheng WHERE 性别="男" ORDER BY 出生日期 TO FILE CC
```

5. 将查询结果直接输出到打印机

在 SQL 查询语句的尾部添加 TO PRINTER [PROMPT]，可以将查询的结果直接输出到打印机。

例 6-42 根据 xuesheng 表将男生的学号、姓名按出生日期升序打印。

```
SELECT 学号,姓名 FROM xuesheng WHERE 性别="男" ORDER BY 出生日期 TO PRINTER
```

6.3 操作功能

操作功能主要指向表中进行数据的插入、更新和删除，是对表中数据的操作。

1. 插入数据

Visual FoxPro 支持两种 SQL 插入命令的格式，一种是标准格式，另一种是特殊格式。

（1）标准格式

```
INSERT INTO 表名[(字段名表)] VALUES(插入值表达式1,插入值表达式2,…)
```

（2）特殊格式

```
INSERT INTO 表名 FROM ARRAY 数组名 | FROM MEMVAR
```

FROM ARRAY：数组名，说明从指定的数组中插入记录值。

例 6-43 向 xuanke 表中插入一个记录（"20170116", "14",98）。

```
INSERT INTO xuanke VALUES("20170116", "14",98)
```

使用这种格式插入数据需要给出每个字段的值，且值的顺序要与表中字段顺序一致。另外，字段值要使用各自类型的常量表示法，如果插入日期型常量要使用严格的日期格式。

如果课程号没有确定，则只能插入学号和成绩两个属性值，命令如下：

```
INSERT INTO xuanke(学号,成绩) VALUES("20170116", 98)
```

例 6-44 从数组元素中插入记录。

```
DIMENSION aa(3)
aa(1)="201702102"
aa(2)="15"
```

```
aa(3)=80
INSERT INTO  xuanke  FROM ARRAY aa
```

上述命令执行后将向 xuanke 表中插入一个记录（"201702102","15",80）。

2. 更新数据

SQL 数据更新的命令格式如下：

```
UPDATE  表名  SET 字段名 1=表达式 1 [,字段名 2=表达式 2…] [WHERE 条件]
```

说明：利用 WHERE 子句指定条件，以更新满足条件的一些记录的字段值，并且一次可更新多个字段；如果不使用 WHERE 子句，则更新全部记录。

例 6-45 给 jiaoshi 表中的所有职工工资增加 200 元。

```
UPDATE  jiaoshi  SET 工资=工资+200
```

例 6-46 将 xuanke 表中课程号为“12”的成绩提高 10 分。

```
UPDATE  xuanke  SET 成绩=成绩+10  WHERE  课程号="12"
```

3. 删除记录

SQL 从表中删除数据的命令格式如下：

```
DELETE  FROM  表名  [WHERE 条件]
```

此命令可以逻辑删除指定表中满足条件的记录，如果要物理删除记录需要继续使用 PACK 命令。

说明：FROM 指定从哪个表中删除记录，WHERE 指定被删除的记录所满足的条件，如果不使用 WHERE 子句，则删除该表中的全部记录。

例 6-47 删除 xuanke 表中课程号为“12”的记录。

```
DELETE FROM xuanke WHERE 课程号="12"
```

例 6-48 删除 xuesheng 表中出生日期为 1997 年 1 月 1 日之前（含）的记录。

```
DELETE FROM xuesheng  WHERE 出生日期<={^1997/01/01}
```

例 6-49 删除 jioashi 表中目前没有授课的教师信息。

```
DELETE FROM jioashi  WHERE 课程号 NOT IN (SELECT 课程号 FROM xuanke)
```

这是 WHERE 条件中带子查询的删除语句。

6.4 定义功能

命令不但可以实现数据表的查询功能，还可以实现创建数据表、修改表结构、删除数据表等功能。在创建数据表的同时，还可以指定表的索引，设置数据库表的有效性规则、默认值等选项。定义数据库对象使用 CREATE 命令。

6.4.1 表的定义

利用 SQL 命令建立的数据表同样可以完成在表设计器中设计表的所有功能。

格式：

```
CREATE TABLE 表1( 字段名1(类型[,宽度][,小数位数])][NULL |NOT NULL]  [CHECK
表达式 [ERROR 错误提示信息]] [DEFAULT 表达式][FREE] [PRIMARY KEY|UNIQUE]
[,字段名2…])
```

说明：此命令的功能除了基本的建立表外，还包括满足实体完整性的主关键字（主索引）PRIMARY KEY、定义域完整性的 CHECK 约束及出错提示信息 ERROR、定义默认值 DEFAULT 等。

1）在定义表时需要指定每个字段的数据类型。只有 C 型、N 型、F 型需要指定宽度，N 型、I 型和 F 型可以指定小数位数，对于固定长度的字段如日期型、逻辑型，可以省略字段宽度。详细如表 6-1 所示。

2）NULL 或 NOT NULL 说明字段允许或不允许为空值（不确定的值）。

3）UNIQUE 说明建立候选索引（注意不是唯一索引）。

4）DEFAULT 为一个字段指定默认值。

5）PRIMARY KEY 用于指定表主索引（即关系中的主属性）实体完整性约束条件规定，主索引必须是唯一非空的。

6）CHECK 表达式用于指定有效性检验，提高安全性。

7）ERROR 错误提示信息用于指定错误提示信息。

操作完成后，创建的表自动在当前可用的最低工作区以独占方式打开。

表 6-1　数据类型代码表

字段类型	宽度	小数位数	说明
C	*n*	—	自定义宽度为 *n* 的字符
D	—	—	固定宽度为 8，不需要指定
T	—	—	固定宽度为 8，不需要指定
N	*n*	*d*	定义宽度为 *n*，小数位数为 *d* 的数值型
F	*n*	*d*	定义宽度为 *n*，小数位数为 *d* 的浮点型
I	—	—	固定宽度为 4 的整数
B	—	*d*	固定宽度为 8，小数位数为 *d* 的双精度型
Y	—	—	固定宽度为 8，小数位数为 4 的货币型
L	—	—	固定宽度为 1 的逻辑型
M	—	—	固定宽度为 4 的备注型
G	—	—	固定宽度为 4 的通用型

注意：如果建立自由表（当前没有打开数据库或使用了 FREE），则很多选项在命令中不能使用，如 NAME、CHECK、DEFAULT、PRIMARY KEY 等。

下面在 xueshengguanli 数据库中使用 CREATE TABLE 命令建立 3 个表。

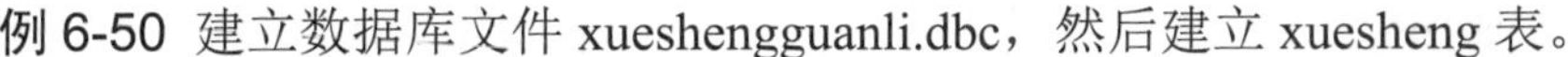

例 6-50 建立数据库文件 xueshengguanli.dbc，然后建立 xuesheng 表。

```
CREATE DATABASE xueshengguanli
CREATE TABLE xuesheng (学号 C(10) PRIMARY KEY,姓名 C(6),性别 C(2) CHECK
性别$"男女" ERROR  "性别必须是男或女",出生日期 D,是否党员 L)
```

说明：此语句的功能是建立数据库表 xuesheng，将学号设为主索引，并设置性别字段的有效性规则为性别是“男”或“女”，错误的提示信息为“性别必须是男或女”，表建立完成后，xuesheng 表结构如图 6-1 所示。

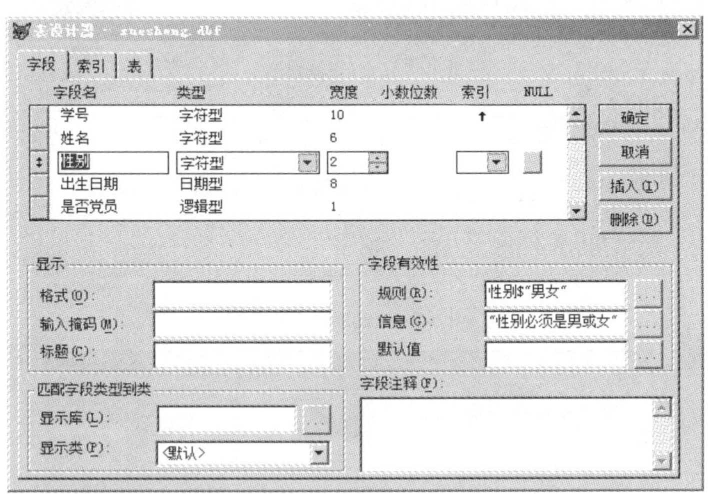

图 6-1　xuesheng 表结构

例 6-51 在例 6-50 数据库中建立 xuanke 表。

```
CREATE TABLE  xuanke(学号 C(10),课程号 C(2),成绩 N(5,1) CHECK 成绩>=0 AND
成绩<=100  ERROR  "成绩范围在 0 到 100" DEFAULT 75)
```

表建立完成后，xuanke 表结构如图 6-2 所示。

图 6-2　xuanke 表结构

例 6-52 建立 kecheng 表。

```
CREATE TABLE  kecheng (课程号 C(2)  PRIMARY KEY ,课程名称 C(10),学时 N(16))
```

表建立完成后，kecheng 表结构如图 6-3 所示。建立的数据库文件如图 6-4 所示。

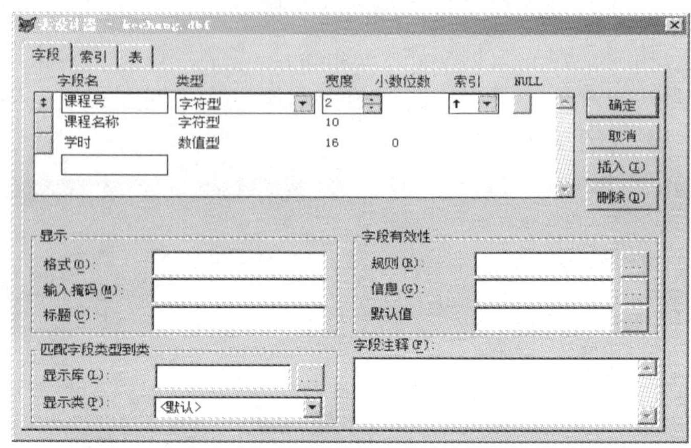

图 6-3　kecheng 表结构

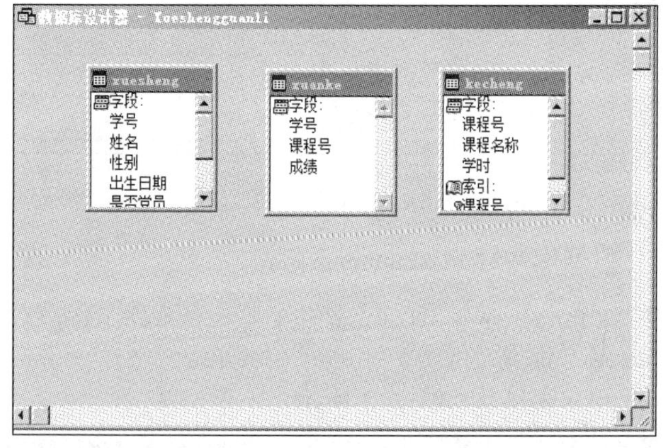

图 6-4　xueshengguanli 数据库

6.4.2　表的删除

利用 SQL 命令可以删除表。

格式：

```
DROP TABLE <表名> [RECYCLE]
```

功能：直接从磁盘上或当前打开的数据库中删除指定的基本表，如果有 RECYCLE 选项，将要删除的表放入 Windows 回收站，否则直接删除。表一旦被删除，表中的数据及在此表的基础上建立的索引、视图将自动全部被删除。

例 6-53 删除 kecheng。

```
DROP TABLE  kecheng
```

例 6-54 将 xuanke 表删除，并放入回收站。

```
DROP TABLE xuanke RECYCLE
```

6.4.3 表结构的修改

修改表结构的命令是 ALTER TABLE，该命令的 3 种格式如下。

格式 1：增加字段。

```
ALTER  TABLE  表名  ADD  [COLUMN] 字段名1  类型[(宽度,小数位)]
[NULL|NOT NULL][CHECK 规则表达式 [ERROR 提示信息]][DEFAULT 默认值];
[PRIMARY KEY|UNIQUE]
```

该命令格式用于增加字段及设置相应字段属性。

格式 2：修改字段属性。

```
ALTER  TABLE  字段名1  ALTER  [COLUMN] 字段名2 [NULL|NOT NULL];
[SET DEFAULT 默认值][SET CHECK 规则 [ERROR 提示信息]];
[DROP DEFAULT][DROP CHECK]
```

该命令格式用于修改字段名、类型、宽度及相应属性，以及定义、修改和删除字段有效性规则、默认值定义。

格式 3：删除字段。

```
ALTER  TABLE  表名1;
[DROP [COLUMN] 字段名];
[RENAME COLUMN 字段名1 TO 字段名2];
[ADD PRIMARY KEY 字段表达式 TAG 索引名];
[DROP PRIMARY KEY];
[ADD UNIQUE 字段表达式 TAG 索引名];
[DROP UNIQUE TAG 索引名];
```

该命令格式可以修改字段名、删除字段、以及添加、删除主索引、候选索引。

1. 添加新字段

例 6-55 为 xuesheng 表增加一个“年龄”字段，数值型，2 个宽度。

```
ALTER TABLE xuesheng ADD COLUM 年龄 N(2)
```

例 6-56 为 xuesheng 表增加一个“奖学金”字段，整型，并设置有效性规则为奖学金的值在 0～1000 范围内，且默认值为 500。

```
ALTER TABLE xuesheng ADD COLUM 奖学金 I CHECK 奖学金>=0 AND 奖学金<=1000
DEFAULT 500
```

2. 修改字段类型和宽度

例 6-57 修改 xuesheng 表中“学号”字段的宽度为 8（原来为 10）。

```
ALTER TABLE xuesheng ALTER 学号 C(8)
```

3. 修改（添加）字段有效性规则

例 6-58 修改“xuesheng”表中“性别”字段有效性规则，性别只能是男或女。

```
ALTER TABLE xuesheng ALTER 性别 SET CHECK 性别$"男女"
```

4. 删除字段有效性规则

例 6-59 删除 xuesheng 表中“性别”字段有效性规则。

```
ALTER TABLE xuesheng  ALTER COLUMN 性别 DROP CHECK
```

5. 修改（添加）字段默认值

例 6-60 修改 xuesheng 表中“性别”字段的默认值为“男“。

```
ALTER TABLE xuesheng  ALTER COLUMN 性别 SET DEFAULT "18"
```

例 6-61 删除 xuesheng 表中“性别”字段的默认值。

```
ALTER TABLE xuesheng ALTER COLUMN 性别 DROP  DEFAULT
```

6. 修改字段名

例 6-62 将 xuesheng 表中“出生日期”字段改为“出生年月”。

```
ALTER TABLE xuesheng RENAME COLUMN 出生日期 TO 出生年月
```

7. 删除字段

例 6-63 删除 xuesheng 表中的“出生年月”字段。

```
ALTER TABLE xuesheng DROP COLUMN 出生年月
```

8. 建立主索引

例 6-64 将 xuesheng 表中的“学号”字段设为主索引。

```
ALTER TABLE xuesheng ADD PRIMARY KEY 学号 TAG XH
```

例 6-65 将 xuesheng 表中的“学号”定义为候选索引。

```
ALTER TABLE xuesheng ADD UNIQUE 学号 TAG UNXH
```

例 6-66 删除候选索引 UNXH。

```
ALTER TABLE xuesheng DROP UNIQUE TAG UNXH
```

6.5 视图的定义

在 Visual FoxPro 中视图是一个定制的虚拟表，可以是本地的、远程的或带参数的。视图可以引用一个或多个表，或者引用其他视图。视图是可更新的，它可以引用远程表。

在关系数据库中，视图也称为窗口，是操作表的窗口，可以看作从表中派生出来的虚表。它依赖于表，不能独立存在。数据库表或自由表都可以建立视图，但建立视图时必须先打开一个数据库，因为视图不是以独立文件形式保存的，而是在数据库设计器中存放的。

6.5.1 定义视图

SQL 语言用 CREATE VIEW 命令建立视图，一般格式为

```
CREATE VIEW 视图名 AS SELECT 查询语句
```

SELECT 查询语句说明和限定了视图中的数据，视图的字段名将与 SELECT 查询语句中指定的字段名或表中的字段名同名。

视图依赖于数据库，所以在建立视图之前应有数据库打开。

1. 从单个表中派生视图

例 6-67 定义一个名为 view1 的视图，其中只包含“学号”和“姓名”字段。

```
CREATE DATABASE xushengguanli
CREATE VIEW view1 AS  SELECT 学号,姓名 FROM xuesheng
```

视图一经定义就可以和基本表一样被查询，对于最终用户来说，有时并不需要知道操作的是基本表还是视图。例如，现在如果要查询所有学生的学号和姓名，就可以使用下面的查询：

```
SELECT * FROM view1
```

2. 从多个表中派生视图

视图一方面可以限定对数据的访问，另一方面又可以简化对数据的访问。可以从多个表中派生视图。

例 6-68 定义一个名为 view2 的视图，其中包含 xuesheng 表的“姓名”字段和 xuanke 表的“成绩”字段，而且视图中只含有成绩大于 90 的记录。

```
OPEN DATABASE xueshengguanli
CREATE VIEW view2  AS SELECT xuesheng.姓名,成绩 FROM xuesheng , xuanke WHERE
xuesheng.学号=xuanke.学号 AND 成绩>90
```

该视图就是从两个表中派生出来的，如果使用下面语句查询该视图：

```
SELECT * FROM view2
```

结果如下：

姓名	成绩
刘美辰	98.0
王宏宇	91.0
张　维	91.0
王一彤	97.0
潘小琪	93.0
吴伟平	96.0
杨　晴	94.0
周一明	93.0
王冬羽	97.0

3. 视图中的虚字段

用一个查询来建立一个视图的 SELECT 子句可以包含算术表达式或函数，这些表达式或函数与视图的其他字段一样对待，由于它们是计算得来的，并不存储在表内，所以称为虚字段。

例 6-69 定义一个名为 view3 的视图，其中包含“职工号”和“年工资”字段。

```
CREATE DATABASE jiaoshiguanli
CREATE VIEW view3 AS  SELECT 职工号, 工资*12  AS 年工资 FROM jiaoshi
```

这里在 SELECT 短语中使用 AS 重新定义了视图的字段名。字段“年工资”是计算得来的，所以必须给出字段名，它是虚字段。

查询该视图的命令如下。

```
SELECT * FROM view3
```

部分结果如下：

职工号	年工资
01	76896.00
02	52680.00
03	29400.00
04	38400.00
05	54240.00
06	35712.00
07	59844.00
08	74640.00
09	47760.00
10	28800.00

6.5.2　视图的删除

由于视图是从表派生出来的，所以不存在修改结构的问题，但是视图可以删除。删除视图之前要先打开数据库。

删除视图的命令格式：

```
DROP VIEW <视图名>
```

例如，要删除视图 view3，只要输入如下命令即可。

```
OPEN DATABASE jiaoshiguanli
DROP VIEW view3
```

在关系数据库中，视图始终不真正含有数据，它总是原来表的一个窗口。所以，虽然视图可以像表一样进行各种查询，但是插入、更新和删除操作在视图上却有一定限制。在一般情况下，当一个视图是由单个表导出时，可以进行插入和更新操作，但不能进行删除操作；当视图是从多个表导出时，插入、更新和删除操作都不允许进行。这种限制是很有必要的，它可以避免一些潜在问题的发生。

第 7 章　报表与标签设计

在 Visual FoxPro 中，报表和标签用于将数据或数据处理的结果按一定格式打印输出并加以统计。报表是数据库管理系统中数据组织和输出的重要形式，是数据日常维护和管理工作中查看数据的常用手段之一，也是最实用的打印文档。本章主要介绍报表、标签的创建和设计方法。

7.1　利用报表向导创建报表

使用 Visual FoxPro 提供的报表向导，可以方便地创建一些简单的报表。

启动报表向导可以有以下 4 种方法。

1）打开项目管理器窗口，切换到“文档”选项卡，从中选择“报表”选项，单击“新建”按钮。在打开的“新建报表”对话框中单击“报表向导”按钮。

2）选择“文件”→“新建”选项，在打开的“新建”对话框中选中“报表”单选按钮，然后单击“向导”按钮。

3）单击工具栏中的“新建”按钮，在打开的“新建”对话框中选中“报表”单选按钮，然后单击“向导”按钮。

4）选择“工具”→“向导”→“报表”选项。

通过以上 4 种方法可以打开“向导选取”对话框，如图 7-1 所示。在“向导选取”对话框中提供了两种选择：“报表向导”和“一对多报表向导”。如果报表针对多个表或视图进行打印，则选择“一对多报表向导”选项，否则选择“报表向导”选项。选定后单击“确定”按钮，打开“报表向导”对话框。

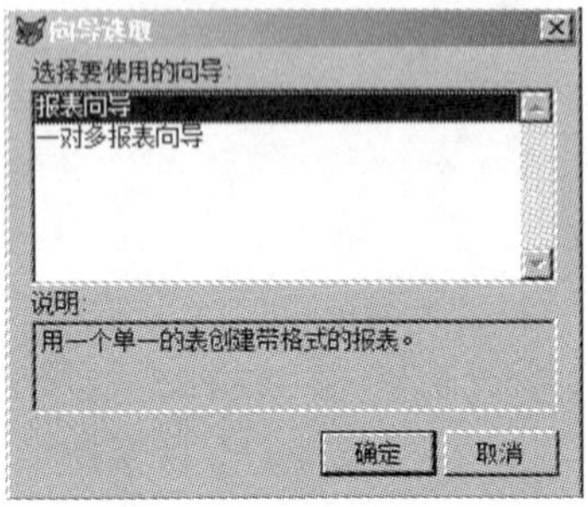

图 7-1　“向导选取”对话框

例 7-1 使用报表向导创建一个包含 jiaoshi 表中部分字段内容的简单报表。

打开图 7-1 所示的“向导选取”对话框，选择“报表向导”选项，单击“确定”按钮，在打开的“报表向导”对话框中，按如下步骤操作。

1）选取数据表和字段，单击“数据库和表”下拉列表框右侧的“…”按钮，打开“打开”对话框，选择 jiaoshi.dbf 表文件后单击“确定”按钮。将需要在报表中输出的字段从“可用字段”列表框移到“选定字段”列表框中，如图 7-2 所示。

2）单击“下一步”按钮，对记录进行分组。可以通过“分组选项”设置分组间隔，本

例选择“部门码”进行分组，如图 7-3 所示。

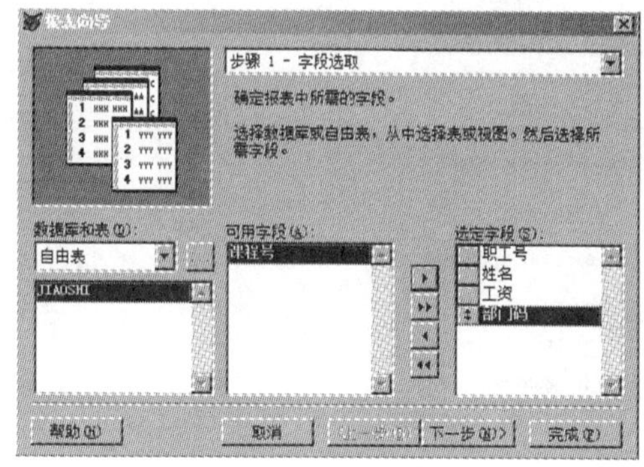

图 7-2　选取报表字段

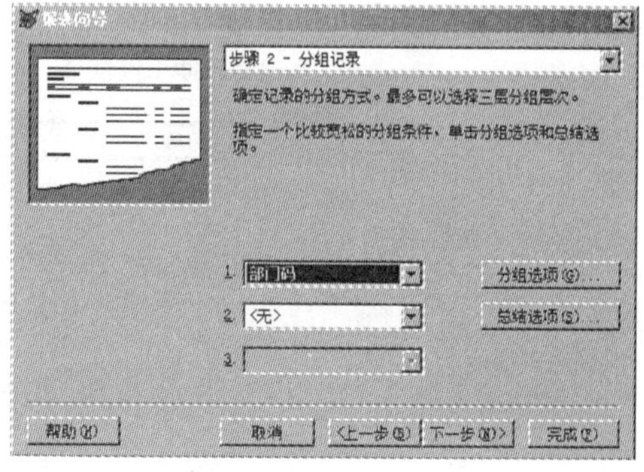

图 7-3　报表分组记录

3）单击“下一步”按钮，选择报表样式。本例选择“简报式”样式，如图 7-4 所示。

4）单击“下一步”按钮，定义报表布局。在此可以指定报表是单栏还是多栏，是行布局还是列布局，是纵向打印还是横向打印。本例选择单列、列报表、纵向打印，如图 7-5 所示。

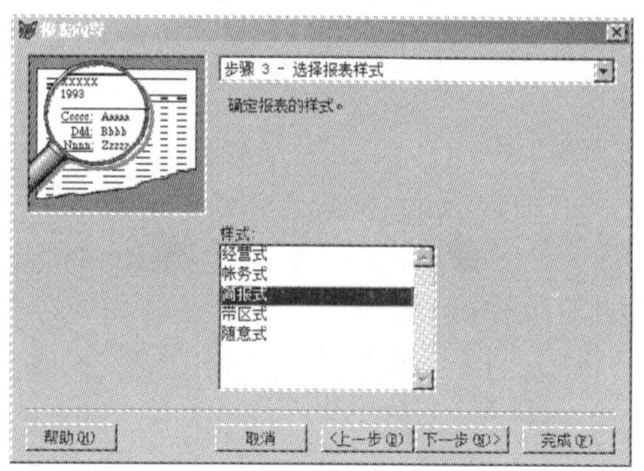

图 7-4　选择报表样式

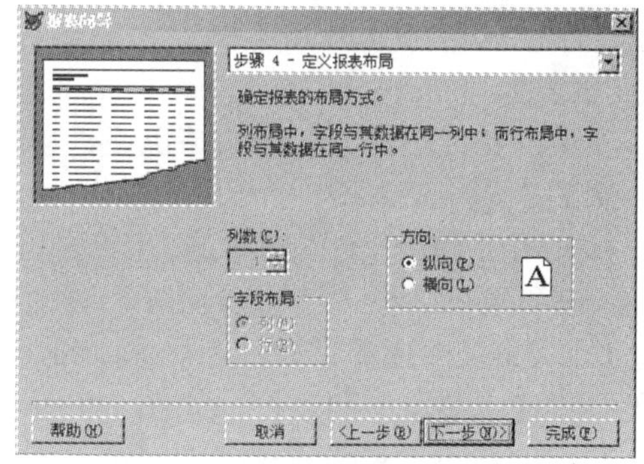

图 7-5　定义报表布局

5）单击“下一步”按钮，排序记录。排序的字段不能超过 3 个，本例按“工资”降序排序，如图 7-6 所示。

6）单击“下一步”按钮，完成报表创建。输入报表标题“教师工资信息”，选择报表的保存方式，如图 7-7 所示。

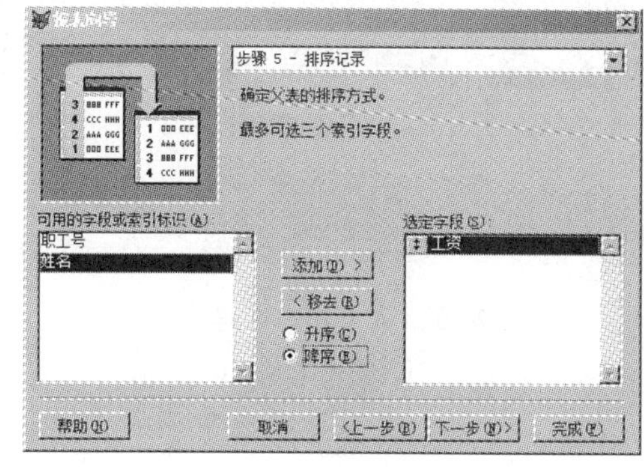

图 7-6　排序记录

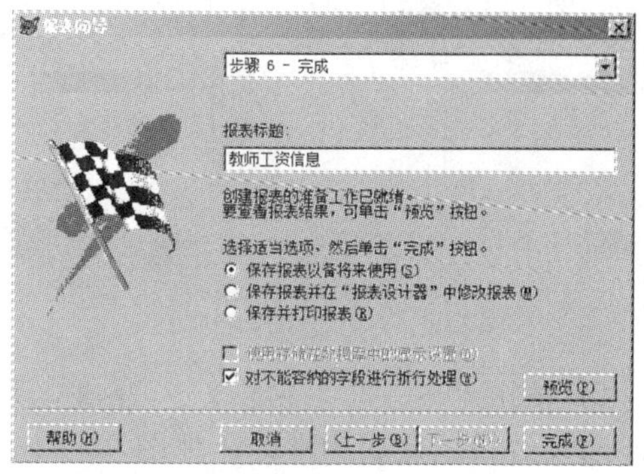

图 7-7　完成报表创建

7）单击“预览”按钮预览报表的设计结果，如图7-8所示。

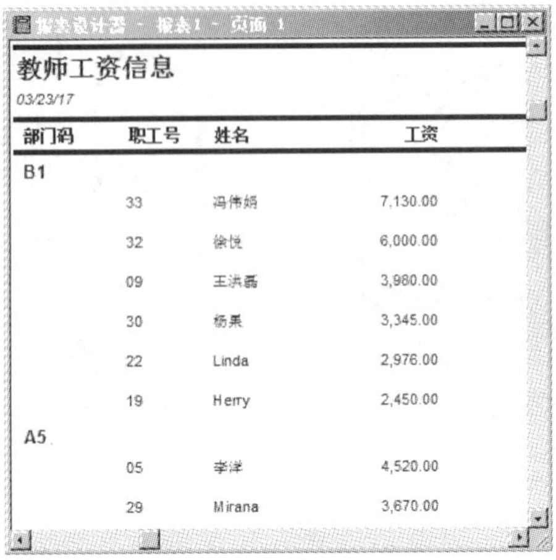

报表设计器 - 报表1 - 页面 1

教师工资信息

03/23/17

部门码	职工号	姓名	工资
B1			
	33	冯伟娟	7,130.00
	32	徐悦	6,000.00
	09	王洪磊	3,980.00
	30	杨果	3,345.00
	22	Linda	2,976.00
	19	Herry	2,450.00
A5			
	05	李洋	4,520.00
	29	Mirana	3,670.00

图7-8　报表预览结果

8）关闭预览窗口，返回图7-7所示的对话框，单击“完成”按钮，打开“另存为”对话框，保存报表文件report1.frx，系统默认报表文件的扩展名为.frx。系统同时创建一个同名的.frt报表备注文件。

注意：在打印机准备好的情况下，单击“报表打印”按钮即可开始报表打印。

例7-2 以jiaoshi表为父表，zhicheng表为子表，利用报表向导创建一对多报表。

打开图7-1所示的“向导选取”对话框，选择“一对多报表向导”选项，单击“确定”按钮，在打开的“一对多报表向导”对话框中，按如下步骤操作。

1）从父表中选择字段。选择jiaoshi表为父表，然后选择“职工号”“部门码”“姓名”字段到“选定字段”列表框，如图7-9所示。

2）单击“下一步”按钮，从子表中选择字段。选择zhicheng表为子表，且选择“职称”“参加工作日”字段到“选定字段”列表框，如图7-10所示。

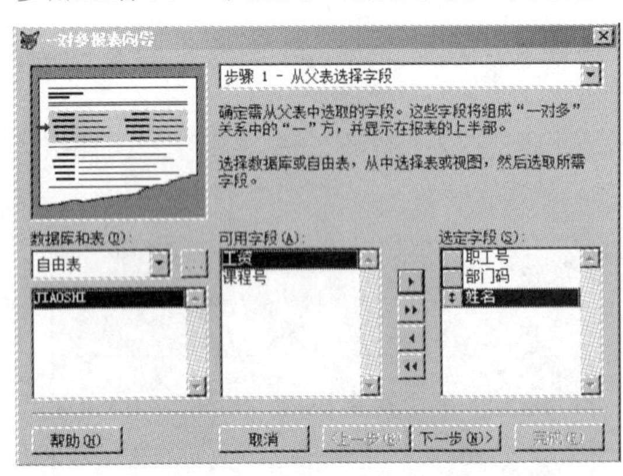

图7-9　从父表中选择字段

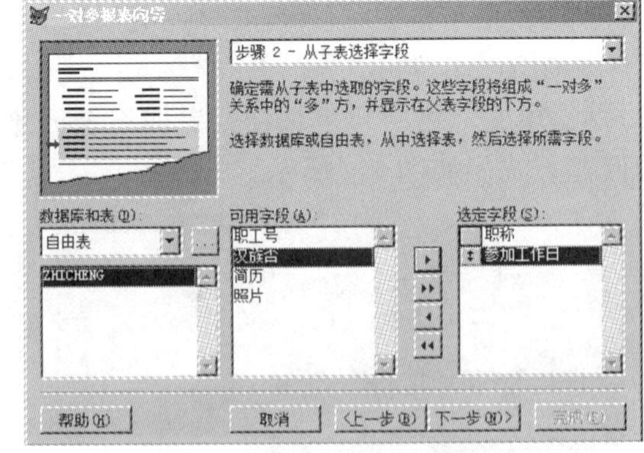

图7-10　从子表中选择字段

3）单击“下一步”按钮，为表建立关系。在字段下拉列表中选择具有关系的字段，本例使用系统自动默认的字段，如图7-11所示。

4）单击“下一步”按钮，排序记录。选择按“职工号”字段升序排序，如图7-12所示。

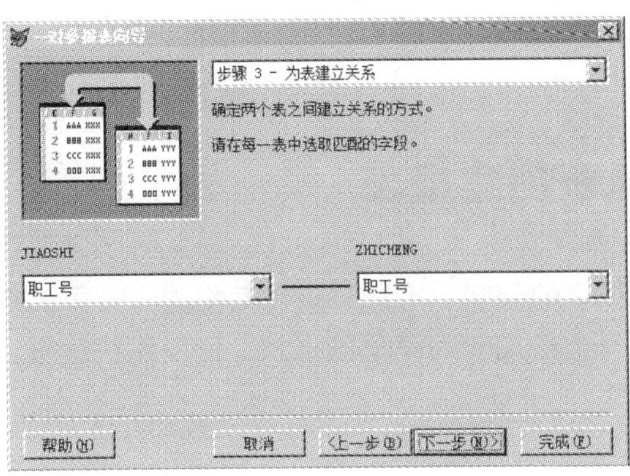

图 7-11　为表建立关系

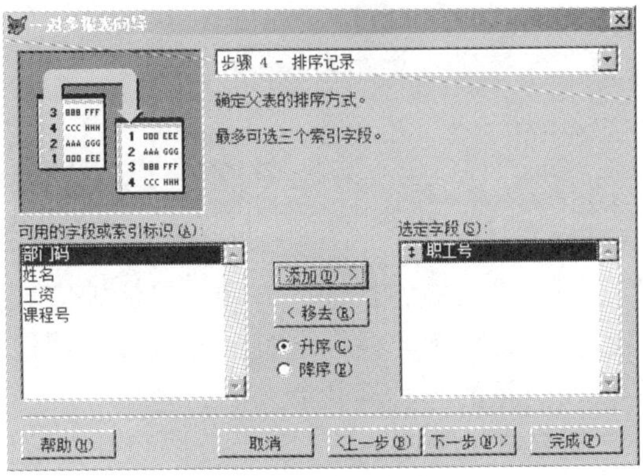

图 7-12　排序记录

5）单击“下一步”按钮，选择报表样式。选择“简报式”样式，“纵向”打印方向，如图 7-13 所示。

6）单击“下一步”按钮，完成一对多报表的创建。在“报表标题”文本框中输入报表标题，并确定保存方式，本例以“教师职称”为报表标题，如图 7-14 所示。

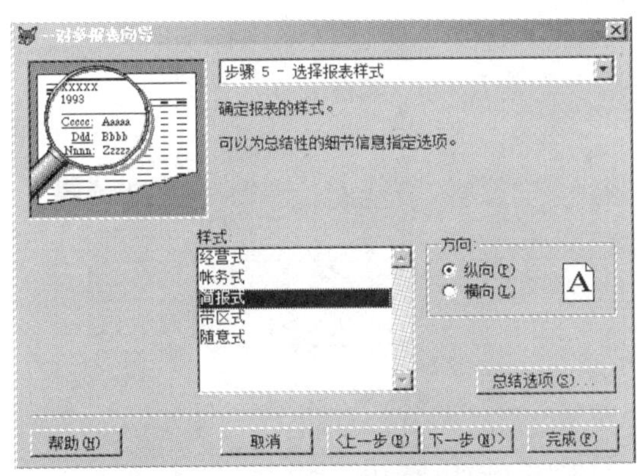

图 7-13　选择报表样式

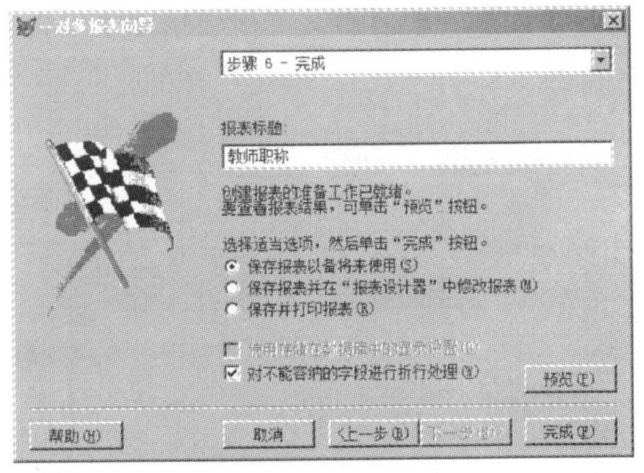

图 7-14　输入报表标题

7）单击“预览”按钮，可以预览报表的结果，如图 7-15 所示。

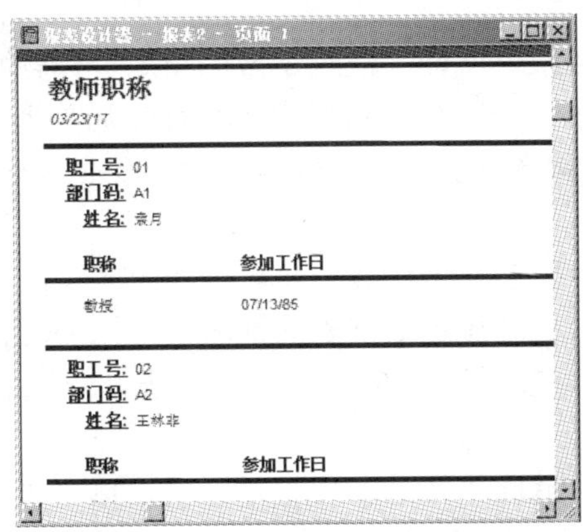

图 7-15　报表预览结果

8）关闭预览窗口，返回图 7-14 所示的对话框。单击“完成”按钮，打开“另存为”对话框，保存报表文件为 report2.frx。

7.2　利用快速报表创建报表

快速报表能够快速、方便、灵活地完成简单报表的创建。用户只需在其中选择基本的报表组件，系统就会根据选择的布局，快速地创建一个格式较为简单的报表。可以说快速报表是报表向导的一种简化版本。

例 7-3 以 xuesheng 表为数据源，创建快速报表。

其操作步骤如下。

1）选择“文件”→“新建”选项，在打开的“新建”对话框中选中“报表”单选按钮，然后单击“新建文件”按钮，打开如图 7-16 所示的报表设计器窗口。

注意：如果当前报表中的“细节”带区是空的，就可以在其中使用快速报表；如果“页标头”带区已包含控件，快速报表将会予以保留。快速报表不能向报表布局中添加通用型字段，若要添加可使用报表设计器完成。

2）选择“报表”→“快速报表”选项，在打开的“打开”对话框中选择 xuesheng 表作为报表数据源，单击“确定”按钮，打开“快速报表”对话框，如图 7-17 所示。

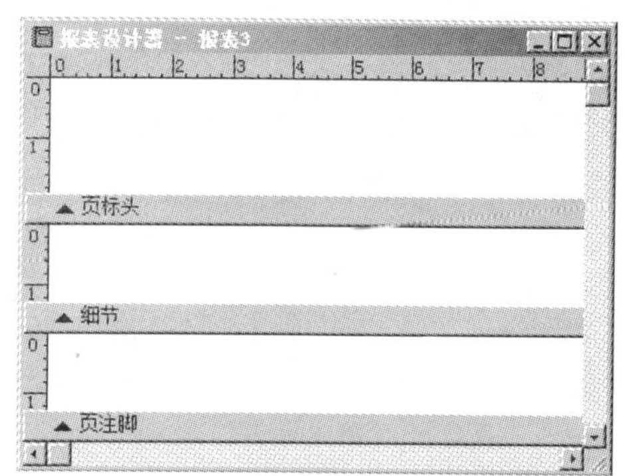

图 7-16　报表设计器窗口

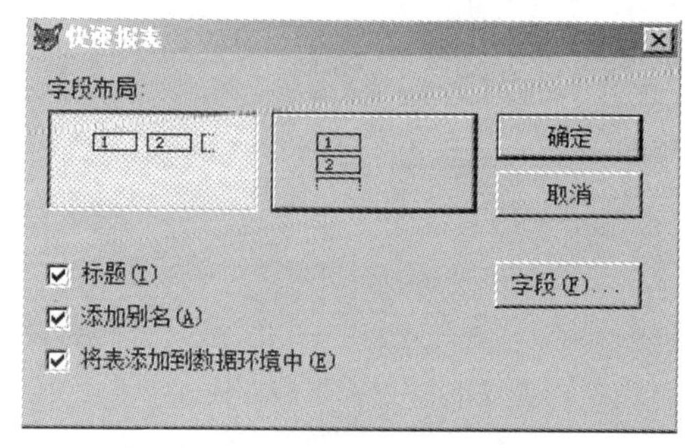

图 7-17　“快速报表”对话框

3）在对话框中可以完成报表所需字段及字段的布局、标题和别名等各项设置。

① 字段布局：左侧表示按列布局，右侧表示按行布局。列布局可以使选中的字段在列表中从左到右水平排列，每列一个字段；行布局可使字段在报表中从上到下垂直排列，每行一个字段。

② 标题：设置是否将字段名作为标签控件置于相应的字段上方或旁边。

③ 添加别名：设置是否自动显示数据表的别名。

④ 字段：单击“字段”按钮，可在打开“字段选择器”的对话框中选择要在报表中显示的字段，如图 7-18 所示。

4）单击“确定”按钮，返回“快速报表”对话框，单击“确定”按钮。此时，报表设计器窗口的报表布局就会生成刚刚设计的快速报表框架及相关选项的结果，如图 7-19 所示。

5）选择“显示”→“预览”选项，或在报表设计器窗口中的空白处右击，在弹出的快捷菜单中选择“预览”选项，即可打开预览窗口。该窗口中显示了所创建报表的结果，如图 7-20 所示。

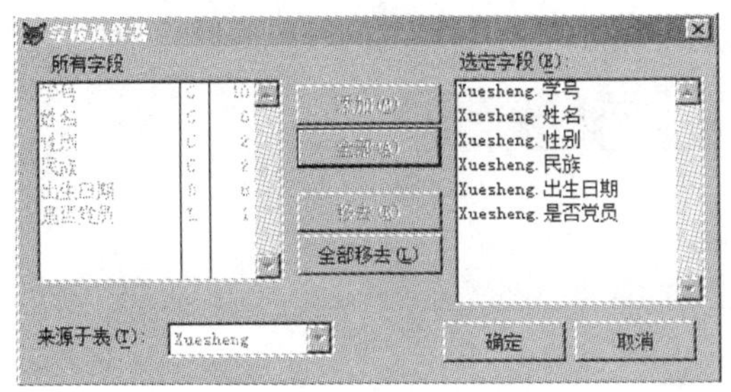

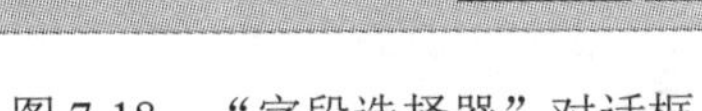

图 7-18　“字段选择器”对话框

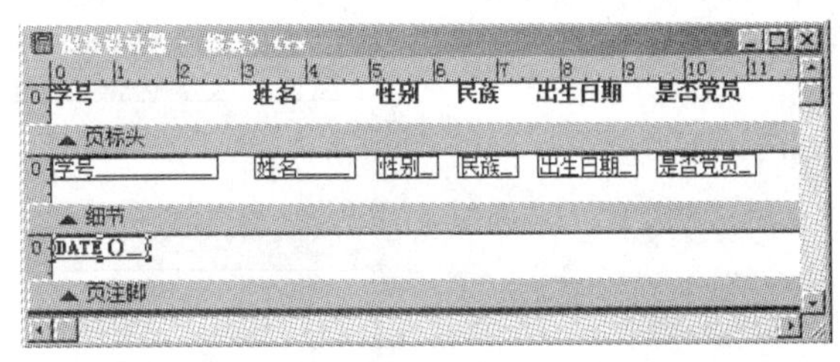

图 7-19　快速报表框架

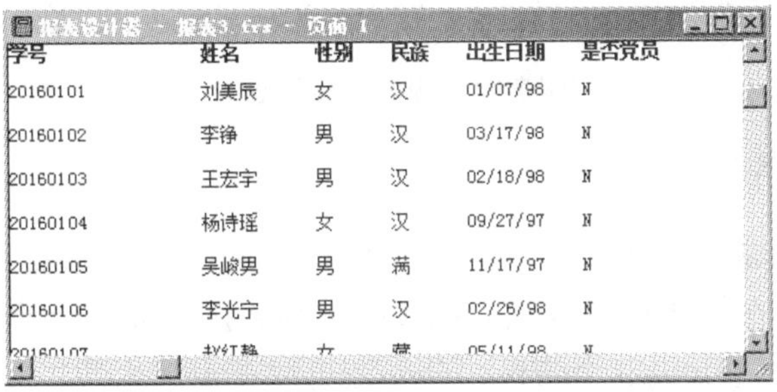

报表设计器 - 报表3.frx - 页面 1

学号	姓名	性别	民族	出生日期	是否党员
20160101	刘美辰	女	汉	01/07/98	N
20160102	李铮	男	汉	03/17/98	N
20160103	王宏宇	男	汉	02/18/98	N
20160104	杨诗瑶	女	汉	09/27/97	N
20160105	吴峻男	男	满	11/17/97	N
20160106	李光宁	男	汉	02/26/98	N

图 7-20　快速生成报表的预览结果

7.3　利用报表设计器创建报表

使用报表向导和快速报表只能生成一些简单报表，若要对其进行修改和完善需要使用报表设计器，也可以直接使用报表设计器来创建新报表。

7.3.1　报表设计器

使用报表设计器能够设置报表数据源、报表布局，添加各种报表控件，从而设计出带表格线的报表、分组报表、多栏报表等形式多样的报表。

1. *启动报表设计器*

启动报表设计器有以下 4 种方法。

1）选择“文件”→“新建”选项，或单击常用工具栏中的“新建”按钮。在打开的“新建”对话框中选中“报表”单选按钮，单击“新建文件”按钮。

2）在项目管理器中选择“文档”选项卡中的“报表”选项，单击“新建”按钮，在打开的“新建报表”对话框中单击“新建报表”按钮。

3）若要修改已有的报表文件，可以选择“文件”→“打开”选项，或单击常用工具栏中的“打开”按钮，在打开的“打开”对话框中的“文件类型”下拉列表中选择“报表”选项，然后选择已经存在的报表文件并单击“确定”按钮。

4）在命令窗口中执行 CREATE REPORT 命令或 MODIFY REPORT 命令。

以上方法都可以打开如图 7-21 所示的报表设计器窗口。

图 7-21 报表设计器窗口

2. 报表设计器中的带区

带区是指报表中的带状区域，它可以包含文本、来自表中的数据、表达式计算值、图片、线条等。其主要作用是在打印报表或预览报表时控制数据在页面上的位置。默认情况下，有“页标头”“细节”“页注脚”3 个带区，此外还可以在窗口内添加“标题”带区和“总结”带区等（选择“报表”→“标题/总结”选项）。在打印或预览报表时，系统以下列方式处理各个带区中的数据。

1）仅在报表开头打印一次“标题”带区的内容。

2）在每一页上打印一次“页标头”带区所包含的内容。

3）对数据源中每个记录都打印一次“细节”带区的内容。

4）报表数据分栏时，每栏的开头打印一次“列标头”中的内容，每栏的尾部打印一次“列注脚”中的内容。

5）报表数据分组时，每组的开头打印一次“组标头”中的内容，每组的尾部打印一次“组注脚”中的内容。

6）报表每个页面底部打印一次“页注脚”中的内容。

7）每个报表的最后一页打印一次“总结”带区中的内容。

7.3.2 报表设计工具

报表设计工具是由报表设计器提供的，可以通过这些工具修改和定制报表。报表设计工具包括报表控件工具栏、报表设计器工具栏、调色板工具栏等，此外在主菜单栏中还会自动出现“报表”菜单。

在启动报表设计器后，可以通过选择“显示”→“工具栏”选项打开“工具栏”对话框，在其中选中“报表设计器”“报表控件”“布局”“调色板”复选框，单击“确定”按钮即可。或者在“显示”下拉菜单中直接选择相应的选项来打开工具栏，如图 7-22 所示。

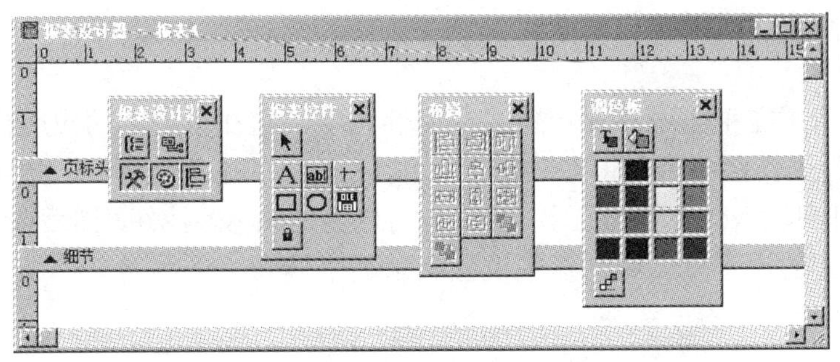

图 7-22 报表设计器工具

1. 报表设计器工具栏

报表设计器工具栏从左到右分别是“数据分组”按钮、“数据环境”按钮、“报表控件工具栏”按钮、“调色板工具栏”按钮和“布局工具栏”按钮。如果按钮呈弹起状态，单击此按钮可以打开对应的窗口或工具栏；如果按钮呈下陷状态，单击此按钮可以关闭对应的窗口或工具栏。

2. 报表控件工具栏

报表控件工具栏从左到右分别是“选定对象”按钮、“标签”按钮、“域控件”按钮、“线条”按钮、“矩形”按钮、“圆角矩形”按钮、“图片/ActiveX 绑定控件”按钮和“按钮锁定”按钮。报表中添加所需控件的操作类似于在表单中添加控件。

3. 调色板工具栏

利用调色板工具栏可以设置控件的前景色或背景色。

4. 布局工具栏

布局工具栏的使用方法与表单中布局工具栏的使用方法完全一样。

7.3.3 报表控件的使用

报表控件是使用报表设计器进行报表设计的主要工具，报表设计的主要任务就是对控件及其布局进行设计。

报表控件与表单控件类似，使用报表控件工具栏中的各个工具按钮可以方便地向报表的带区中添加所需的控件。添加到报表内的各种控件都可以用鼠标进行任意拖动。单击某个控件后，拖动它的控制点即可以改变其大小。若要同时选择多个控件，可以按住 Shift 键，并逐个单击带区中的控件，此外还可以在控件周围拖动出选择框进行圈选。对于选定的控件，可以执行“复制”“剪切”“粘贴”等操作。对于不需要的控件，可以在选定后按 Delete 键删除。

在报表控件中，标签和域控件是比较常用的控件，以下主要介绍这两种控件的使用方法。

1. 标签控件

标签控件常用来在报表中添加标题或说明性文字，它在报表中的应用比较多。

单击报表控件工具栏中的“标签”按钮，然后在适当的位置上单击，此处便出现一个闪烁的插入点，此时即可输入该标签的文字内容。也可以选定该标签控件，然后选择“格式”→“字体”选项，在打开的“字体”对话框中设置文字的字体和字号等。

2. 域控件

域控件可以实现在报表中显示表或视图中的字段、变量和表达式的计算结果。它是报表设计中常用的控件。

在报表中，添加数据表或视图中的字段变量控件有两种方法。

（1）从数据环境设计器窗口添加

在报表窗口的空白处右击，在弹出的快捷菜单中选择“数据环境”选项，打开数据环境设计器窗口，把要在报表中输出的字段直接拖放到报表相应带区的适当位置，系统会自动生成相应的域控件。

（2）利用报表控件工具栏中的“域控件”按钮添加控件

1）单击报表控件工具栏中的“域控件”按钮，然后在报表中某个带区内的适当位置单击，则可打开如图 7-23 所示的“报表表达式”对话框。

2）在“表达式”文本框中直接输入指定的字段名，或单击右侧的“…”按钮，即可打开如图 7-24 所示的“表达式生成器”对话框。

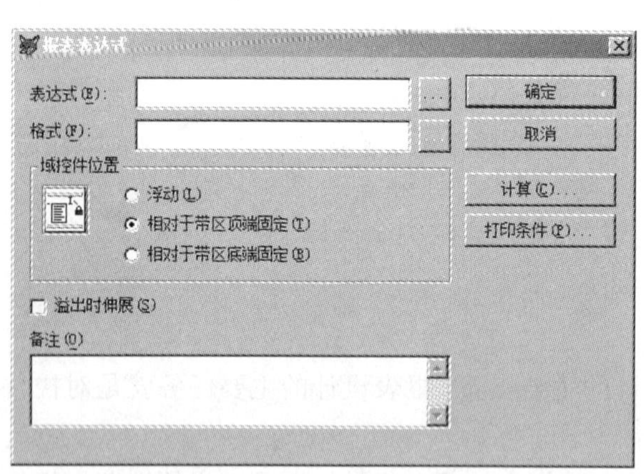

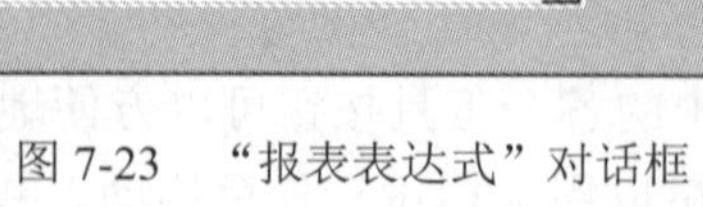

图 7-23 “报表表达式”对话框

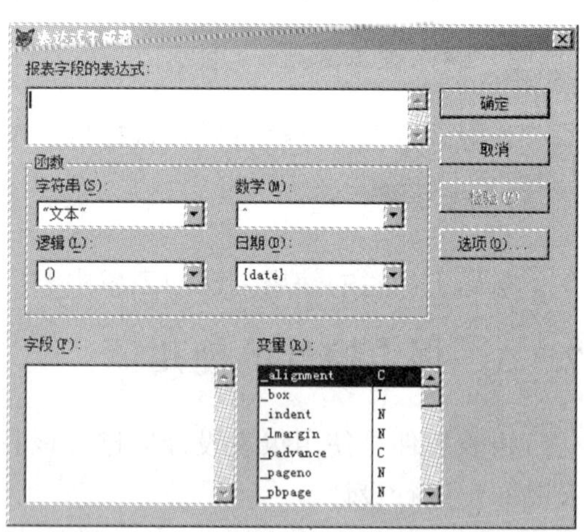

图 7-24 “表达式生成器”对话框

3）在对话框的“字段”列表框中双击选择的字段名，单击“确定”按钮，返回“报表表达式”对话框。如果添加的字段是可计算的，单击对话框中的“计算”按钮，在打开的“计算字段”对话框中选择所需的计算方式，如图 7-25 所示。

4）单击“确定”按钮，返回“报表表达式”对话框后，再单击“确定”按钮，即可在报表中添加一个字段名域控件。

3. 线条、矩形和圆角矩形控件

单击报表控件工具栏中的“线条”按钮、“矩形”按钮、“圆角矩形”按钮后，可添加相应的线条或图形。选中某图形控件后，在“格式”→“绘图笔”子菜单中选择相应的选项，即可设置图形线条的样式等。

4. 图片/ActiveX 绑定控件

在报表上添加该控件时，可打开如图 7-26 所示的“报表图片”对话框。在该对话框中可以为报表插入图片、声音、文档等 OLE 对象。例如，“图片来源”为“字段”，则报表中插入的图片是随着记录的变化而改变的。

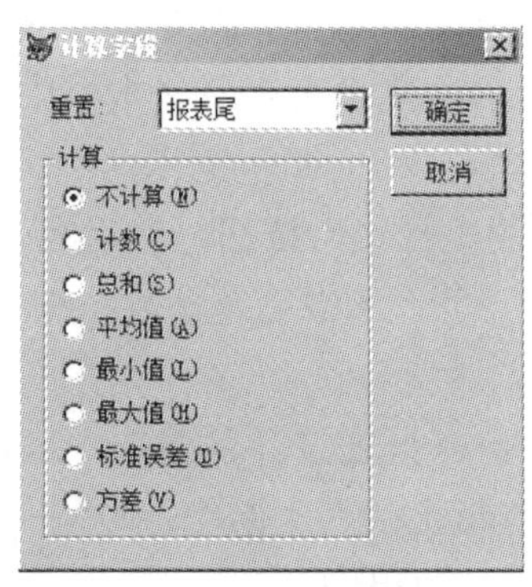

图 7-25　“计算字段”对话框

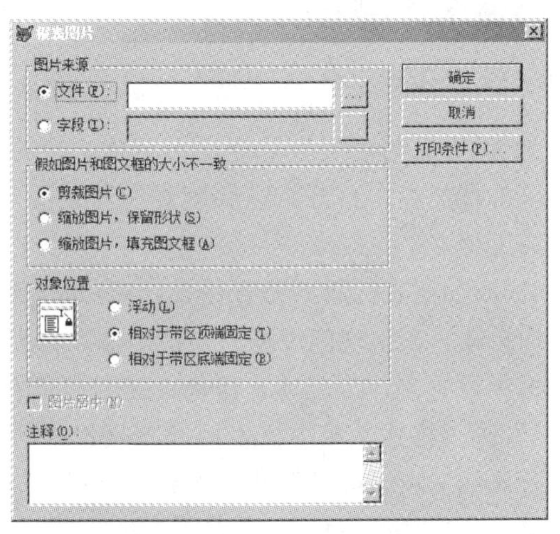

图 7-26　“报表图片”对话框

例 7-4 在例 7-3 创建的快速报表的基础上，给报表添加表格线、“标题”带区和“总结”带区，给报表设置标题和打印时间。

1）选择“文件”→“打开”选项，在打开的“打开”对话框中选定要打开的 report3.frx 后，单击“确定”按钮，如图 7-27 所示。

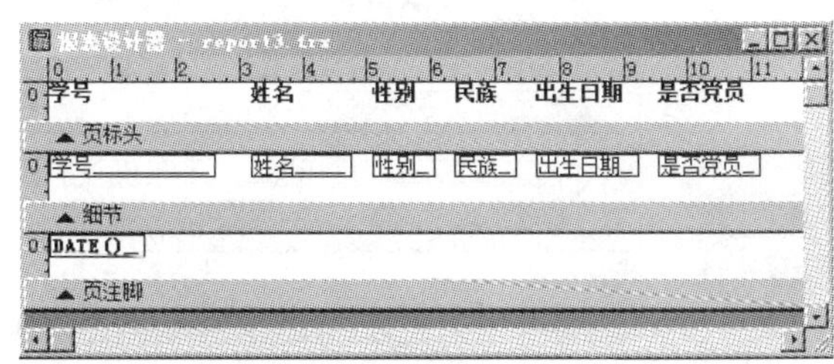

图 7-27　report3.frx 快速报表

2）增加“标题”带区和“总结”带区。选择“报表”→“标题/总结”选项，打开“标题/总结”对话框，如图 7-28 所示。选中“标题带区”和“总结带区”复选框，单击“确定”按钮，“标题带区”和“总结带区”便会出现在报表设计器上，如图 7-29 所示。

图 7-28 “标题/总结”对话框

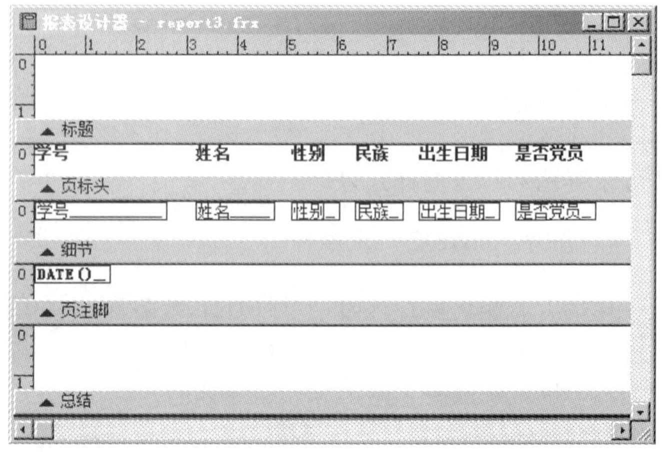

图 7-29 增加“标题”带区和“总结”带区的报表设计器

3）调整各带区高度。拖动带区标志栏的▲图标，调整带区到适当的高度。或双击要调整带区的标志栏，打开带区高度设置对话框，如图 7-30 所示，在“高度”文本框中输入精确的高度值。

4）添加报表标题并设置格式。单击报表控件工具栏中的“标签”按钮，然后在“标题”带区内单击，在出现闪烁插入点后，输入标题文字“学生信息”，选中标题控件，在“字体”对话框中设置字体为黑体、粗体、三号、蓝色。

5）画表格线。单击报表控件工具栏中的“线条”控件，在报表设计器窗口中需要的位置进行画线。画线可以借助“复制”“粘贴”操作，再利用键盘上的“↑”“↓”“←”“→”键移动到相应的位置。还可以在“绘图笔”子菜单中修改线条的粗细。

6）在“页注脚”带区将日期控件调成日期时间控件。在报表设计器窗口设计完成的报表框架，如图 7-31 所示。

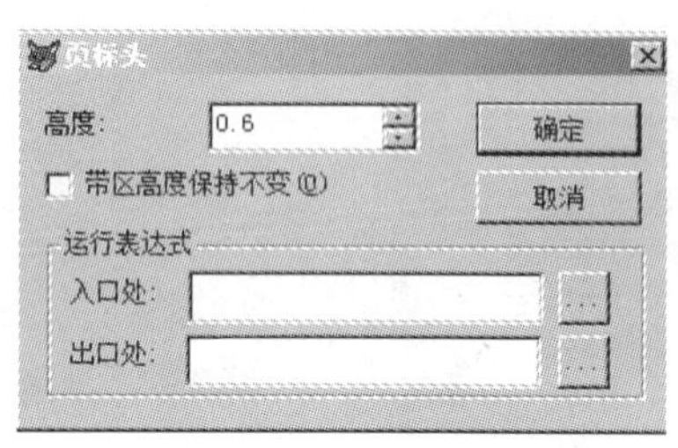

图 7-30 带区高度设置对话框

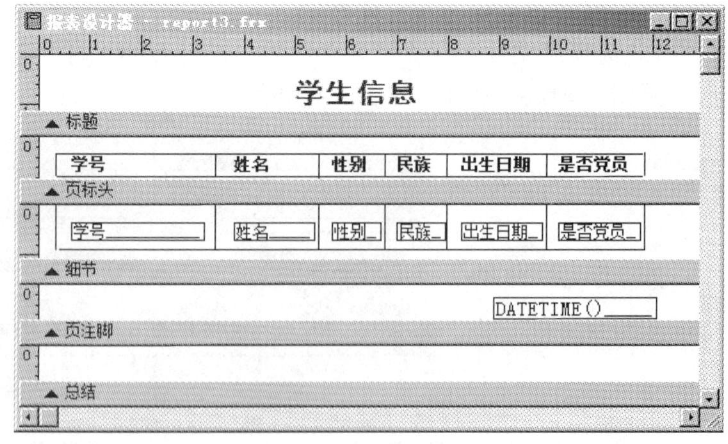

图 7-31 设计完成的报表

7）单击常用工具栏中的“打印预览”按钮，效果如图 7-32 所示。

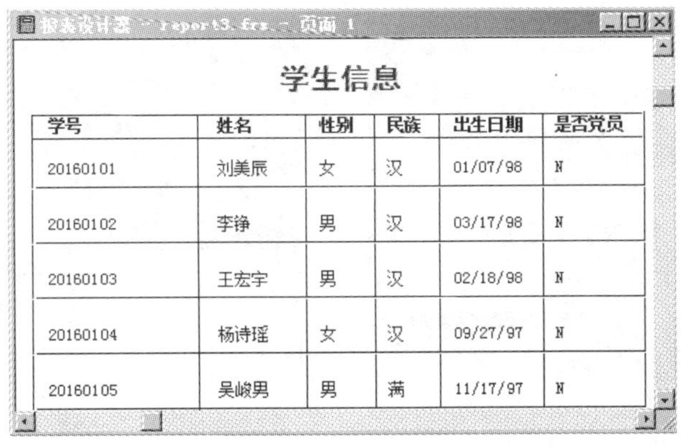

学生信息

学号	姓名	性别	民族	出生日期	是否党员
20160101	刘美辰	女	汉	01/07/98	N
20160102	李铮	男	汉	03/17/98	N
20160103	王宏宇	男	汉	02/18/98	N
20160104	杨诗瑶	女	汉	09/27/97	N
20160105	吴峻男	男	满	11/17/97	N

图 7-32　打印预览效果

7.4　标签的设计

数据的输出除了可以设置为表格形式之外，有时还可以设置为标签卡片的形式。Visual FoxPro 提供了专用的标签设计工具——标签设计器，而标签实际上就是一种采用多列布局的报表文件。

使用标签向导创建标签的操作步骤如下。

1）选择“文件”→“新建”选项，打开“新建”对话框，选中“标签”单选按钮，单击“向导”按钮，或选择“工具”→“向导”→“标签”选项，打开“标签向导”对话框，在该对话框中选择表，如选择 jiaoshi 表，如图 7-33 所示。

2）单击“下一步”按钮，选择标签类型，如图 7-34 所示。可以指定标签的类型或单击“新建标签”按钮自定义标签类型。

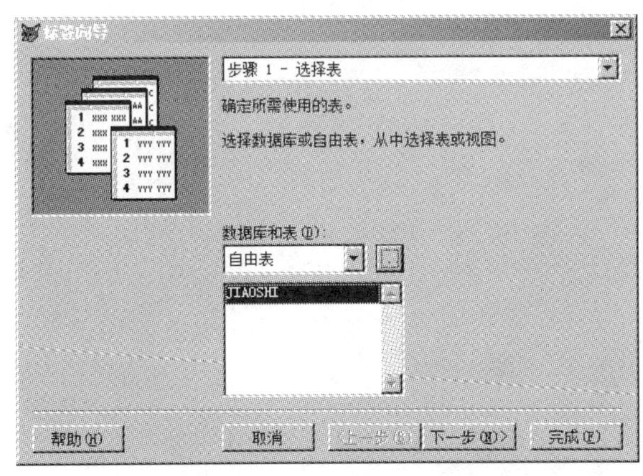

图 7-33　“标签向导”对话框

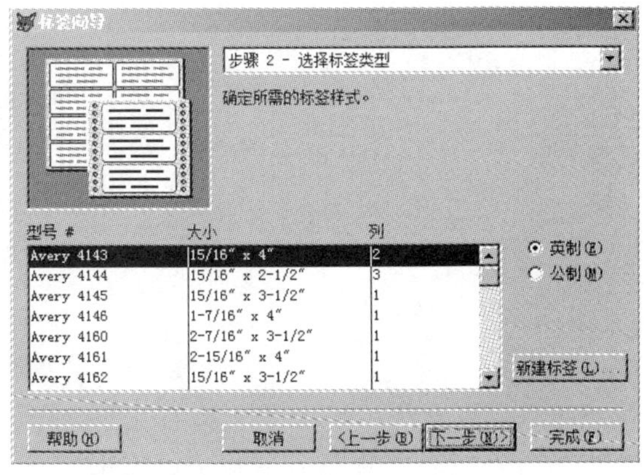

图 7-34　选择标签类型

3）单击“下一步”按钮，定义布局，如图 7-35 所示。标签中可放置 3 种对象：可用字段、文本及几种特殊的标点符号，如逗号、冒号等。

4）单击“下一步”按钮，排序记录，如图 7-36 所示。

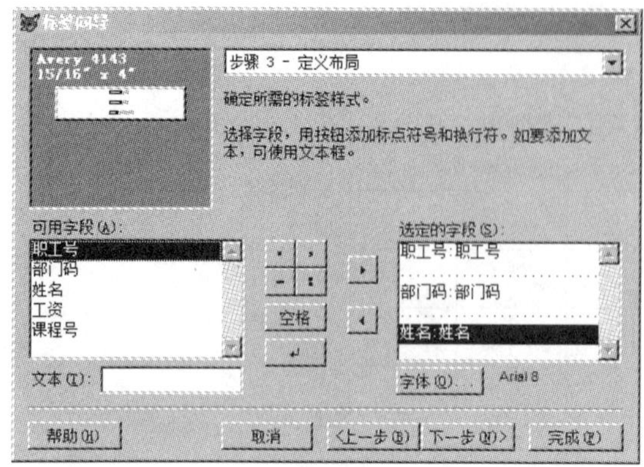

图 7-35　定义布局

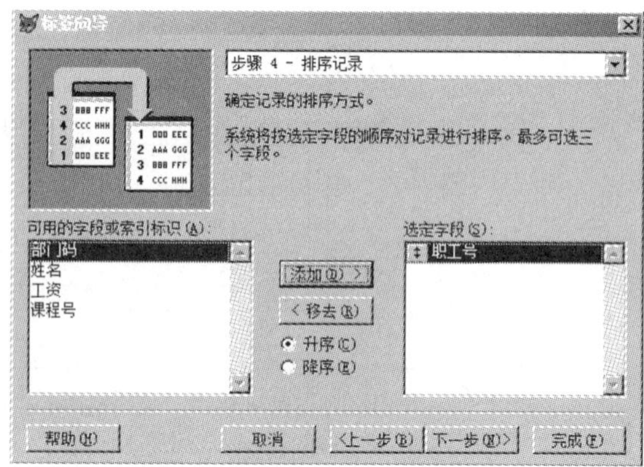

图 7-36　排序记录

5）单击“下一步”按钮，完成标签的创建。在预览标签效果后，单击“完成”按钮，保存标签文件，系统默认其扩展名为.lbx，备注文件的扩展名为.lbt。

此外，也可以使用标签设计器来更全面、细致地创建或修改标签。标签设计器的使用与报表设计器相似，这里不再具体介绍。

第8章 菜单设计与应用

菜单是软件的重要组成部分，是客户操作计算机的主要方法。软件的开发通常是以菜单的形式分类集成其所具有的功能，客户可以通过方便地选择菜单里面的命令来进行相关功能的操作。Visual FoxPro 系统中预置的菜单设计器可以用来设计菜单。

8.1 菜 单 概 述

菜单可分为菜单栏和快捷菜单两种类型，在具体的设计中还可以对系统菜单进行配置和定制。了解菜单的类型、结构、功能和特点是设计菜单的前提。

8.1.1 菜单结构

Visual FoxPro 中的下拉菜单是由菜单栏和快捷菜单共同构成的，菜单栏中的每一个选项对应的是快捷菜单的名称；快捷菜单由一级或多级构成。

在菜单中以名称（标题）来标示每一个选项的。标题只是外在的标志，显示在屏幕上供客户选取；名称是内部功能程序代码中的引用标志，指代该选项，有使用意义。例如，编辑菜单中的“复制”两个字就是标题，它的（内部）名称是_MED_COPY。为了方便使用，菜单或菜单选项通常设置一个热键或一个快捷键。热键一般是单个字符，当菜单被激活时，按对应的热键可直接选中该项；快捷键都是组合键，可以通过快捷键直接执行当前窗口中指定的选项。

无论是哪种菜单，当选中某个选项时，都会产生一个结果，菜单选中后的结果一般有 3 种：执行一条命令、执行一组命令（也称调用过程）和弹出一个子菜单。

8.1.2 菜单设计的基本过程

Visual FoxPro 中菜单的创建一般要利用菜单设计器，设计好的菜单被存储成菜单定义文件（.mnx 文件）。由于菜单定义文件不能直接运行，系统要求将其生成可运行的菜单程序文件（.mpr 文件）。如果运行时出错或感觉不完善，可打开菜单定义文件，在菜单设计器中修正错误或进一步改进设计，之后仍需再次生成菜单程序文件，再次运行调试，直至既正确又满意为止。

菜单设计的基本步骤如图 8-1 所示。

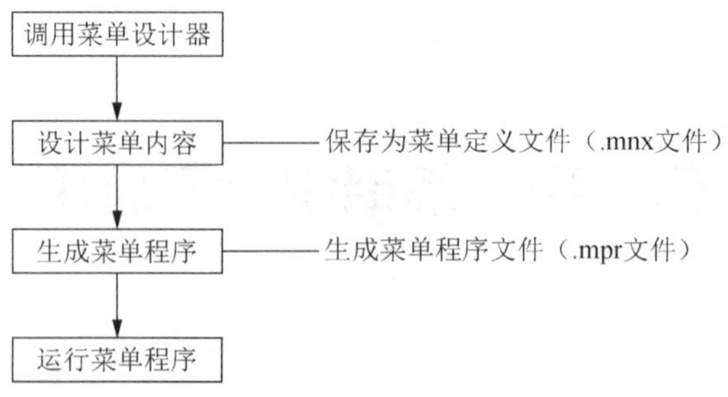

图 8-1　菜单设计的基本步骤

1. 调用菜单设计器

选择“文件”→“新建”选项，在打开的“新建”对话框中选中“菜单”单选按钮，单击“新建文件”按钮，打开“新建菜单”对话框，如图 8-2 所示。单击“菜单”或“快捷菜单”按钮就可以打开菜单设计器，如图 8-3 所示。

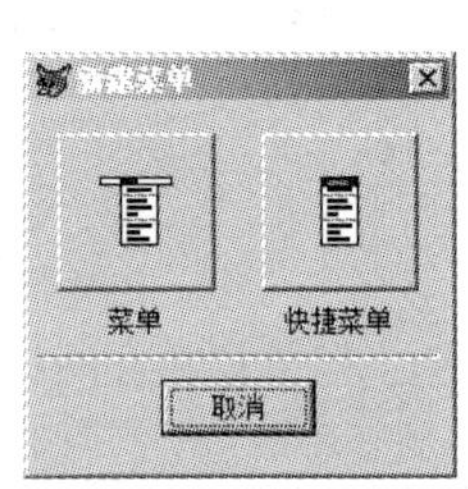

图 8-2　“新建菜单”对话框

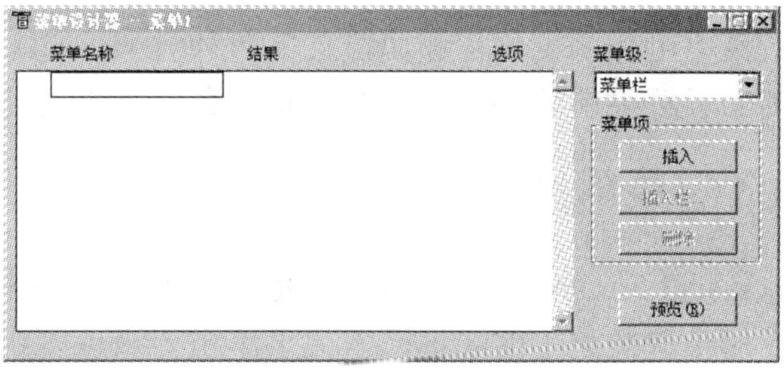

图 8-3　菜单设计器

如果要修改菜单，应选择“文件”→“打开”选项，在打开的“打开”对话框中选择要修改的菜单定义文件，该文件将在打开的菜单设计器窗口中被打开。

格式：

```
MODIFY MENU <菜单定义文件名>
```

功能：创建或打开已有菜单文件。

若该文件在指定（默认）路径下已存在，则打开文件，否则创建新文件。

2. 定义菜单

在菜单设计器中可以定义菜单的名称、功能、热键、快捷键等。

3. 保存菜单定义文件

菜单设计完成后，只能存储为菜单定义文件。存储方法是选择“文件”→“保存”选项，或直接按 Ctrl+W 组合键。

4. 生成菜单程序文件

被保存的菜单定义文件不能被直接运行，而要先将菜单定义文件生成菜单程序文件。其方法是，当菜单设计器窗口处于当前窗口状态下时，可选择“菜单”→“生成”选项，在打开的“生成菜单”对话框中指定文件的存放路径并定义文件名，然后单击“生成”按钮，如图 8-4 所示。

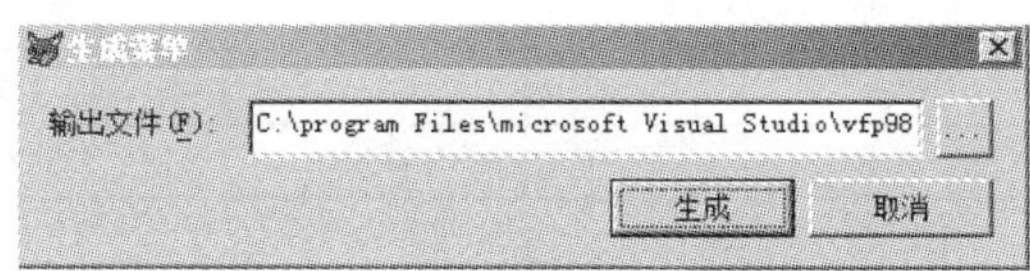

图 8-4　生成菜单程序文件

5. 预览菜单

当菜单设计器窗口处于当前窗口状态下时，选择“菜单”→“预览”选项，在系统窗口的菜单处会出现设计的菜单效果。

6. 运行菜单

格式：

```
DO <文件名>
```

功能：在命令窗口中用命令运行菜单。
注意：文件的扩展名.mpr 不能省略。

8.2　系 统 菜 单

Visual FoxPro 自有的菜单被称为系统菜单。系统菜单由菜单栏和快捷菜单组合而成，也叫做下拉菜单。

8.2.1　系统菜单概述

系统菜单以一个菜单栏为主菜单，主菜单上的每一个选项都会激活一个快捷菜单。

菜单栏的内部名称是_MSYSMENU，也是该系统菜单的内部名称。表 8-1 是菜单栏中常用的选项名称和对应的内部名称，表 8-2 是快捷菜单的选项名称和内部名称，表 8-3 是“编辑”菜单中常用的选项名称和内部名称。

表 8-1　菜单栏中常用的选项名称和对应的内部名称

选项名称	内部名称
文件	_MSM_FILE
编辑	_MSM_EDIT
显示	_MSM_VIEW
工具	_MSM_TOOLS
程序	_MSM_PROG
窗口	_MSM_WINDO
帮助	_MSM_SYSTM

表 8-2　快捷菜单中的选项名称和内部名称

选项名称	内部名称
文件	_MFILE
编辑	_MEDIT
显示	_MVIEW
工具	_MTOOLS
程序	_MPROG
窗口	_MWINDOW
帮助	_MSYSTM

表 8-3　“编辑”菜单中常用的选项名称和内部名称

选项名称	内部名称
撤销	_MED_UNDO
重做	_MED_REDO
剪切	_MED_CUT
复制	_MED_COPY
粘贴	_MED_PASTE
清除	_MED_CLEAR
全部选定	_MED_SLCTA
查找	_MED_FIND
替换	_MED_REPL

8.2.2　系统菜单的配置

系统菜单功能强大，也较完善。系统允许对系统菜单进行配置，主要是利用命令来设置对系统菜单的访问是否被允许，或进行重新配置。

1. 命令 1

格式：

```
SET SYSMENU ON|OFF|AUTOMATIC
```

功能：设置系统菜单访问权限。
ON：允许程序执行时访问系统菜单。
OFF：禁止程序执行时访问系统菜单。
AUTOMATIC：可以显示并访问系统菜单。

2. 命令 2

格式：

```
SET SYSMENU TO DEFAULT
```

功能：将系统菜单恢复成默认配置。

3. 命令 3

格式：

```
SET SYSMENU SAVE
```

功能：将当前的菜单配置指定为默认配置。

4. 命令 4

格式：

```
SET SYSMENU NOSAVE
```

功能：将默认配置恢复成 Visual FoxPro 系统菜单的标准配置。

5. 命令 5

格式：

```
SET SYSMENU TO 快捷菜单名表| TO 菜单栏项名表
```

功能：重新配置系统菜单。

TO 快捷菜单名表：重新配置系统菜单，以内部名称列出可用的快捷菜单。

TO 菜单栏项名表：重新配置系统菜单，以菜单栏选项内部名称列出可用的子菜单。

不带参数的 SET SYSMENU TO 命令将屏蔽系统菜单，使系统菜单不可用。可使用 SET SYSMENU TO DEFAULT 命令恢复默认菜单。

8.3 下拉菜单设计

下拉菜单的应用形式主要有两种：一是在系统菜单中作为软件的下拉菜单；二是顶层表单中的下拉菜单。

在设计菜单时，各菜单项及其功能既可以自己定义，也可以引用 Visual FoxPro 系统的标准菜单项及其功能。

8.3.1 定义菜单

定义菜单是指在菜单设计器中设计菜单。

首先，选择“文件”→“新建”选项，在打开的“新建”对话框中选中“菜单”单选按钮。然后单击“新建文件”按钮，打开“新建菜单”对话框，如图 8-2 所示。单击“菜单”按钮，打开菜单设计器，如图 8-3 所示。

调出菜单设计器后，就可以利用它来设计菜单。

1. 菜单设计器窗口

菜单设计器右上方的“菜单级”用来选择编辑菜单的层级。

窗口左侧用来编辑菜单内容，包括 3 项内容。

1）菜单名称：定义菜单中选项的显示内容。可为选项定义热键，方法是在名称后加“\<*”，“*”通常是一个大写字母。例如，菜单名称定义成“查询（\<L）”，则在菜单运行时显示的内容是“查询（L）”，其中的 L 为该菜单项的热键，也叫访问键。

分割线：为了增强菜单的可读性，可根据各菜单项的功能用分割线进行间隔而形成分组。插入分割线的方法：在“菜单名称”列的两个选项之间输入“\-”，系统就会在两选项之间插入一条分割线。

2）结果：定义菜单功能，包含 4 个子选项。

① 命令：选择该选项时，其右侧出现编辑栏，用来输入一条命令。当菜单运行时，选择该选项就执行这条命令。

② 填充名称：选择“填充名称”选项，可在其右侧出现的文本框中输入信息定义菜单项的内部名称；在设置快捷菜单时，该选项变为“菜单项＃”，选择“菜单项＃”，则在右侧出现的文本框中定义菜单项的序号。

③ 子菜单：选择该选项时，其右侧出现一个“创建”（或“编辑”）按钮，单击该按钮，可创建或编辑该项的子菜单。编辑后可通过窗口右侧的“菜单级”下拉列表，选择返回上一级或最外层的菜单。

④ 过程：选择该选项时其右侧出现一个“创建”（或“编辑”）按钮，单击该按钮，可创建或编辑一个过程（程序）。当菜单运行时，选择该选项时就执行这个过程。

3）选项：单击某个菜单项的“选项”列的无符号按钮，可打开如图 8-5 所示的“提示选项”对话框，在此可定义快捷方式等功能。

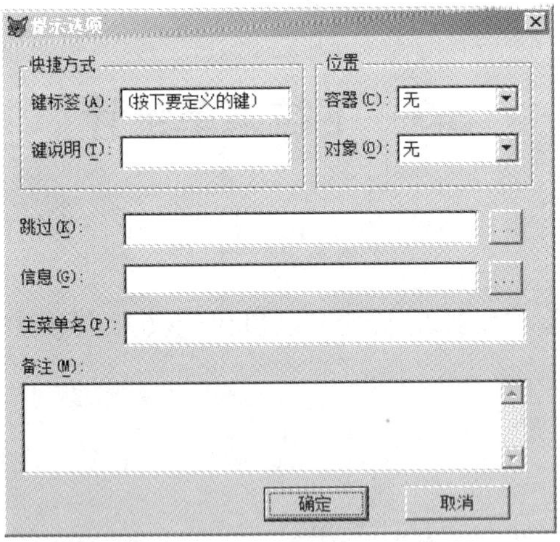

图 8-5　提示选项

快捷方式：键盘快捷键的一般形式是 Ctrl 键或 Alt 键与另一个字符键组合。为菜单或菜单项指定键盘快捷键的操作步骤如下。

单击“键标签”文本框，在键盘上按下组合键，在“键标签”和“键说明”文本框中，都会出现所按下键的组合，这就是定义快捷键。

信息：对所定义菜单项的说明，内容通常是字符或字符表达式。运行菜单程序文件后，当鼠标指针指向该菜单项时，就会出现说明信息。

跳过：单击“跳过”文本框后的按钮，打开“表达式生成器”对话框，在“跳过”列表框中输入表达式。如果此表达式值为假，则废止菜单或菜单项；如果值为真，则启用菜单或菜单项。

主菜单名：定义菜单栏菜单项的内部名称或快捷菜单菜单项的序号。如果不指定菜单项的内部名称或序号，系统会自动设定。只有当菜单项的“结果”选择为“命令”“过程”“子菜单”时，此选项才被激活。

4）菜单级：可用于选择要处理的菜单栏或子菜单。

2. 菜单的修改

菜单设计器还有一些辅助按钮。

1）“插入”按钮：在菜单设计器窗口中，插入一个新的菜单项行。

2）“插入栏”按钮：可在“插入系统菜单栏”对话框中，插入系统菜单栏中的选项，如新建、保存、复制、粘贴等。

3）“删除”按钮：删除当前菜单项。

4）“预览”按钮：预览当前菜单的运行效果。已经定义的菜单系统会出现在当前屏幕窗口的最外层。

5）“移动”按钮：每一个菜单项左侧都有一个移动按钮，拖动移动按钮可以改变菜单项在当前菜单中的位置。

3. 创建下拉菜单

菜单项创建好后，可以在菜单上设置下拉菜单的菜单项。操作步骤如下。

1）在菜单设计器的“菜单名称”文本框中，单击要添加下拉菜单的菜单项。

2）在“结果”下拉列表中，选择“子菜单”选项，单击“创建”按钮。

3）显示“子菜单”设计窗口，在“菜单名称”文本框中，输入新建的菜单名称。

4. 创建子菜单

每个菜单都可以创建包含其他菜单的子菜单。操作步骤如下。

1）在“菜单名称”文本框中，单击要添加子菜单的菜单项。

2）在“结果”下拉列表中，选择“子菜单”选项。

3）单击“创建”按钮，在“菜单名称”文本框中输入名称。

5. 添加系统菜单项

在当前菜单项之前插入一个 Visual FoxPro 系统菜单项，单击菜单设计器上的“插入栏”按钮，打开“插入系统菜单栏”对话框，如图 8-6 所示。

在该对话框中选择要插入的系统菜单项，然后单击“插入”按钮，就可将菜单项插入设计的菜单中。

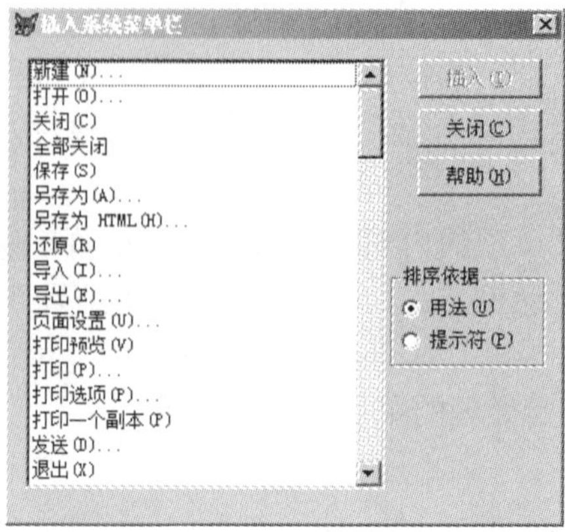

图 8-6 “插入系统菜单栏”对话框

8.3.2 设置常规选项

当当前窗口是菜单设计器时，选择“显示”→“常规选项”选项，打开“常规选项”对话框，如图 8-7 所示。

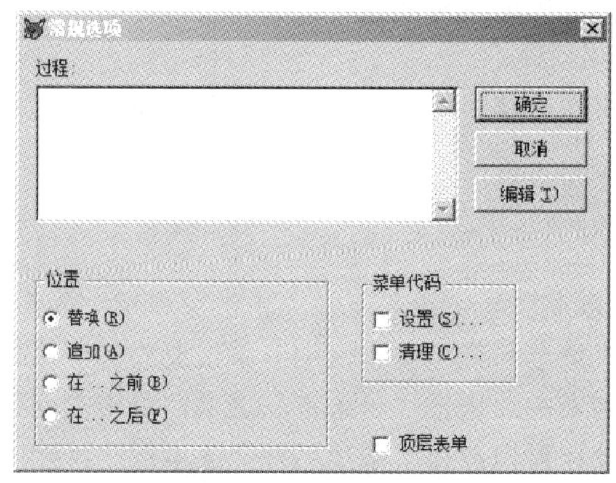

图 8-7 “常规选项”对话框

“常规选项”对话框可以定义整个下拉菜单系统的总体属性，包括以下几个方面。

1. 过程

过程为菜单栏指定一个功能代码。当菜单栏中的某个菜单项没有规定具体的动作时，单击该菜单选项，该过程代码将作为默认动作被执行。

编辑过程，可以直接在列表框中输入过程代码；也可以单击“编辑”按钮，打开一个专门的过程代码编辑窗口，之后再单击“确定”按钮，就可以在该窗口中编辑代码了。

2. 位置

位置用于设定当前定义的下拉菜单与当前系统菜单的关系，可以设置 4 种关系。

1）替换：用当前定义的菜单替换系统菜单。

2）追加：将当前定义的菜单追加到系统菜单各菜单项的后面。

3）在…之前：将定义的菜单插在当前系统菜单某个菜单项之前。具体操作是，选中该单选按钮，则其右侧会出现一个下拉列表，显示系统菜单的各个选项，选择其中一个做定位，当当前定义的菜单运行时，将会插在该系统菜单项的前面，如图 8-8 所示。

4）在…之后：将定义的菜单插在当前系统菜单某个菜单项之后，具体操作过程参照 3）。

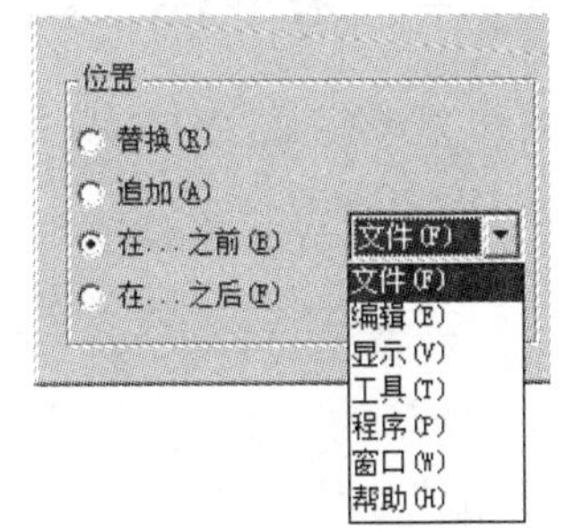

图 8-8 设置菜单位置

3. 菜单代码

菜单代码栏包含两个复选框：设置和清理。选择复选框，就会打开一个相应的代码编辑窗口，然后单击“常规选项”对话框中的“确定”按钮，就激活了该代码编辑窗口。

“设置”复选框代码放置在菜单程序文件中菜单定义代码的前面，在菜单产生之前执行。可以把菜单产生前的一些初始化操作设置放在这里。

“清理”复选框代码放置在菜单程序文件中菜单定义代码的后面，在菜单显示出来之后执行。可以把关闭菜单、释放变量的操作设置放在这里。

4. 顶层表单

选中“顶层表单”复选框，当前定义的菜单可以添加到一个顶层表单中；若未选中，当前定义的菜单将显示在系统菜单处。

8.3.3 设置菜单选项

选择“显示”→“菜单选项”选项，打开“菜单选项”对话框，如图 8-9 所示。

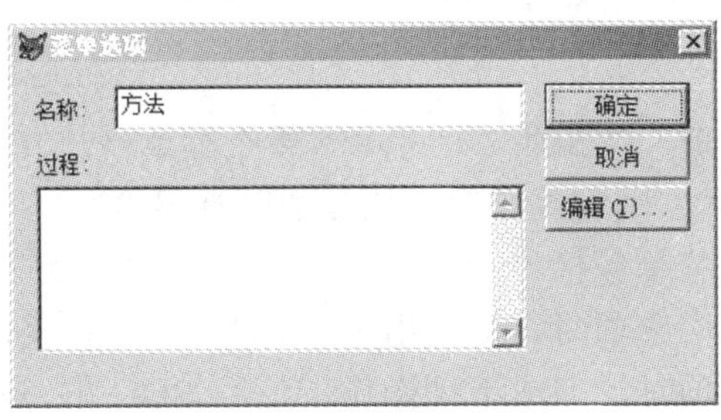

图 8-9 “菜单选项”对话框

可以在“过程”列表框中输入命令代码，也可以单击“编辑”按钮，打开一个编辑窗口，单击“确定”按钮，在该窗口中输入命令代码。定义的过程命令代码为当前快捷菜单的公共过程代码，如果当前菜单中的某个菜单项没有规定具体的动作，那么当选择这个菜单项时，将执行公共过程代码。

对于主菜单，该选项只设置默认公共过程；对于快捷菜单，还可以对该快捷菜单定义内部名称。

8.3.4 菜单程序的生成和运行

菜单定义文件本身并不能运行，必须生成菜单程序文件后才可以运行。

1. 生成菜单程序

在菜单设计器窗口处于当前窗口状态下时，选择“菜单”→“生成”选项，打开如图 8-4 所示的“生成菜单”对话框。在该对话框中可对存放路径和文件名进行修改，然后单击“生成”按钮，则会生成扩展名为.mpr 的菜单程序文件。菜单程序文件是能被运行的文件。

2. 运行菜单程序

运行菜单程序的方法有两种。

（1）菜单方式

选择“程序”→“运行”选项，在打开的“运行”对话框中选择要运行的文件，然后单击“运行”按钮即可。

（2）命令方式

在命令窗口中执行 DO <文件名>命令，其中文件的扩展名.mpr 不能省略。

例 8-1 使用菜单设计器制作一个“成绩管理”的下拉菜单，其结构如图 8-10 所示。

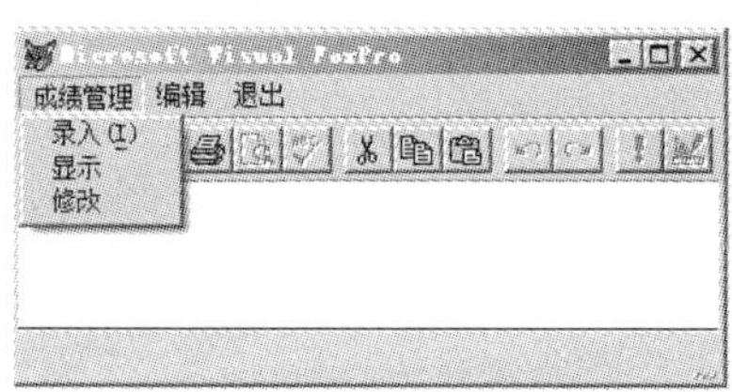

图 8-10 “成绩管理”的下拉菜单

要求如下。

1）菜单包括“成绩管理”“编辑”“退出”3 个菜单栏。其中“成绩管理”和“编辑”都包括 3 个子菜单，“退出”则将系统菜单恢复成默认设置。

2）“成绩管理”的子菜单包括“录入（I）”“显示”“修改”3 项。

3）当选择“录入（I）”选项时，将调用过程打开 chengji 表，并可以向表中录入成绩。

4）当选择“显示”选项时，完成下列操作：使用 SQL 的 SELECT 语句查询数据库表 chengji.dbf。

5）当选择“修改”选项时，运行程序 xg.prg，实现对成绩的修改。

6）“编辑”的子菜单中包括“剪切”“复制”“粘贴”3 项。它们分别调用系统的标准功能。

操作步骤如下。

1）在命令窗口中输入命令“CREATE MENU 学生管理”，系统打开“新建菜单”对话框，在该对话框中单击“菜单”按钮，进入菜单设计器环境。

2）首先在“菜单名称”文本框中输入“成绩管理”“编辑”“退出”3 个菜单名称。

然后，在“成绩管理”和“编辑”的“结果”下拉列表中选择“子菜单”选项，在“退出”菜单行的“结果”下拉列表中选择“过程”选项，如图 8-11 所示。

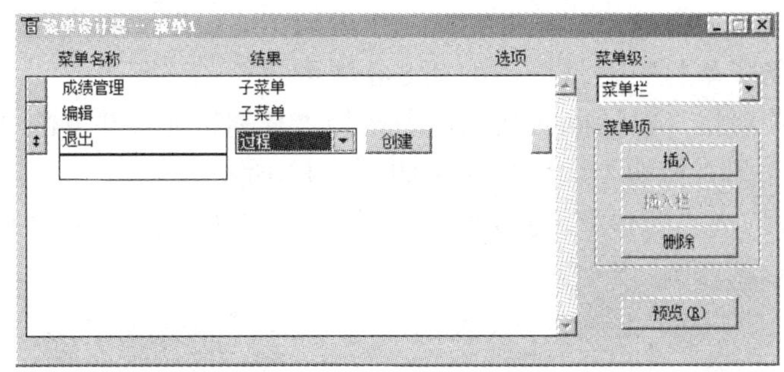

图 8-11　设置主菜单

3）单击“退出”菜单行的“结果”列中的“创建”按钮，打开一个文本编辑窗口，在其中输入如下代码。

```
SET SYSMENU NOSAVE
SET SYSMENU TO DEFAULT
```

4）单击“成绩管理”菜单行的“结果”列中的“创建”按钮，切换到子菜单页，可在其中定义子菜单。包括“录入（I）”“显示”“修改”3 项，如图 8-12 所示。

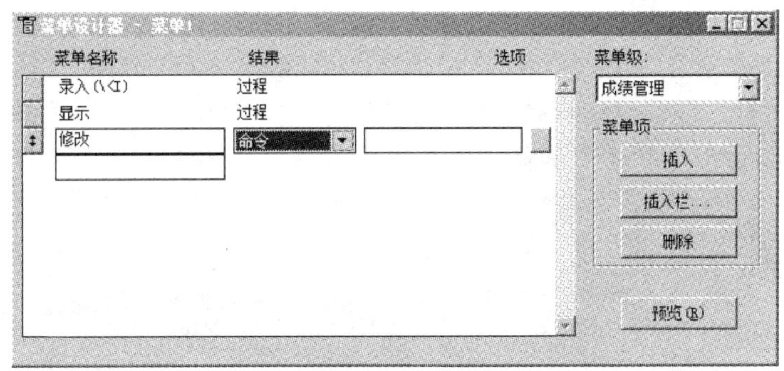

图 8-12　创建成绩管理子菜单

为菜单项“录入（I）”定义过程。在“结果”列中选择“过程”选项，单击其右边的“创建”（初次使用时显示）或“编辑”（已定义过程时显示）按钮，在打开的过程编辑窗口中输入以下代码。

```
USE chengji
APPEND
USE
```

为“显示”定义过程。在“结果”列中选择“过程”选项，单击其右边的“创建”按钮，在打开的过程编辑窗口中输入以下代码。

```
SELECT * FROM chengji
CLOSE ALL
```

为菜单项“修改”指定一个命令 DO xg.prg，该命令可以执行对指定程序的调用。

5）在“菜单级”下拉列表中选择“菜单栏”选项，即可返回主菜单定义页面。单击“编辑”菜单行的“结果”列中的“创建”按钮，切换到“编辑”子菜单页，单击“插入栏”按钮，打开“插入系统菜单栏”对话框，如图 8-6 所示。

在“插入系统菜单栏”对话框的列表框中选择“复制”选项并单击“插入”按钮，用同样方法插入“粘贴”和“剪切”选项，结果如图 8-13 所示。

6）选择“文件”→“保存”选项，将结果保存在菜单定义文件“成绩管理.mnx”和菜单备注文件“成绩管理.mnt”中。

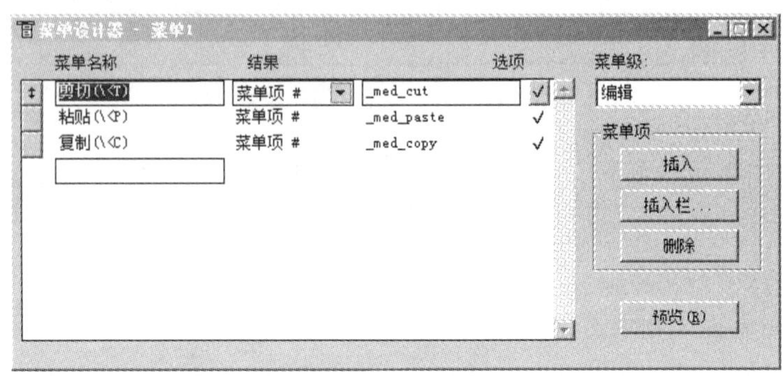

图 8-13　编辑子菜单设计结果

7）选择“菜单”→“生成”选项，生成一个菜单程序文件“成绩管理.mpr”。关闭菜单设计器窗口，在命令窗口输入命令“DO 成绩管理.mpr”（或选择“程序”→“运行”选项，在打开的“运行”对话框中选择“成绩管理.mpr”，再单击“运行”按钮）后，按 Enter 键会看到 Visual FoxPro 的菜单栏被新建的菜单所代替，单击“退出”按钮将恢复系统菜单。

例 8-2 创建一个下拉菜单“教师工资统计.mnx”，要求运行该菜单程序时会在当前的 Visual FoxPro 系统菜单的“帮助”菜单项前添加一个“统计”子菜单项，如图 8-14 所示。

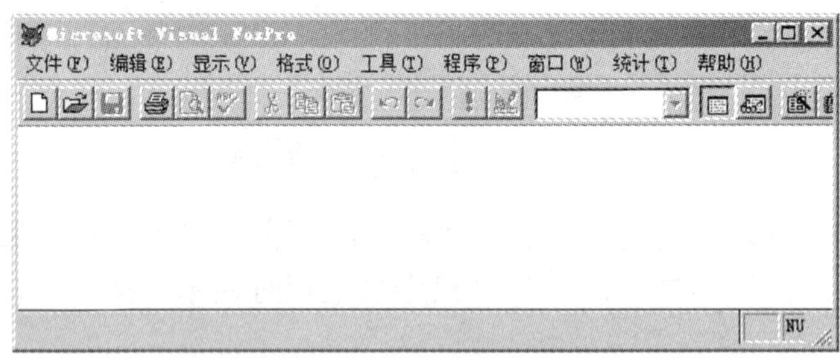

图 8-14　教师工资统计的菜单结构

要求如下。

1）菜单“统计”的访问键为“T”。

2）菜单“统计”的功能是以“部门码”为依据统计各部门所有教师“实发工资”的和。统计结果包含“职工号”“姓名”“合计”3 项内容，并按“合计”降序排序，最后将结果存入“统计表”中。

操作步骤如下。

1）打开菜单设计器，在“菜单名称”下输入“统计（\<T）”。将“统计”菜单的“结果”设置为“过程”，如图 8-15 所示。单击“过程”后的“创建”按钮，在打开的窗口中输入下列语句。

```
SELECT jiaoshi.职工号,姓名,SUM(实发工资) AS 合计;
FROM jiaoshi,gongzi WHERE jiaoshi.职工号=gongzi.职工号;
GROUP BY jiaoshi.部门码 ORDER BY 合计 DESC INTO TABLE 统计表
```

2）选择“显示”→“常规选项”选项，在打开的“常规选项”对话框的“位置”栏中选中“在…之前”单选按钮，在其后的下拉列表中选择“帮助（H）”选项，如图 8-16 所示。

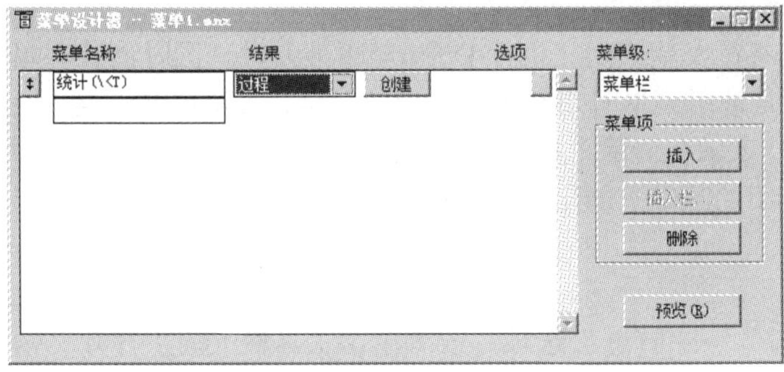

图 8-15 创建统计菜单项

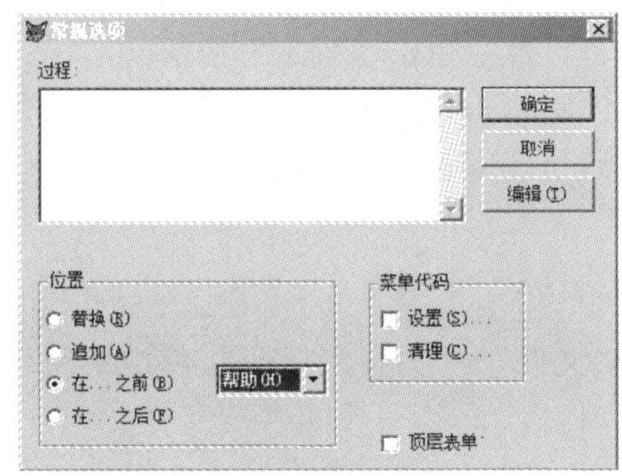

图 8-16 “常规选项”对话框

3）在菜单设计器窗口下，选择“菜单”→“生成”选项，生成“教师工资统计.mpr”文件。

8.3.5 制作顶层表单的菜单

下拉菜单的应用默认放在系统菜单处，也可以应用在某个表单上，作为顶层表单的菜单，其设置的方法如下。

1）在菜单设计器下，选择“显示”→“常规选项”选项，在打开的“常规选项”对话框中，选中“顶层表单”复选框，然后单击“确定”按钮。

2）保存菜单，选择“菜单”→“生成”选项，生成菜单程序文件。

3）创建或打开要使用菜单的表单文件。

4）设置表单的属性：将其 ShowWindow 属性，设置为 2，成为顶层表单。

5）编写表单的两个事件代码。

① Init 事件代码中添加调用菜单程序的命令，格式如下：

```
DO <菜单程序文件名> WITH THIS [,"<菜单名>"]
```

说明：菜单程序文件名必须加文件扩展名.mpr，这里不能省略；THIS 表示当前表单对象的引用；菜单名可以用来给添加到表单上的菜单指定一个内部名称。

② Destroy 事件代码中添加清除菜单程序的命令，格式如下：

```
RELEASE  MENU <菜单名> [EXTENDED]
```

说明：该命令将在表单关闭（执行 Destroy 事件）时，同时清除菜单，释放其所占用的内存空间。菜单名是调用菜单时定义的菜单内部名称，若菜单名省略，就以菜单文件名为菜单名。EXTENDED 表示在清除菜单栏时一起清除其下属的所有子菜单。

例 8-3 在例 8-1 的基础上创建一个顶层表单应用。

操作步骤如下。

（1）建立菜单

1）选择“文件”→“打开”选项，或者单击工具栏上的“打开”按钮，在打开的“打开”对话框中选择菜单文件“成绩管理.mnx”。

2）在菜单设计器打开后，选择“显示”→“常规选项”选项，打开“常规选项”对话框，选中“顶层表单”复选框，然后单击“确定”按钮。

3）选择“退出”菜单项，为其修改过程。单击“退出”菜单项行的“结果”列中的“编辑”按钮，在打开的过程编辑窗口中输入以下代码。

```
成绩管理.RELEASE
SET SYSMENU TO DEFAULT   &&恢复系统菜单
```

4）保存菜单定义。选择“文件”→“另存为”选项，将结果保存在菜单定义文件“cjgl.mnx”和菜单备注文件“cjgl.mnt”中。

5）生成菜单程序。选择“菜单”→“生成”选项，生成一个菜单程序文件“cjgl.mpr”。

（2）建立表单

1）打开表单设计器，将表单的 Caption 属性设置为“学生信息”，将其 ShowWindow 属性设置为“2-作为顶层表单”。

2）调用菜单程序“cjgl.mpr”。双击表单界面，打开过程代码设计窗口，在“过程”下拉列表中选择“Init”事件，并在过程编辑窗口中输入如下代码。

```
DO cjgl.mpr WITH THIS
```

再在“过程”下拉列表中选择“Destroy”事件，并在过程编辑窗口中输入如下代码。

```
RELEASE MENU xjgl EXTENDED
```

3）选择“文件”→“保存”选项，保存表单文件为“成绩管理.scx”。

8.4 快捷菜单设计

快捷菜单一般从属于某个界面对象，当右击该对象时，将会弹出快捷菜单。快捷菜单通常列出与选定对象相关的一些功能命令。

8.4.1 快捷菜单

利用系统提供的快捷菜单设计器可以方便地定义和设计快捷菜单。与下拉菜单相比，快捷菜单没有菜单栏。

8.4.2 建立快捷菜单的步骤

1）选择“文件”→“新建”选项，在打开的“新建”对话框中选中“菜单”单选按钮。然后单击“新建”按钮，打开“新建菜单”对话框。

2）在“新建菜单”对话框中，单击“快捷菜单”按钮，打开快捷菜单设计器。

3）在快捷菜单设计器中设计各个菜单项内容，其方法与下拉菜单的快捷菜单设计基本相同。只是在快捷菜单中没有菜单栏部分。

4）选择“菜单”→“生成”选项，将设计的菜单生成菜单程序文件。

5）设置菜单应用后，清除菜单的命令。选择“显示”→“常规选项”选项，在打开的“常规选项”对话框中选中“清理”复选框，单击“确定”按钮，然后在打开的编辑窗口中输入“清理”的命令。命令格式如下。

```
RELEASE POPUPS <快捷菜单名> [EXTENDED]
```

说明：将该命令放在“清理”中执行，将在选中、执行快捷菜单命令后，及时清除菜单、释放其所占的内存空间。EXTENDED 表示释放所有的子菜单。

6）打开要使用快捷菜单的表单文件，在表单设计器环境中添加快捷菜单对象。

7）选定使用快捷菜单的对象，编辑 RightClick 事件，执行调用快捷菜单命令，命令如下。

```
DO <快捷菜单程序文件名>
```

其中，快捷菜单程序文件名的扩展名.mpr 不能省略。

例 8-4 设计一个表单，表单运行时标签控件自动显示时钟和日期，并使用随机函数来改变日期显示标签的颜色。为表单建立快捷菜单，快捷菜单有“暂停”“继续”“退出”3 个菜单项。运行表单时，在表单上右击，则弹出快捷菜单。选择“暂停”选项，则停止时钟；选择“继续”选项，则继续时钟运行；选择“退出”选项，则关闭表单。

操作步骤如下。

（1）创建菜单

1）在“新建菜单”对话框中单击“快捷菜单”按钮，在快捷菜单设计器的“菜单名称”文本框中输入“暂停”“继续”“退出”，如图 8-17 所示。其“结果”均设置为“过程”。

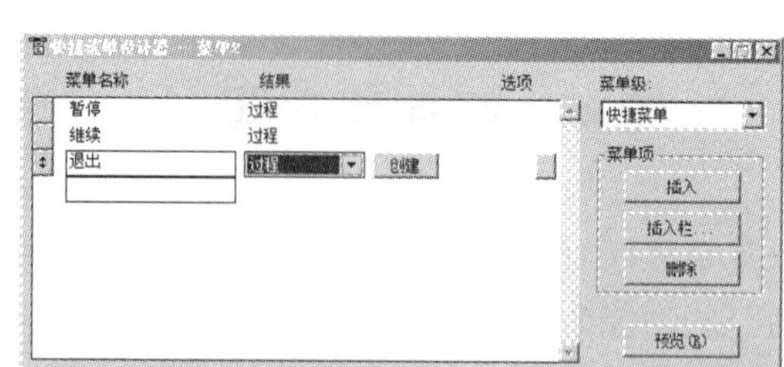

图 8-17　快捷菜单设计器

2）选择“暂停”菜单项，单击“创建”按钮，在打开的窗口中输入“Form1.Timer1.Interval=0”。

3）选择“继续”菜单项，单击“创建”按钮，在打开的窗口中输入“Form1.Timer1.Interval =1000”。

4）选择“退出”菜单项，单击“创建”按钮，在打开的窗口中输入“Forml.Release”。

5）保存菜单文件为“时间.mnx”，生成菜单程序“时间.mpr”，关闭菜单设计器。

（2）设计表单

1）打开表单设计器，如图 8-18 所示，在表单中添加两个标签控件 Labell、Label2，一个计时器控件 Timerl。

2）设置控件对象的属性。

设置表单的属性：Caption 属性值为“日期时间”。

设置 Label1 和 Labe12 的属性：AutoSize 属性值为“.T.”，FontSize 属性值为“18”。

设置计时器 Timerl 的属性：Interval 属性设为“1000”。

3）设置计时器 Timerl 的 Timer 事件代码。

```
ThisForm.Labell.Caption="今天是:"+subs(dtos(date()),1,4)+"年
"+subs(dtos(date()),5,2)+"月"+subs(dtos(date()),7)+"日"
ThisForm.Label2.Caption="现在时间:"+time()
ThisForm.Label1.ForeColor=RGB(Int(Rand()*255),Int(Rand()*255),Int(Rand
()*255))
ThisForm.refresh
```

4）双击属性窗口的“RightClick Event”处，在打开的编辑窗口中输入“DO 时间.mpr”。

5）保存并运行表单，运行结果如图 8-19 所示。

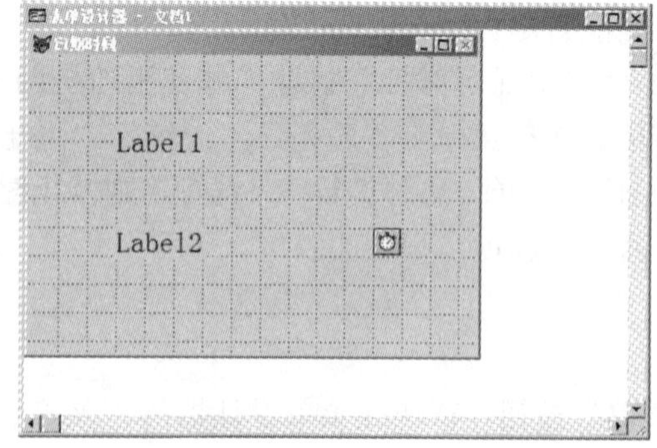

图 8-18　表单设计器

图 8-19　快捷菜单运行结果

第 9 章　面向过程的程序设计

在第 2 章简单介绍了面向过程的程序设计基础知识，大家对面向过程的程序设计有了初步的了解。

本章主要介绍面向过程的程序设计如何解决数据表中遇到的问题，以及 Visual FoxPro 6.0 中数据库的建立和操作，包括建立和管理数据库、建立和使用表，以及索引、统计、多表操作等，最后介绍程序设计中常用的命令及多模块设计方法。

9.1　数据及其运算

本节详细介绍 Visual FoxPro 6.0 中的各种数据，包括常量、变量、函数、表达式的类型，以及它们之间的运算。

9.1.1　数据类型

在数据库中存放着各种各样用户感兴趣的有用信息，信息的表现形式是数据，数据是描述客观实体并能够由计算机处理的数字、字母、符号等，这些不同形式的数据反映了数据的不同类型。不同类型数据的表示方法和处理方法是不同的。任何一种计算机语言或数据库管理系统都可存储并管理一定范围数据类型的数据。

Visual FoxPro 6.0 中的数据类型共有 13 种，它们分别是数值型、字符型、逻辑型、日期型、日期时间型、货币型、备注型、通用型、整型、浮点型、双精度型、字符型和备注型。

9.1.2　常量及其类型

常量是指在程序运行过程中其值不发生变化的数据，一般都是一个具体的值。Visual FoxPro 6.0 中共有 6 种类型的常量。许多常量都有定界符，定界符不作为常量本身的内容，但它规定了常量的类型及常量的起始和终止界限。也就是一看到定界符就知道它是什么类型的常量，同时也就限定了它能作什么运算。

1. 数值型常量

数值型常量属于数值型数据，通常用来表示数量的大小，由正负号（+、-）、阿拉伯数字 0～9 及小数点（.）组成。数值型常量没有定界符。

例如，2018、5.27、-3.1415、-20、1.35E-12 等。

2. 字符型常量

字符型常量是用定界符括起来的字符串。字符型定界符有3种，分别是半角状态下的单引号（''）、双引号（""）和方括号（[]）。它们必须成对使用，不能一边用单引号而另一边用双引号。若某种定界符也是字符串中的字符，则不能使用该字符作为此字符串的定界符，要换用另一种定界符。

例如，'abc21EF'、"锦州医科大学"、[123.456]、"That's all right!"。

3. 逻辑型常量

逻辑型常量表示逻辑真或逻辑假，它只有这两种值。逻辑型常量的定界符是半角状态下的圆点（.）。逻辑真用.T.、.t.或.Y.、.y.来表示，逻辑假用.F.、.f.或.N.、.n.来表示。

4. 日期型常量

日期型常量表示某一个日期，而且必须是一个日常确实存在的日期。它的定界符是一对半角状态下的花括号（{}）。用花括号把年月日括起来，年月日之间用分隔符分隔。分隔符有很多种，可以是半角状态下的圆点（.）、连字符（-）、空格和斜线（/），系统默认使用的分隔符是斜线。

日期常量的格式有两种。

1）传统的日期格式。传统的日期格式数据为美国日期格式{mm/dd/yy}（即“月日年”格式），系统在显示结果时默认的日期格式即为此种格式。它的显示格式受系统设置命令SET CENTURY TO 和 SET DATE TO 的影响。

2）严格的日期格式。严格的日期格式为{^yyyy/mm/dd}（即“年月日”格式），系统默认使用的日期型常量都使用此格式。这种日期格式表达一个确切的日期，它不受系统设置影响。这种格式书写时要注意：所有标点都必须在半角状态下输入，花括号内第一个字符必须是脱字符（^），年份一定用4位，月日可写一位或两位，年月日次序不能改变、不能省略。

例如，{^2018/03/27}、{^2017/11/30}、{^2018/5/1}。

5. 日期时间型常量

日期时间型常量包括日期和时间两部分内容：{<日期>,<时间>}。日期部分与日期型常量的要求一致。时间可以是 12 小时制，也可以是 24 小时制。时间部分格式为“hh[:mm[:ss]][a|p]”，其中 hh、mm、ss 分别表示小时、分钟和秒，a 和 p 分别表示上午和下午，默认值是上午。

日期和时间之间的分隔符可以使用逗号（,）或空格。

例如，{^2018/03/27 9:20:18 p}、{^2017/11/30,13:30:27}、{^2018/5/1,10:18}。

6. 货币型常量

货币型常量表示货币值，使用方法与数值型数据类型一样，只是在数值型数据前面加上前置符号（$），这个符号也就是货币型常量的定界符。货币型常量只能保留 4 位小数，超过 4 位时系统自动进行四舍五入。货币型常量没有科学计数法表示形式。

例如，$23、$1.2345、$8972.65。

9.1.3 变量及其类型

变量是指用标识符命名，用以存放数据值的计算机内存单元。在程序执行的每一瞬间，变量的值都是确定的，但在程序执行过程中其值是可以改变的。每一个变量都有一个名称标识符，以区别于其他变量。Visual FoxPro 中的变量分为内存变量和字段变量两大类。

1. 内存变量

内存变量就是第 2 章介绍的简单变量，它是独立于数据表之外而存在的变量，通常用来存放程序运行过程中各种中间数据或最终结果、用户输入的信息等。需要时可以随时定义，不用时可以释放。内存变量的定义主要依靠对它进行赋值来实现，一般都是把常量的值赋给内存变量，所有内存变量的类型和常量的类型一致，包括数值型、字符型、逻辑型、日期型、日期时间型和货币型共 6 种。

（1）内存变量的命名规则

为内存变量命名通常遵循以下原则。

1）内存变量名可以由汉字、字母、数字和下划线组成，其中数字不能开头，最长不超过 254 个字符。

2）一般根据实际意义和易于记忆的原则为变量命名，经常使用的是英文单词缩写或汉语拼音开头字母。例如，xm 或 name 可以代表姓名，ave 代表平均值，s 代表求和等。

3）变量名尽可能不与 Visual FoxPro 中的关键字（系统提供的命令、函数等）重名，否则容易产生混乱。例如，不使用 sum 表达求和变量。

4）命名时尽可能简单明了，从便于记忆和使用。

（2）内存变量的赋值命令

格式 1：

```
<内存变量名>=<表达式>
```

格式 2：

```
STORE <表达式> TO <内存变量名表>
```

功能：格式 1 是先计算出表达式的值，再把它赋给内存变量；格式 2 可以同时给多个内存变量赋予相同的值。

（3）内存变量的显示命令

格式：

```
?/??<表达式表>
```

功能：换行/同行显示多个表达式，表达式之间用半角逗号（,）分隔。

（4）内存变量的清除

格式 1：

```
CLEAR MEMORY
```

格式 2：

```
RELEASE <内存变量名表>
```

功能：格式 1 清除所有内存变量；格式 2 清除内存变量名表中指定的内存变量。

2. 字段变量

字段变量就是 Visual FoxPro 数据表中的字段名，它随着表中记录值的变化而发生改变。字段变量的类型比较多，前面介绍的 13 种数据类型都可以作为字段变量的类型，字段变量的类型在定义表结构时直接选择即可。

字段变量名可以由汉字、字母、数字和下划线组成，必须由汉字或字母开头，数字和下划线均不能开头。自由表字段名最长为 10 个字符，数据库表字段名最长为 128 个字符。如果使用汉字，一个汉字占两个字符的位置。

在定义字段的时候要定义字段名、字段类型和字段长度。字段名命名完成后，字段类型根据需要由用户定义；字段长度则根据用户定义的字段类型来定义，其中字符型字段和数值型字段由用户定义，其余字段都有固定长度。

3. 内存变量与字段变量同名时如何区别

当内存变量与字段变量同名时，由于字段变量的优先级高于内存变量，所以直接使用变量名时，系统默认访问的是字段变量。此时要使用内存变量，则应在内存变量名前面加上前缀“M.”或“M->”以示区别。

例如，假设内存变量“姓名”的值是“张三”，字段变量“姓名”的值是“李四”。这时，使用命令“?姓名”，显示的结果是字段变量的值“李四”，而使用命令“?M.姓名”或“M->姓名”，显示的结果就是内存变量的值“张三”。

9.1.4 函数及其类型

Visual FoxPro 中函数的概念与一般数学中函数的概念没有本质区别。函数是系统为实现特定的数据处理功能而编制的一组程序，供用户调用。在设计程序时利用函数提供的功能，不仅可以减轻程序设计的工作量，使程序易读，而且难以用命令实现的功能通过函数也可以轻松实现，可以增强和扩充命令的功能。

Visual FoxPro 提供了数百个函数，每个函数都有确定的格式，使用时要正确掌握。

函数的基本格式：

```
函数名([<参数表>])
```

每个函数都有一个函数名，圆括号中是参数表，每个函数的参数个数是不同的，有的函数没有参数，而有的函数有多个参数。出现多个参数时，使用半角逗号（,）分隔。函数可以作为运算对象出现在表达式中，表达式将函数的返回值作为运算对象进行处理。根据函数处理参数及返回值的数据类型，函数可以分为数值函数、字符函数、日期时间函数、转换函数和测试函数。

1. 数值函数

数值函数的参数一般是数值型数据。

（1）绝对值函数

格式：

```
ABS(<数值表达式>)
```

功能：ABS( )返回给定<数值表达式>的绝对值。

例如：

```
?ABS(12),ABS(-3.15)
```

结果如下：

12　　3.15

（2）取整函数

格式：

```
INT(<数值表达式>)
CEILING(<数值表达式>)
FLOOR(<数值表达式>)
```

功能：INT( )返回给定<数值表达式>的整数部分，CEILING( )返回大于或等于给定<数值表达式>的最小整数，FLOOR( )返回小于或等于给定<数值表达式>的最大整数。

例如：

```
a=2.7
?INT(a),INT(-a),CEILING(a),CEILING(-a),FLOOR(a),FLOOR(-a)
```

结果如下：

2　　−2　　3　　−2　　2　　−3

（3）四舍五入函数

格式：

```
ROUND(<数值表达式 1>,<数值表达式 2>)
```

功能：对<数值表达式 1>进行四舍五入，<数值表达式 2>表示保留的小数位数。

例如：

```
a=1235.6789
?ROUND(a,2),ROUND(a,0),ROUND(a,-1),ROUND(a,-2)
```

结果如下：

1235.68　　1236　　1240　　1200

（4）求余数函数

格式：

```
MOD(<数值表达式 1>,<数值表达式 2>)
```

功能：返回<数值表达式 1>除以<数值表达式 2>后得到的余数。

例如：

```
?MOD(10,3),MOD(-10,-3),MOD(10,-3),MOD(-10,3)
```

结果如下：

1　　-1　　-2　　2

（5）求最大值和最小值函数

格式：

```
MAX(<数值表达式 1>,<数值表达式 2>[,<数值表达式 3>…])
MIN(<数值表达式 1>,<数值表达式 2>[,<数值表达式 3>…])
```

功能：MAX( )返回参数表中所有数的最大值，MIN( )返回参数表中所有数的最小值。

例如：

```
?MAX(10,3,5,0,20,-6),MIN(10,3,5,0,20,-6)
```

结果如下：

20　　-6

（6）圆周率函数

格式：

```
PI()
```

功能：返回圆周率的值 3.14，该函数无参数。

2. 字符函数

字符函数的参数或返回值一般是字符型数据。

（1）求字符串长度函数

格式：

```
LEN(<字符表达式>)
```

功能：返回给定<字符表达式>的长度。函数返回值为数值型。一个英文字符返回长度为 1，一个汉字返回长度为 2。

例如：

```
?LEN("Visual FoxPro 6.0"),LEN('辽宁锦州')
??LEN([3.14]),LEN("中文版 VFP")
```

结果如下：

17　　8　　4　　9

（2）取子字符串函数

格式：

```
RIGHT(<字符表达式>,<长度>)
LEFT(<字符表达式>,<长度>)
SUBSTR(<字符表达式>,<起始位置>[,<长度>])
```

功能：RIGHT( )对给定<字符表达式>从右端截取给定<长度>个字符；LEFT( )对给定<字符表达式>从左端截取给定<长度>个字符；SUBSTR( )对给定<字符表达式>从<起始位置>开始，截取给定<长度>个字符。如果长度省略，或者起始位置与长度之和超过给定<字符表达式>中字符的个数，则从<起始位置>开始，截取到给定<字符表达式>结尾的字符串。

例如：

```
?RIGHT("锦州医科大学",4),LEFT("锦州医科大学",4)
?RIGHT("This is a desk",4),LEFT("This is a desk",4)
?SUBSTR("锦州医科大学",5,4) ,SUBSTR("This is a desk",6,2)
?SUBSTR("锦州医科大学",5,14) ,SUBSTR("锦州医科大学",5)
```

结果如下：

大学　锦州

desk　This

医科　is

医科大学　医科大学

（3）生成空格函数

格式：

```
SPACE(<数值表达式>)
```

功能：返回给定<数值表达式>个空格字符组成的字符串。

（4）删除首尾空格函数

格式：

```
TRIM(<字符表达式>)
LTRIM(<字符表达式>)
ALLTRIM(<字符表达式>)
```

功能：TRIM( )删除字符串右端空格，LTRIM( )删除字符串左端空格，ALLTRIM( )删除字符串两端空格。它不能删除字符串中间空格。

例如：

```
a="    中国辽宁     "
?TRIM(a),LTRIM(a),ALLTRIM("    中国  辽宁    "),ALLTRIM(a)
```

结果如下：

中国辽宁 中国辽宁　　中国　辽宁 中国辽宁

（5）求子串位置函数

格式：

```
AT(<字符表达式 1>,<字符表达式 2>[,<数值表达式>])
```

功能：返回<字符表达式 1>在<字符表达式 2>中第<数值表达式>次出现的首字符位置，若不出现则返回 0，函数值为数值型。如果<数值表达式>省略，默认为第 1 次出现的首字符位置。

例如：

```
b="This is a desk"
?AT("is",b),AT("is",b,2),AT("is",b,3),AT("IS",b)
```

结果如下：

3　　6　　0　　0

（6）大小写转换函数

格式：

```
UPPER(<字符表达式>)
LOWER(<字符表达式>)
```

功能：UPPER( )将给定<字符表达式>中所有小写字母转换为大写字母，其他字符不变；LOWER( )将给定<字符表达式>中所有大写字母转换为小写字母，其他字符不变。

例如：

```
c="中文版 Visula FoxPro 6.0!"
?UPPER(c),LOWER(c)
```

结果如下：

中文版 VISULA FOXPRO 6.0!　中文版 visula foxpro 6.0!

（7）子串替换函数

格式：

```
STUFF(<字符表达式 1>,<起始位置>,<长度>,<字符表达式 2>)
```

功能：在<字符表达式 1>中，由<起始位置>开始，指定<长度>个字符，用<字符表达式 2>来替代。如果<长度>为 0，则<字符表达式 2>直接插入<起始位置>。如果<字符表达式 2>是一个空串，则将<字符表达式 1>中相应字符串删除。

例如：

```
d="network"
?STUFF(d,4,4,"BIOS"),STUFF(d,4,0,"BIOS"),STUFF(d,4,4,"")
```

结果如下：

netBIOS　netBIOSwork　net

（8）字符串匹配函数

格式：

```
LIKE(<字符表达式1>,<字符表达式2>)
```

功能：比较两个字符串对应位置上的字符。只有在<字符表达式2>与<字符表达式1>中的字符逐个匹配的情况下，函数才返回.T.，否则返回.F.。

<字符表达式1>中可以包含通配符*和?。问号（?）可与<字符表达式2>中的任何单个字符相匹配，星号（*）可与任意数目的字符相匹配。在<字符表达式 1>中可以把任何数目的通配符进行任意的组合。

例如：

```
?LIKE("xy","xy"),LIKE("Xy","xy"),LIKE("xy","xyz")
?LIKE("xy?","xyz"),LIKE("xy*","xyzuv")
```

结果如下：

.T.　.F.　.F.

.T.　.T.

3. 日期时间函数

日期和时间函数的参数一般是日期型或日期时间型数据。

（1）系统日期函数

格式：

```
DATE()
```

功能：返回计算机系统的当前日期，结果为日期型。

（2）系统时间函数

格式：

```
TIME()
```

功能：返回计算机系统的当前时间，结果为字符型。

例如：

```
?DATE(),TIME()
```

结果如下：

03/15/18　　10:20:18

注意：系统当前日期为2018年3月15日，系统显示日期格式默认为“mm/dd/yy”格式。当前系统时间为10点20分18秒。

（3）年份函数

格式：

```
YEAR(<日期表达式>)
```

功能：返回给定<日期表达式>的年份，年份带世纪值为 4 位数值，结果为数值型。

（4）月份函数

格式：

```
MONTH(<日期表达式>)
```

功能：返回给定<日期表达式>的月份，结果为数值型。

例如：

```
?YEAR({^2018/3/15}),MONTH({^2018/3/15})
```

结果如下：

2018　　3

4. 转换函数

在 Visual FoxPro 中，只有同类型的数据才能进行运算，因此当数据运算遇到数据类型不一致的情况时就要进行数据类型转换，它可以实现从一种数据类型转换到另一种数据类型。

（1）将数值转换成字符的函数

格式：

```
STR(<数值表达式>[,<长度>[,<小数位数>]])
```

功能：将给定<数值表达式>的值转换为字符串。

说明：

① <长度>表示转换后字符串的长度，<小数位数>表示四舍五入后保留的小数位数。

② 省略<小数位数>时，转换后将无小数部分。

③ 省略<长度>和<小数位数>时，默认字符串长度为 10，无小数部分。

④ 如果给定<长度>值大于<数值表达式>转换后长度，则在字符串前面加空格，补足给定<长度>。

⑤ 如果给定<长度>值小于<数值表达式>转换后长度，则优先截掉小数部分，保证整数的长度。如果给定的<长度>小于整数的位数，则返回指定<长度>个星号*，表示溢出。

例如：

```
n=2345.6789
?STR(n,7,2),STR(n,7),STR(n),STR(n,9,2),STR(n,6,2)
??STR(n,4),STR(n,3)
```

结果如下：

2345.68　　2346　　　　　2346　　2345.68　2345.7　2346　***

（2）将字符转换成数值的函数

格式：

```
VAL(<字符表达式>)
```

功能：将由数字、正负号、小数点组成的字符串转换为相应的数值型数据。

说明：

① 若字符串中含有既不是数字，也不是正负号和小数点类的字符，则转换到该字符为止，后面内容不再转换。

② 前导空格不影响转换。

③ 返回值四舍五入后默认保留两位小数。

例如：

```
?VAL("123.4568"),VAL("  12a3.45"),VAL("-123.4568")
```

结果如下：

123.46　　12.00　　-123.46

（3）将日期转换成字符的函数

格式：

```
DTOC(<日期表达式>[,1])
```

功能：将给定的<日期表达式>转换为字符串，默认格式为“mm/dd/yy”格式。当选用[,1]参数时，返回值格式为“yyyymmdd”。

例如：

```
?DTOC({^2018/03/15}),DTOC({^2018/03/15},1)
```

结果如下：

03/15/18　　20180315

（4）宏替换函数

格式：

```
&<字符型内存变量>[.]
```

功能：替换出字符型内存变量的值。如果变量名与后面的字符无明显分界，则要用“.”作为变量名结束标志。宏替换可以嵌套使用。

例如：

```
X='1'
Y='2'
W12='ABC'
ABC=34
?W&X&Y,&W12,&X+&Y+ABC
```

结果如下：

ABC　　34　　37

又如：

```
xm="老师"
```

```
?"&xm.您好","&xm 您好"        &&第二个例子由于未使用“.”分界,替换不成功
```

结果如下：

老师您好　&xm 您好

5. 测试函数

测试函数主要用来对 Visual FoxPro 系统环境下各种工作状态进行测试，在程序中根据测试结果来决定下一步的处理方法或程序走向。

（1）是否 NULL 测试函数

格式：

```
ISNULL(<表达式>)
```

功能：可用于判断字段、内存变量或数组元素是否为 NULL 值，也可以判断表达式的计算结果是否为 NULL 值。若是 NULL 值返回.T.，否则返回.F.。

例如：

```
?ISNULL(NULL),ISNULL(12)
```

结果如下：

.T.　　.F.

（2）空值测试函数

格式：

```
EMPTY(<表达式>)
```

功能：确定<表达式>是否为空值，返回逻辑值。不同类型数据的空值，有不同的规定，如表 9-1 所示。

表 9-1　不同类型数据空值规定

数据类型	空值	数据类型	空值
数值型	0	字符型	空串、空格、制表符、回车、换行符或以上各字符的任意组合
货币型	0	日期型	空（如 CTOD(''))
整型	0	日期时间型	空（如 CTOT(''))
浮点型	0	通用字段	空（没有 OLE 对象）
双精度型	0	备注字段	空（没有内容）
逻辑型	.F.	图片	空（没有图片）

例如：

```
?EMPTY("  "),EMPTY(0),EMPTY(72),EMPTY(.T.),EMPTY(.F.)
```

结果如下：

.T.　.T.　.F.　.F.　.T.

（3）数据类型测试函数

格式：

```
VARTYPE(<表达式>)
```

功能：测试<表达式>的类型，返回一个大写字母，函数值是字符型。返回字母的含义如表 9-2 所示。

表 9-2　VARTYPE 函数返回字母表示的数据类型

返回字符	数据类型	返回字符	数据类型
C	字符型或备注型	G	通用型
N	数值型、整型、浮点型或双精度型	T	日期时间型
L	逻辑型	O	对象
D	日期型	X	NULL
Y	货币型	U	未知

例如：

```
?VARTYPE(12.5),VARTYPE("34"),VARTYPE($12.5),VARTYPE(.F.)
```

结果如下：

N　C　Y　L

（4）条件测试函数

格式：

```
IIF(<逻辑表达式>,<表达式 1>,<表达式 2>)
```

功能：如果<逻辑表达式>的计算结果为.T.，返回<表达式 1>的值；如果<逻辑表达式>的计算结果为.F.，则返回<表达式 2>的值。

例如：

```
a=3
b=4
?IIF(a>b,"a 大于 b","a 不大于 b")
```

结果如下：

a 不大于 b

（5）表文件首测试函数

格式：

```
BOF()
```

功能：测试当前表文件的记录指针是否指向表文件首，是则返回.T.，否则返回.F.。表文件首位于表中第一个记录的前面。

例如：

```
USE xuesheng
```

```
?BOF()
SKIP -1
?BOF()
USE
```

结果如下：

.F.

.T.

（6）表文件尾测试函数

格式：

```
EOF()
```

功能：测试当前表文件的记录指针是否指向文件尾，是则返回.T.，否则返回.F.。表文件尾位于表中最后一个记录的后面。

例如：

```
USE xuesheng
GO BOTTOM
?EOF()
SKIP
?EOF()
USE
```

结果如下：

.F.

.T.

（7）记录号测试函数

格式：

```
RECNO()
```

功能：返回当前表中当前记录号，返回值为数值型。当记录指针在表文件首时记录号与第一个记录一样，返回值为1，在表文件尾返回值为最大记录号加1。

例如：

```
USE xuesheng
GO 3
?RECNO()
```

结果如下：

3

（8）记录个数测试函数

格式：

```
RECCOUNT()
```

功能：返回当前表文件中的记录个数，返回值为数值型。

例如：

```
USE xuesheng
?RECCOUNT()
```

结果如下：

51

（9）查找是否成功测试函数

格式：

```
FOUND()
```

功能：测试查找命令是否查找成功，如果成功返回值为.T.，否则返回值为.F.。此命令只对查找命令 LOCATE、CONTINUE、FIND 和 SEEK 有效。

例如：

```
USE xuesheng
LOCA FOR 性别="男"
?FOUND()
```

结果如下：

.T.

9.1.5　数据运算表达式及其类型

表达式是常量、变量和函数通过运算符连接起来能表达一定意义的式子。表达式的形式可以是单独存在的常量、变量或函数，以及把它们用运算符连接在一起形成的式子。无论哪种表达式，按照运算规则都能计算出一个结果，也就是表达式的值。根据表达式的运算性质，可以把表达式分为 5 种：数值表达式、字符表达式、日期时间表达式、关系表达式和逻辑表达式。

1. 数值表达式

数值表达式是由算术运算符将数值型常量、变量和函数连接起来的式子，其运算结果是数值型。算术运算符与日常使用的运算符稍有区别，算术运算符的含义及运算优先级如表 9-3 所示。

表 9-3　算术运算符的含义及运算优先级

运算符	说明	优先级
( )	圆括号	1
**或^	乘方	2
*、/、%	乘、除、求余数	3
+、-	加、减	4

例如：

```
?(5+3)/2,5**2,4^3,10%3
```

结果如下：

4　　25.00　　64.00　　1

2. 字符表达式

字符表达式是由字符串运算符将字符型常量、变量和函数连接起来的式子，其运算结果仍是字符型。字符串运算符有两个，它们都是联接运算，运算优先级相同。

+：将前后两个字符串首尾直接连接形成一个新的字符串。

-：当前一个字符串尾部没有空格时，与“+”一样。当前一个字符串尾部有空格时，连接前后两个字符串，并将前串尾部空格移到合并后新字符串的尾部。

注意：字符串连接前后，字符总个数是相同的，没有发生变化。

例如：

```
a="This  "
b="is"
c="desk."
?a+b+c
?a-b+c
```

结果如下：

This　isdesk.

Thisis　desk.

3. 日期时间表达式

日期时间表达式是由日期时间运算符将日期型、日期时间型或数值型常量、变量和函数连接起来的式子，其运算结果是日期型、日期时间型或数值型。日期时间运算符也有“+”和“-”两个，但它们使用时有一定的格式限制，不能任意组合使用。日期时间运算符的运算规则如表 9-4 所示。

表 9-4　日期时间运算符的运算规则

格式	运算结果类型	运算结果
<日期>+数值	日期型	若干天后的日期
<日期>-数值	日期型	若干天前的日期
<日期>-<日期>	数值型	两个日期之间相差的天数
<日期时间>+数值	日期时间型	若干秒后的日期时间
<日期时间>-数值	日期时间型	若干秒前的日期时间
<日期时间>-<日期时间>	数值型	两个日期时间之间相差的秒数

注意：两个日期型或日期时间型不能相加，相加无意义。

例如：

```
?{^2018/3/15}+5,{^2018/3/15}-5,{^2018/3/15}-{^2018/3/5}
?{^2018/3/15 10:20:30}+10,{^2018/3/15 10:20:30}-10
?{^2018/3/15 10:20:30}-{^2018/3/15 10:18:30}
```

结果如下：

03/20/18　03/10/18　　10

03/15/18 10:20:40 AM　03/15/18 10:20:20 AM

　　120

4. 关系表达式

关系表达式是由关系运算符将两个类型相同的数据连接起来的式子，它的运算结果是逻辑值。

关系运算符的使用格式：<表达式 1><关系运算符><表达式 2>。它仅支持数据进行两两比较，不支持其他比较形式。关系运算符及其含义如表 9-5 所示。

表 9-5　关系运算符及其含义

运算符	说明	运算符	说明
<	小于	<=	小于或等于
>	大于	>=	大于或等于
=	等于	==	字符串精确比较
<>、#或!=	不等于	$	子串包含

关系运算符中==和$只适用于字符型数据的比较，其他运算符适用于所有类型的数据，只要两个操作对象类型一致即可。

1）各种类型数据的比较规则如下。

① 数值型和货币型数据比较时按数值大小进行比较。

② 日期型和日期时间型数据比较时，越早的日期时间越小，也就是按照年月日顺序比较数值的大小，注意不是按年龄比较大小的。

③ 逻辑型数据比较一般不用，真值（.T.）总是大于假值（.F.）。

④ 字符型数据比较时，按照两个字符串中字符的排列次序，自左向右逐个比较，一旦发现两个对应字符不同，就按这两个字符的大小来决定两个字符串的大小。

Visual FoxPro 中默认常用字符的比较顺序如下：空格<'0'<'1'<…<'9'<'a'<'A'<'b' <'B'<…<'z'<'Z'<汉字（汉字按拼音次序）。

例如：

```
?25>20,3**2< -10,{^2018/3/15}>{^2018/2/25}
?'a'>"A","男"<"女",258<3,"258"<"3"
```

结果如下：

.T.　.F.　.T.

.F. .T. .F. .T.

2）子串包含。子串包含测试的格式为<子串>$<母串>，如果子串是母串的一个子字符串，结果为.T.，否则结果为.F.。

例如：

```
?'AB'$'ABCD','ab'$'ABCD','教授'$'副教授'
??'老师'$'教师','男'$'男女'
```

结果如下：

.T. .F. .T. .F. .T.

3）字符串精确比较“==”与非精确比较“=”。字符串精确比较“==”运算符进行两个字符串比较时，只有当两个字符串完全相同时，结果才为.T.，否则结果就为.F.。它不受系统设置的影响。

而非精确比较“=”要受系统设置SET EXACT ON | OFF的影响，系统默认为OFF状态，此时只要“=”右边的字符串与左边字符串的前面部分内容相匹配，比较结果就为.T.。当系统设置为SET EXACT ON时，系统先在较短字符串的尾部加上空格，使两个字符串长度相同，然后按规则逐个比较字符。

例如：

```
SET EXACT OFF      &&不精确比较,系统默认
?"ABCD"="ABC","ABC"="ABCD","AB  "="AB","AB"="AB  ","ABCD"=="ABC"
SET EXACT ON
?"ABCD"="ABC","ABC"="ABCD","AB  "="AB","AB"="AB  ","ABCD"=="ABC"
```

结果如下：

.T. .F. .T. .F. .F.

.F. .F. .T. .T. .F.

5. 逻辑表达式

逻辑表达式是由逻辑运算符将逻辑型数据连接起来的式子，运算结果仍是逻辑型数据。逻辑运算符有3个，按照优先级从高到低的顺序为.NOT.或!（逻辑非）、.AND.（逻辑与）、.OR.（逻辑或）。逻辑非只能对单个操作数进行运算，在Visual FoxPro中逻辑运算符也可以省略两边的圆点，写为NOT、AND、OR。逻辑运算规则如表9-6所示。

表9-6 逻辑运算规则

A	*B*	.NOT.*A*	*A*.AND.*B*	*A*.OR.*B*
.T.	.T.	.F.	.T.	.T.
.T.	.F.	.F.	.F.	.T.
.F.	.T.	.T.	.F.	.T.
.F.	.F.	.T.	.F.	.F.

在许多命令或语句格式中，都会出现<条件>这个逻辑表达式或关系表达式，一般比较简单的单一条件都采用关系表达式，复杂的复合条件则都要用到逻辑表达式，在使用过程中，

尤其要注意汉语语言的复杂性，不要用错逻辑运算符。

例如，少数民族非党员女生的条件可以写为

```
民族!="汉".AND..NOT.是否党员.AND.性别="女"
```

上面介绍了5种表达式，在每一种运算符中，都有一定的优先级。当不同类型的运算符出现在同一个表达式中时，它们的优先级如下：省先执行算术运算符、字符串运算符和日期时间运算符，然后执行关系运算符，最后执行逻辑运算符。优先级相同的按照从左到右的顺序执行，如果想改变某种运算顺序，可以使用圆括号来改变运算优先级。注意：表达式中的括号只有一种，就是圆括号，它可以嵌套使用。

9.2　数据库和表操作命令

本节主要介绍数据库及表的操作命令，包括使用命令建立和管理数据库、建立和使用表，以及对表记录的定位和显示命令。

9.2.1　数据库操作命令

在 Visual FoxPro 中，数据库通过一组系统文件，将相互联系的表及相关的数据库对象进行统一组织和管理。数据库文件的扩展名为.dbc，系统还会自动创建一个扩展名为.dct 的数据库备注文件和一个扩展名为.dcx 的数据库索引文件。刚建立的数据库只定义了一个空的数据库，其中不能直接存放数据，需要建立数据库表之后才能输入数据。

下面介绍数据库操作命令。

1. 建立数据库

格式：

```
CREATE DATABASE [<数据库名>]
```

功能：创建一个指定名称的数据库文件。

说明：

① 如果使用命令 CREATE DATABASE 时不加参数<数据库名>，将打开“创建”对话框，提示你指定数据库的名称。

② 建立数据库后默认以独占方式打开。由于 CREATE DATABASE 创建并打开数据库，因而不必随后再打开数据库。

2. 打开数据库

格式：

```
OPEN DATABASE [<数据库名>][EXCLUSIVE|SHARED][NOUPDATE][VALIDATE]
```

功能：打开一个指定名称的数据库文件。

说明：

① 如果不加参数<数据库名>，打开“打开”对话框，从中可以选择已有的数据库文件。

② EXCLUSIVE 表示以独占方式打开数据库，其他用户无法访问该数据库。

③ SHARED 表示以共享方式打开数据库，其他的用户也可以访问它。

④ NOUPDATE 指定不能对数据库做任何更改。换句话说，该数据库只读。

⑤ VALIDATE 指定让 Visual FoxPro 确保数据库中的引用有效。Visual FoxPro 将检查磁盘上数据库中的表和索引是否可用。

3. 修改数据库

格式：

```
MODIFY DATABASE [<数据库名>][NOWAIT][NOEDIT]
```

功能：打开数据库设计器，可以交互地修改当前数据库。

说明：

① 不加参数<数据库名>，修改当前已经打开的数据库。如果当前没有数据库打开，则打开“打开”对话框，从中可以选择已有的数据库文件进行修改。

② NOWAIT 表示在打开数据库设计器后，程序继续执行，仅在程序中有效。

③ NOEDIT 表示禁止修改数据库。

4. 关闭数据库

格式：

```
CLOSE DATABASE|ALL
```

功能：关闭当前打开的数据库。

说明：

① CLOSE DATABASES 表示关闭当前数据库和表。若没有当前数据库，则关闭所有工作区内所有打开的自由表、索引和格式文件，并选择工作区 1。

② CLOSE ALL 表示关闭所有工作区中打开的数据库、表和索引，并选择工作区 1。

5. 删除数据库

格式：

```
DELETE DATABASE <数据库名>[DELETE TABLES][RECYCLE]
```

功能：从磁盘上删除指定的数据库文件。

说明：

① 被删除的数据库必须处于关闭状态。当数据库被删除后，其中的数据库表自动转变为自由表。

② DELETE TABLES 表示从磁盘上删除数据库时，删除包含在数据库中的所有表。

③ RECYCLE 表示将删除的相关文件放入 Windows 回收站中，需要时可以还原。

6. 将自由表添加为数据库表

格式：

```
ADD TABLE <表名> [NAME <长表名>]
```

功能：将指定的自由表添加为数据库表。

说明：

① 数据库必须以独占方式打开。

② 要添加的表必须是自由表，也就是一个表只能属于一个数据库，要想加到另一个数据库中，必须把数据库表移出为自由表后才可以再添加到其他数据库中。

③ NAME <长表名>用于指定表的长名。长名可以包含 128 个字符，可用来取代扩展名为.dbf 的短文件名。

7. 将数据库表移出为自由表

格式：

```
REMOVE TABLE <表名> [DELETE]
```

功能：将指定的数据库表从当前数据库中移出，使其变为自由表。

说明：DELETE 用于指定从数据库中移去该表，并从磁盘上删除。

例 9-1 数据库操作命令练习。

在命令窗口中输入如下命令。

```
CREATE DATABASE xueshengguanli          &&创建数据库 xueshengguanli.dbc
MODIFY DATABASE                         &&修改当前数据库 xueshengguanli.dbc
CLOSE DATABASE                          &&关闭当前数据库 xueshengguanli.dbc
OPEN DATABASE xueshengguanli            &&打开数据库 xueshengguanli.dbc
ADD TABLE chengji                       &&添加自由表 chengji 到当前数据库中
REMOVE TABLE chengji                    &&将数据库表 chengji 移出为自由表
CLOSE ALL                               &&关闭所有数据库
DELETE DATABASE xueshengguanli          &&删除数据库 xueshengguanli.dbc
```

9.2.2 表操作命令

表文件的扩展名为.dbf，每个表都由表结构和表记录两部分组成。在 Visual FoxPro 系统中，对这两部分都是分开进行操作的，使用表之前首先要创建表。

1. 创建表结构

创建表先要创建表结构，表结构包括字段名、字段类型、字段宽度和小数位数。

格式：

```
CREATE <表文件名>
```

功能：创建一个指定<表文件名>的数据表。

说明： 如果有数据库打开，默认创建数据库表；如果没有数据库打开，默认创建自由表。

2. 打开表

格式：

```
USE <表文件名> [ALIAS <别名>][IN <工作区号>]
```

功能：打开指定表文件。

说明：

① IN <工作区号>指定要打开表所在的工作区，省略时默认为当前工作区。

② ALIAS <别名>用于创建表的别名。如果不含 ALIAS 子句，那么就用该表的名称作为表的别名。

③ 打开表后记录指针默认为 1，也就是说当前记录为第一个记录。

3. 显示表结构

格式：

```
LIST|DISPLAY STRUCTURE [TO PRINTER [PROMPT]|TO FILE <文件名>]
```

功能：显示当前打开表的结构。

说明：

① LIST 是滚屏显示，DISPLAY 是分屏显示。

② TO PRINTER [PROMPT]表示将显示结果定向输出到打印机。PROMPT 子句表示在打印开始前打开“打印”对话框，在此对话框中可调整打印机设置。

③ TO FILE <文件名>表示将显示结果定向输出到指定的文件中。

4. 修改表结构

格式：

```
MODIFY STRUCTURE
```

功能：打开表设计器，修改当前表的结构。

说明：

① 如果没有在当前选定的工作区中打开表，则打开“打开”对话框，允许从中选择一个要修改的表。

② 对表结构的更改包括添加和删除字段，修改字段的名称、大小和数据类型，添加、删除或修改索引标志，以及指定字段是否支持 NULL 值。

5. 关闭表

格式：

```
USE
CLOSE ALL
```

```
CLEAR ALL
QUIT
```

功能：

① USE 表示关闭当前工作区打开的表文件。

② CLOSE ALL 表示关闭所有工作区中打开的数据库、表和索引，并选择工作区 1。

③ CLEAR ALL 表示从内存中释放所有的内存变量和数组，以及所有用户自定义菜单栏、菜单和窗口的定义。CLEAR ALL 也能关闭所有表，包括所有相关的索引、格式和备注文件，并且选择工作区 1。

④ QUIT 表示结束当前 Visual FoxPro 工作期，返回操作系统。

例 9-2 表操作命令练习。

在命令窗口中输入如下命令。

```
USE xuesheng                  &&打开表
LIST STRUCTURE                &&显示表结构
MODIFY STRUCTURE              &&修改表结构
USE                           &&关闭表
```

9.2.3　记录指针定位

在 Visual FoxPro 的表中每个记录都有一个记录号。当打开表文件时，指针自动指向第一个记录，当对其他记录进行操作时，需将指针指向该记录，这就是记录定位。记录指针所指向的记录为当前操作对象，称为当前记录，同一时刻只有一个当前记录。当前记录并不总固定在某个记录上，记录指针会随着命令的执行而移动，当前记录也就随着记录指针的移动而改变。

实现记录定位的命令有绝对定位和相对定位两种。

1. 绝对定位

绝对定位命令是将记录指针移动到指定记录号、表文件的首记录或末记录上，与当前记录无关。

格式：

```
[GO|GOTO] <记录号>|TOP|BOTTOM
```

功能：将当前表的记录指针移动到某一指定的记录上。

说明：

① GO 和 GOTO 命令等价。当参数使用<记录号>时，GO 或 GOTO 可以省略。

② <记录号>必须在表的有效记录范围内，即从 1 到表的最大记录号之间。使用<记录号>时，指针总是定位与指定<记录号>相同的记录上，与记录顺序无关。

③ TOP 是指当前表的首记录，即当前表当前顺序的第一个记录。

④ BOTTOM 是指当前表的尾记录，即当前表当前顺序的最后一个记录。

⑤ 在 Visual FoxPro 的记录操作中，表文件首、表文件尾及各种情况下记录指针的移动范围如图 9-1 所示。

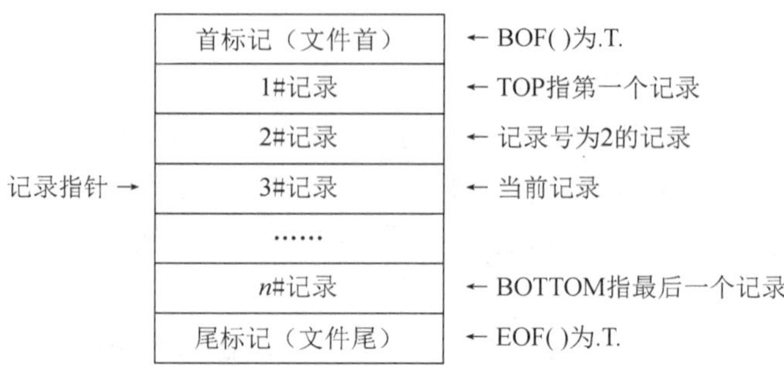

图 9-1　记录指针移动范围

2. 相对定位

相对定位是以当前记录为基准，向前或向后移动若干个记录，与当前记录有关。

格式：

```
SKIP [<记录数>]
```

功能：根据打开表的当前记录位置，将记录指针向前或向后移动指定<记录数>个记录。

说明：

① 相对定位不仅与当前记录有关，也与当前表的记录顺序有关。

② 若<记录数>为正数，记录指针向表尾方向移到；若<记录数>为负数，则记录指针向表头方向移动。

③ <记录数>省略时，默认值为 1。

例 9-3 记录指针定位命令练习。

在命令窗口中输入如下命令。

```
CLEAR
USE xuesheng                &&打开 xuesheng 表,指针在第一个记录
?EOF(),BOF(),RECNO()        &&测试函数,结果为.F.  .F.  1
SKIP -1                     &&指针向前移动一个,到文件首
?EOF(),BOF(),RECNO()        &&结果为.F.  .T.  1
3                           &&与 GO 3 命令等价
?EOF(),BOF(),RECNO()        &&结果为.F.  .F.  3
GO BOTT                     &&指针到表最后一个记录,不是文件尾
?EOF(),BOF(),RECNO()        &&结果为.F.  .F.  51(表中共 51 个记录)
SKIP                        &&指针向后移动一个,到文件尾
?EOF(),BOF(),RECNO()        &&结果为.T.  .F.  52
USE                         &&关闭 xuesheng 表
```

结果如图 9-2 所示。

```
文件(F)  编辑(E)  显示(V)

.F.  .F.        1
.F.  .T.        1
.F.  .F.        3
.F.  .F.       51
.T.  .F.       52
```

图 9-2　例 9-3 运行结果

9.2.4　记录显示

表记录的显示可以使用 LIST 或 DISPLAY 命令来实现，LIST 是滚屏显示，DISPLAY 是分屏显示。

格式：

```
LIST|DISPLAY [<范围>][FOR <条件>][WHILE <条件>][[FIELDS] <字段名表>][TO
PRINTER|TO FILE <文件名>][OFF]
```

功能：显示当前表文件中的指定记录。

说明：

① <范围>子句共有 4 种，详细用法如表 9-7 所示。

表 9-7　<范围>子句的用法

范围子句	影响记录
ALL	表中全部记录
NEXT *n*	从当前记录开始（含）的连续 *n* 个记录
RECORD *n*	第 *n* 个记录
REST	从当前记录开始（含）直到表尾的全部记录

② FOR <条件>和 WHILE <条件>中的条件都必须是逻辑值，可以使用关系表达式或逻辑表达式。若选定 FOR 子句，只显示满足条件的所有记录；若选定 WHILE 子句，则显示从当前记录开始，直到第一个不满足条件的记录之前的所有记录，后面即使还有满足条件的记录也不再显示。

③ FIELDS 子句用于指定要显示的字段，省略时默认显示表文件中的全部字段。关键字 FIELDS 在 LIST|DISPLAY 命令中可以省略，<字段名表>可以由一个或多个字段名组成，多个字段名中间用半角逗号（,）分隔。

④ 若选择 OFF 子句则不显示记录号，省略时则显示记录号。

⑤ 当同时省略<范围>和<条件>子句时，DISPLAY 命令只显示当前一个记录；而 LIST 命令则显示全部记录。

例 9-4 显示表文件 xuesheng.dbf 中第 3～10 个记录中女同学的姓名、性别和出生日期，不显示记录号。

在命令窗口中输入如下命令。

```
CLEAR
USE xuesheng
```

```
GO 3
LIST NEXT 8 FOR 性别="女" 姓名,性别,出生日期 OFF
USE
```

结果如图 9-3 所示。

```
文件(F)  编辑(E)  显示(V)

姓名   性别 出生日期
杨诗瑶 女   09/27/97
赵红静 女   05/11/98
```

图 9-3　例 9-4 运行结果

9.3　文件操作命令

在计算机中对表文件中的数据进行操作时，有时会出现意外情况造成数据丢失或被破坏，为了尽可能减少由意外造成的损失，Visual FoxPro 系统提供了一系列文件操作命令，可以对表文件进行备份等操作。下面介绍几个常用的表复制命令。

1. 表结构的复制

格式：

```
COPY STRUCTURE TO <表文件名>[FIELDS <字段名表>]
```

功能：用当前的表结构创建一个新的空自由表。

说明：

① <表文件名>用于指定要创建的空自由表的名称。

② 若选择 FIELDS <字段名表>子句，则将<字段名表>中指定的字段复制到新表。若省略则把所有字段复制到新表。

2. 表文件的复制

格式：

```
COPY TO <表文件名>[FIELDS <字段名表>][<范围>][FOR <条件>]
```

功能：将当前表复制到一个新表中。

说明：

① 将指定<范围>内满足<条件>的记录，以及指定的表结构复制到新的表文件中。

② 若选择 FIELDS <字段名表>子句，则将<字段名表>中指定的字段复制到新表。若省略则把所有字段复制到新表。

③ 省略<范围>和<条件>子句，默认是所有记录。

3. 追加已有表记录到当前表

格式：

```
APPEND FROM <表文件名>[FIELDS <字段名表>][FOR <条件>]
```

功能：将给定表文件中的记录追加到当前表文件的末尾。

说明：<表文件名>中提供的数据要与当前表的字段相匹配，包括字段名、字段类型和字段宽度，否则可能追加失败或造成数据丢失。

例 9-5 复制表文件命令练习。

在命令窗口中输入如下命令。

```
CLEAR
USE xuesheng
COPY STRUCTURE TO xs1
USE xs1
APPEND FROM xuesheng FOR 民族='满'.AND.性别="女"
LIST
USE xuesheng
COPY TO xs2 FOR 民族='满'.AND.性别="男"
USE xs2
LIST
USE
```

9.4　表记录的修改和维护命令

表中的数据不是一成不变的，总是要进行各种维护操作，如修改、插入和删除等。

9.4.1　记录的修改

记录的修改有编辑修改、浏览修改和替换修改几种方式。

1. 用 EDIT 或 CHANGE 命令交互式修改

格式：

```
EDIT|CHANGE [<范围>][FOR <条件>][FIELDS <字段名表>]
```

功能：打开编辑窗口，修改当前表中指定<范围>内满足<条件>的记录。

说明：EDIT 和 CHANGE 命令的功能相同。

2. 用 BROWSE 命令浏览修改

格式：

```
BROWSE [<范围>][FOR <条件>][FIELDS <字段名表>]
```

功能：以屏幕浏览方式修改当前表中指定<范围>内满足<条件>的记录。

说明：BROWSE 有修改功能，也经常被用于浏览显示表文件中的记录。

3. 用 REPLACE 命令成批替换修改

格式：

```
REPLACE <字段名1> WITH <表达式1>[ADDITIVE][,<字段名2> WITH <表达式2> [ADDITIVE]]
…[<范围>][FOR <条件>]
```

功能：用表达式的值替换相应字段的值，从而达到修改记录值的目的。

说明：

① <范围>和<条件>子句用于指定替换指定范围内满足条件的记录，如果省略则只替换当前一个记录。

② 每次可以同时替换多个字段的值，相应字段和表达式的数据类型要求一致。

③ ADDITIVE 把对备注字段的替代内容追加到备注字段的后面，它只对替换备注字段有用。如果省略 ADDITIVE，则用表达式的值改写备注字段原有内容。

例 9-6 将表文件 chengji.dbf 复制到新表文件 cj.dbf 中，将其中四级已经通过的同学的英语成绩增加 10 分，增加后英语成绩超过 100 分的成绩更改为 100 分。

在命令窗口中输入如下命令。

```
CLEAR
USE chengji
COPY TO cj
USE cj
BROW
REPLACE 英语 WITH 英语+10 FOR 四级过否
BROW
REPLACE 英语 WITH 100 FOR 英语>100
BROW
USE
```

9.4.2 记录的插入和删除

数据表建立完成后，输入的原始记录总是要发生一定的变化，为了保证数据能反映最新变化的情况，要经常对记录进行修改和整理。常用的操作有插入记录和删除记录。

1. 追加记录

追加记录的命令是 APPEND，它只能在表文件尾添加新记录。

格式：

```
APPEND [BLANK]
```

功能：在当前表的末尾添加一个或多个新记录。

说明：如果选择 BLANK 子句，则在当前表的末尾添加一个空记录，否则打开编辑窗口，手工输入记录。

2. 插入记录

插入记录的命令是 INSERT，它可以在表文件中的任意位置插入新记录。

格式：

```
INSERT [BEFORE][BLANK]
```

功能：在当前表的任意位置插入一个或多个新记录。

说明：

① 如果选择 BLANK 子句，则仅插入一个空记录，否则打开编辑窗口，手工输入记录。

② 如果选择 BEFORE 子句，在当前表当前记录的前面插入新记录，否则在当前记录的后面插入新记录。

3. 逻辑删除记录

在表文件中，如果有一些记录不再需要，可将其删除。Visual FoxPro 系统删除记录一般分两个步骤完成，首先给记录加删除标记，也称为逻辑删除。然后把做标记的记录从表文件中彻底删除，也称为物理删除。逻辑删除后的记录可以进行恢复。这样的目的是防止误操作造成有用数据丢失，也是为了提高删除效率，把积累一定量删除标记的记录一次性物理删除。

下面首先介绍逻辑删除命令。

格式：

```
DELETE [<范围>][FOR <条件>]
```

功能：将当前表中要删除的记录加删除标记。

说明：

① 删除标记是“*”，当记录加上删除标记后，在显示记录时记录前面会显示*号。

② <范围>和<条件>子句用于指定删除指定范围内满足条件的记录，如果省略则只删除当前一个记录。

③ 带删除标记的记录是否显示，受系统设置命令 SET DELETE ON|OFF 影响。系统默认是 OFF 状态，显示带删除标记的记录；如果设置为 ON 状态，则带删除标记的记录不会显示。

4. 恢复删除标记命令

格式：

```
RECALL [<范围>][FOR <条件>]
```

功能：恢复当前表中带有删除标记的记录，将删除标记取消。

说明：省略<范围>和<条件>子句时，只恢复当前一个记录。

5. 物理删除有删除标记的记录

格式：

```
PACK
```

功能：将当前表中所有带有删除标记的记录从磁盘上清除掉，并释放存储空间。

说明：用 PACK 命令只能删除带“*”标记的记录，不能删除正常记录。物理删除后，将不能再进行恢复记录操作。

6. 物理删除全部记录

格式：

```
ZAP
```

功能：物理删除表中的所有记录，不论是否存在删除标记。

说明：物理删除全部记录后，当前表变为一个只有表结构的空表。此删除不可恢复，操作时一定要慎重。

例 9-7 记录的插入、删除操作练习。

在命令窗口中输入如下命令。

```
CLEAR
USE xuesheng
COPY TO xs
USE xs
APPEND BLANK
GO 3
INSERT BLANK
GO 10
INSERT BEFORE BLANK
BROWSE
DELETE FOR 性别="女"
RECALL FOR 民族!="汉"
PACK
BROW
ZAP
USE
```

9.5 表的排序和索引

表中的记录在计算机中是按其输入的先后次序排列存储的，这种排列顺序叫物理顺序。在实际应用中常常需要将记录按某种要求加以重新排列，Visual FoxPro 提供了两种方式实现记录的重新排列：排序和索引。

9.5.1 排序

排序是以记录中某些字段作为关键字，重新排列表中的记录，生成一个新的表文件。

格式：

```
SORT TO <新表文件名> ON <字段名1>[/A|/D][,<字段名2>[/A|/D]…][<范围>][FOR <条件>][FIELDS <字段名表>]
```

功能：对当前表进行排序，并将排过序的记录输出到新表中。

说明：

① 指定生成的<新表文件名>默认没有打开，使用前要先打开。

② 选项/A 为升序，/D 为降序，省略时默认为升序。

③ 排序时先以第一个字段值排序，第一个相同则按第二个字段值排序，以此类推。不能同时按所有字段排序。

④ <范围>和<条件>用于对指定范围内满足条件的记录进行排序，省略时对当前表中所有记录进行排序。

⑤ FIELDS <字段名表>用于指定新表包含的字段，省略时包含所有字段。

例 9-8 将表文件 jiaoshi.dbf 中“A1”部门的教师按工资降序排序到表文件 jsgz.dbf 中。

在命令窗口中输入如下命令。

```
CLEAR
USE jiaoshi
SORT ON 工资/D TO jsgz FOR 部门码="A1"
USE jsgz
LIST
USE
```

结果如图 9-4 所示。

文件(F) 编辑(E) 显示(V) 格式(O) 工具(T) 程序(P) 窗口(W)

记录号	职工号	部门码	姓名	工资	课程号
1	31	A1	李增坤	10000.00	2
2	01	A1	袁月	6408.00	8
3	18	A1	Elen	4390.00	2
4	23	A1	Caroly	2987.00	8
5	06	A1	孙皓月	2976.00	3
6	10	A1	张凯元	2400.00	3

图 9-4 例 9-8 运行结果

9.5.2 索引

索引与排序不同，它不改变表中记录的物理顺序，而是以某字段作为关键字形成新的逻辑顺序。

在 Visual FoxPro 系统中，索引文件分为单索引和复合索引，复合索引又分为结构复合索引和非结构复合索引，结构复合索引是索引文件名与表名一致的索引。单索引文件扩展名为.idx，复合索引文件扩展名为.cdx。

1. 建立单索引

格式：

```
INDEX ON <索引表达式> TO <单索引文件名> [FOR <条件>]
```

功能：创建一个单索引文件，利用该文件可以按某种逻辑顺序显示和访问表记录。

说明：

① ON <索引表达式>用于指定一个索引表达式，该表达式中可以包含当前表中的字段名。如果想按多个字段进行索引，要连接成一个表达式才可以，不允许使用多个表达式。

② TO <单索引文件名>用于创建单索引文件。

③ 索引文件建立成功后，自动处于打开状态，可以直接使用。

④ 单索引文件中只能按<索引表达式>升序排列，不能降序。

例 9-9 在表文件 jiaoshi.dbf 中，将“A1”部门教师按姓名建立单索引文件。

在命令窗口中输入如下命令。

```
CLEAR
USE jiaoshi
INDEX ON 姓名 TO xm FOR 部门码="A1"
LIST
USE
```

结果如图 9-5 所示。

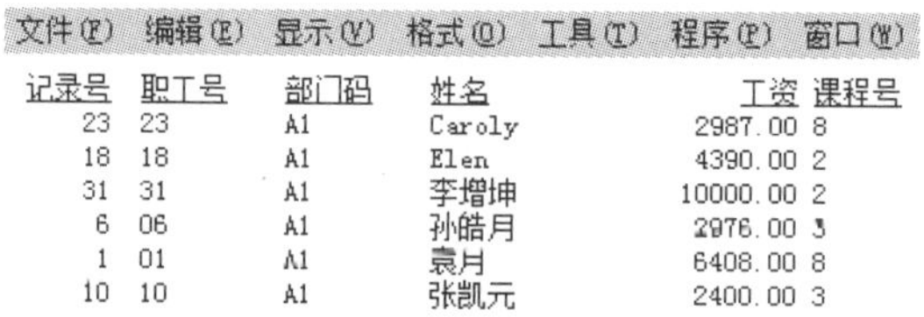

文件(F) 编辑(E) 显示(V) 格式(O) 工具(T) 程序(P) 窗口(W)

记录号	职工号	部门码	姓名	工资	课程号
23	23	A1	Caroly	2987.00	8
18	18	A1	Elen	4390.00	2
31	31	A1	李增坤	10000.00	2
6	06	A1	孙皓月	2976.00	3
1	01	A1	袁月	6408.00	8
10	10	A1	张凯元	2400.00	3

图 9-5　例 9-9 运行结果

2. 建立结构复合索引

格式：

```
INDEX ON <索引表达式> TAG <标识名> [FOR <条件>] [UNIQUE|CANDIDATE] [ASCENDING|
DESCENDING]
```

功能：创建一个结构复合索引文件，利用该文件可以按某种逻辑顺序显示和访问表记录。

说明：

① ON <索引表达式>与单索引中要求相同。

② TAG <标识名>用于指定创建一个复合索引文件中的标识名。复合索引文件是一种可包含任意数量的独立标识（索引项）的单个索引文件，每一个标识都由其唯一标识名确定。

③ UNIQUE 用于创建唯一索引。CANDIDATE 用于创建候选结构索引标识。

④ ASCENDING 用于指定复合索引文件按<索引表达式>升序排列。DESCENDING 用于指定复合索引文件按<索引表达式>降序排列。省略时默认为升序。

⑤ 本命令建立的是结构复合索引文件，主文件名与表文件名一致，扩展名为.cdx。结

构复合索引文件会随着表的打开而自动打开，随着表的关闭而自动关闭。索引文件建立成功后，索引文件自动处于打开状态，可以直接使用。

例 9-10 在表文件 xuesheng.dbf 中，将少数民族学生按性别和出生日期建立结构复合索引文件。

在命令窗口中输入如下命令。

```
CLEAR
USE xuesheng
INDEX ON 性别+DTOC(出生日期,1) TAG xbrq FOR 民族!='汉'
LIST
USE
```

结果如图 9-6 所示。

文件(F) 编辑(E) 显示(V) 格式(O) 工具(T) 程序(P) 窗口(W) 帮助(H)

记录号	学号	姓名	性别	民族	出生日期	是否党员
5	20160105	吴峻男	男	满	11/17/97	.F.
10	20160110	高鸿宇	男	回	01/09/98	.F.
21	20160121	冯业权	男	满	02/17/98	.F.
51	20170211	付朝阳	男	藏	03/24/98	.F.
46	20170206	张盛名	男	藏	03/03/99	.F.
13	20160113	王慧	女	满	03/11/98	.T.
7	20160107	赵红静	女	藏	05/11/98	.F.
42	20170202	柳楠	女	满	02/18/99	.F.
29	20170104	潘小琪	女	满	04/01/99	.F.

图 9-6 例 9-10 运行结果

3. 建立非结构复合索引

格式：

```
INDEX ON <索引表达式> TAG <标识名> OF <非结构复合索引文件名> [FOR <条件>][UNIQUE|CANDIDATE][ASCENDING|DESCENDING]
```

功能：创建一个非结构复合索引文件，利用该文件可以按某种逻辑顺序显示和访问表记录。

说明：OF <非结构复合索引文件名>用于指定生成的索引文件名，不能与表名相同。索引文件建立后自动处于打开状态，但非结构复合索引文件不能随着表的打开而自动打开。其余参数的用法与建立结构复合索引文件的用法相同。

9.5.3 记录查询

在表操作中，有时需要将记录定位到满足一定条件的某个记录上，然后对其进行处理，这就是记录查询。Visual FoxPro 提供两种查询：顺序查询和索引查询。查询是否成功，可以使用函数 FOUND( )和.NOT.EOF( )进行测试。

1. 顺序查询

顺序查询是按照表记录的当前顺序，从前到后依次进行查询。顺序查询包含两条命令：LOCATE 和 CONTINUE。

格式：

```
LOCATE FOR <条件>[<范围>]
CONTINUE
```

功能：按顺序搜索当前表，以找到满足条件的第一个记录。

说明：

① 若<范围>子句省略，默认为全部记录。

② 如果找到满足条件的记录，记录指针指向该记录，此时函数 FOUND( )和.NOT.EOF( )的值均为.T.。找不到，则记录指针指向表文件尾，函数 FOUND( )和.NOT.EOF( )的值均为.F.。

③ CONTINUE 用于继续查找，只能与 LOCATE 一起使用。

例 9-11 在表文件 xuesheng.dbf 中查找前两个少数民族女学生的记录。

在命令窗口中输入如下命令。

```
CLEAR
USE xuesheng
LOCATE FOR 民族!="汉".AND.性别="女"
DISPLAY
CONTINUE
DISPLAY
USE
```

结果如图 9-7 所示。

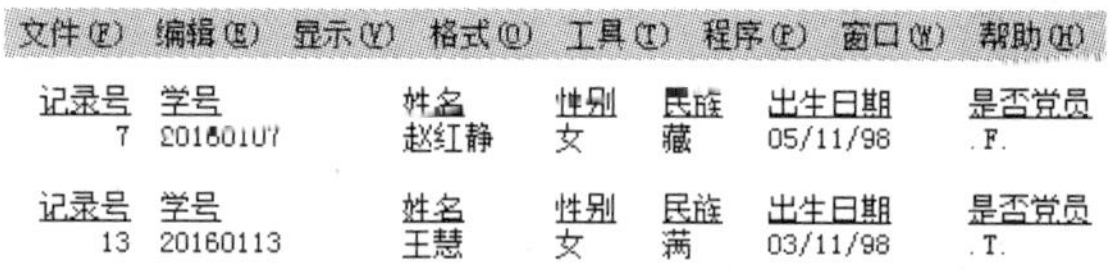

```
文件(F) 编辑(E) 显示(V) 格式(O) 工具(T) 程序(P) 窗口(W) 帮助(H)

记录号  学号        姓名    性别  民族  出生日期  是否党员
     7  20160107    赵红静  女    藏    05/11/98  .F.

记录号  学号        姓名    性别  民族  出生日期  是否党员
    13  20160113    王慧    女    满    03/11/98  .T.
```

图 9-7　例 9-11 运行结果

2. 索引查询

顺序查询可以在任意顺序中进行查询，但是当数据量大的时候查询速度较慢。为了提高查询速度，可以在索引文件中进行索引查询。索引查询是在当前表中，按当前索引的索引表达式查询与指定表达式的值相匹配的第一个记录，找到后记录指针定位于该记录，函数 FOUND( )和.NOT.EOF( )的值均为.T.。否则记录指针指向表文件尾，函数 FOUND( )和.NOT.EOF( )的值均为.F.。索引查询有两条命令：FIND 和 SEEK。

（1）FIND 命令

格式：

```
FIND <字符型常量>|<数值型常量>
```

功能：在表文件的当前索引文件中查询与<字符型常量>或<数值型常量>相匹配的第一个记录。

说明：

① 使用本命令前必须在要查询的关键字段上建立索引文件。

② 查找<字符型常量>时可以不加定界符。

③ FIND 命令后不能直接使用变量。若要使用内存变量值进行查询，可以使用宏替换函数来替换出内存变量的值。

（2）SEEK 命令

格式：

```
SEEK <表达式>
```

功能：在表文件的当前索引文件中查询与<表达式>的值相匹配的第一个记录。

说明：

① 使用本命令前必须在要查询的关键字段上建立索引文件。

② <表达式>可以是任意类型，但都要加上相应的定界符。

例 9-12 在表文件 xuesheng.dbf 中分别使用 FIND 和 SEEK 查找王慧。

在命令窗口中输入如下命令。

```
CLEAR
USE  xuesheng
INDEX ON 姓名 TO xm
FIND 王慧
?RECNO(),FOUND(),.NOT.EOF()
DISPLAY
SEEK "王慧"
?RECNO(),FOUND(),.NOT.EOF()
DISPLAY
USE
```

结果如图 9-8 所示。

```
文件(F)  编辑(E)  显示(V)  格式(O)  工具(T)  程序(P)  窗口(W)  帮助(H)
   13 .T. .T.

记录号  学号          姓名    性别  民族  出生日期  是否党员
    13  20160113      王慧    女    满    03/11/98  .T.
   13 .T. .T.

记录号  学号          姓名    性别  民族  出生日期  是否党员
    13  20160113      王慧    女    满    03/11/98  .T.
```

图 9-8　例 9-12 运行结果

9.5.4　过滤器命令

选择记录和字段是表中常见的操作，在命令中可用 FOR 子句、FIELDS 子句来实现。但是，使用命令子句来实现数据选择，仅在执行命令时生效一次，而且每个命令中都要加入相应子句。使用过滤器命令可以一直有效，直到撤销为止。

1. 记录过滤器

记录过滤器可以将不满足条件的记录暂时屏蔽起来，只对满足条件的记录进行操作，在它有效期内相当于给每条命令都加上了一个条件。

格式：

```
SET FILTER TO [<条件>]
```

功能：指定访问当前表中记录时必须满足的条件。

说明：<条件>用于指定过滤条件，省略时取消设置条件，恢复为所有记录。

2. 字段过滤器

字段过滤器用于限定命令操作能起作用的字段。

格式：

```
SET FIELDS TO [<字段名表>]
```

功能：指定可以访问表中的哪些字段。

说明：<字段名表>用于指定能访问的字段，省略时取消设置，恢复为所有字段。

例 9-13 在表文件 xuesheng.dbf 中显示所有女党员学生的姓名、性别、出生日期和是否党员。

在命令窗口中输入如下命令。

```
CLEAR
USE xuesheng
SET FILTER TO 性别='女'.AND.是否党员
SET FIELDS TO 姓名,性别,出生日期,是否党员
LIST
USE
```

结果如图 9-9 所示。

文件(F) 编辑(E) 显示(V) 格式(O) 工具(T) 程序(P)

记录号	姓名	性别	出生日期	是否党员
13	王慧	女	03/11/98	.T.
28	王一彤	女	11/09/98	.T.
39	胡小萌	女	12/04/98	.T.

图 9-9　例 9-13 运行结果

9.6 统计命令

作为一个数据库管理系统，Visual FoxPro 具有定义、操作和管理数据等诸多功能。对数据表文件中的某些信息进行统计分析、综合汇总并给出综合统计也是其重要作用之一。Visual FoxPro 系统提供了一系列统计命令，包括统计记录个数、求和、求平均值、统计计算和分类汇总。

1. 统计记录个数

统计记录个数就是对表文件中的记录个数进行统计，也简称为计数。

格式：

```
COUNT [<范围>][FOR <条件>][TO <内存变量名>]
```

功能：统计当前表中指定<范围>满足<条件>的记录个数。

说明：

① <范围>的默认值为ALL。

② 若不指定条件，则对指定范围内的全部记录进行统计。

③ TO <内存变量名>指定用于存储记录个数的内存变量，省略则不保存结果。

例 9-14 分别统计表文件 xuesheng.dbf 中男、女党员的人数。

在命令窗口中输入如下命令。

```
CLEAR
USE xuesheng
COUNT FOR 性别='男'.AND.是否党员=.T. TO na
COUNT FOR 性别='女'.AND.是否党员 TO nv
?"男党员的人数为:",na
?"女党员的人数为:",nv
USE
```

结果如图 9-10 所示。

文件(F) 编辑(E) 显示(V)	
男党员的人数为:	4
女党员的人数为:	3

图 9-10　例 9-14 运行结果

2. 求和

求和是对表文件中数值型字段的内容进行纵向求和。

格式：

```
SUM [<数值型字段表达式表>][<范围>][FOR <条件>][TO <内存变量名表>]
```

功能：对当前表的指定数值字段或全部数值字段进行求和。

说明：

① <范围>的默认值为ALL。

② <数值型字段表达式表>表示有一个或多个包含数值型字段的表达式，表达式之间用半角逗号（,）分隔。省略时默认为表文件中的所有数值型字段。

③ TO <内存变量名表>是存放求和结果的一个或多个内存变量。内存变量的个数必须与<数值型字段表达式表>的个数相等，且一一对应。省略时默认结果不保存，只在屏幕上显示。

例 9-15 分别统计表文件 chengji.dbf 中通过四级学生的各科成绩的和，以及未通过四级学生的英语成绩的和。

在命令窗口中输入如下命令。

```
CLEAR
SET TALK OFF              &&关闭系统对话状态,不显示非输出命令的结果
USE chengji
SUM FOR 四级过否 TO sx,yy,jsj
?"通过四级学生的数学、英语、计算机成绩和为：",sx,yy,jsj
SUM 英语 FOR NOT 四级过否 TO y1
?"未通过四级学生的英成绩和为:",y1
USE
```

结果如图 9-11 所示。

文件(F) 编辑(E) 显示(V) 格式(O) 工具(T) 程序(P) 窗口(W) 帮助(H)			
通过四级学生的数学、英语、计算机成绩和为:	3621.80	3753.20	3783.00
未通过四级学生的英语成绩和为:	414.00		

图 9-11 例 9-15 运行结果

3. 求平均值

求平均值是对表文件中数值型字段的内容进行纵向求平均值。

格式:

```
AVERAGE [<数值型字段表达式表>][<范围>][FOR <条件>][TO <内存变量名表>]
```

功能：对当前表的指定数值字段或全部数值字段进行求平均值。

说明：命令格式与求和命令 SUM 相同，各子句的用法也相同。

例 9-16 分别统计表文件 chengji.dbf 中通过四级学生的各科成绩的平均值，以及未通过四级学生的英语成绩的平均值。

在命令窗口中输入如下命令。

```
CLEAR
SET TALK OFF              &&关闭系统对话状态,不显示非输出命令的结果
USE chengji
AVERAGE FOR 四级过否 TO sx,yy,jsj
?"通过四级学生的数学、英语、计算机成绩平均值为：",sx,yy,jsj
AVERAGE 英语 FOR NOT 四级过否 TO y1
?"未通过四级学生的英语成绩平均值为：",y1
```

结果如图 9-12 所示。

文件(F) 编辑(E) 显示(V) 格式(O) 工具(T) 程序(P) 窗口(W) 帮助(H)			
通过四级学生的数学、英语、计算机成绩平均值为:	82.31	85.30	85.98
未通过四级学生的英语成绩平均值为:	59.14		

图 9-12 例 9-16 运行结果

4. 统计计算

Visual FoxPro 系统除了具有上述计数、求和、求平均值等功能外，还能对表中记录进行

各种综合统计计算。

格式：

```
CALCULATE [<表达式表>][<范围>][FOR <条件>][TO <内存变量名表>]
```

功能：对当前表中的字段或包含字段的表达式进行统计操作。

说明：

① <范围>默认值为 ALL。

② <表达式表>是用逗号分隔表达式列表，可以包含下列函数的任意组合。

CNT( )：返回表中记录的个数。

SUM(<数值型字段>)：对<数值型字段>的值求和。

AVG(<数值型字段>)：对<数值型字段>的值求算术平均值。

MAX(<字段名>)：返回可比较大小数据类型的<字段名>的最大值。

MIN(<字段名>)：返回可比较大小数据类型的<字段名>的最小值。

例 9-17 统计表文件 chengji.dbf 中通过四级学生的人数，英语成绩的和、平均值、最大值和最小值。

在命令窗口中输入如下命令。

```
CLEAR
SET TALK OFF
USE chengji
CALCULATE CNT(),SUM(英语),AVG(英语),MAX(英语),MIN(英语);
FOR 四级过否 TO n,s,a,max,min     &&";"是换行符,说明上下两行是同一条命令
?"通过四级学生的人数为:",n
?"通过四级学生的英语成绩和为:",s
?"通过四级学生的英语成绩平均值为:",a
?"通过四级学生的英语成绩最大值为:",max
?"通过四级学生的英语成绩最小值为:",min
USE
```

结果如图 9-13 所示。

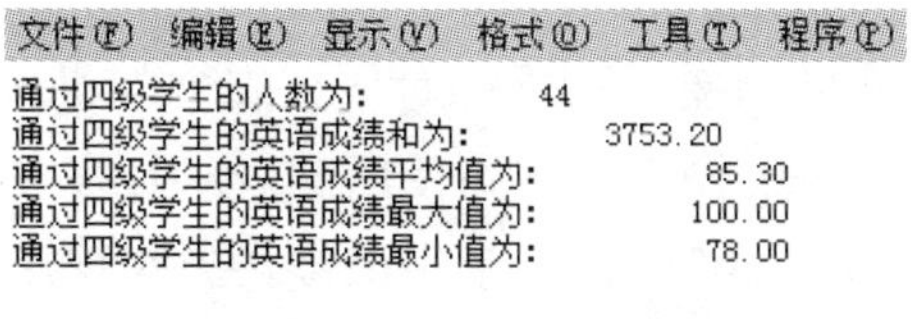

```
文件(F) 编辑(E) 显示(V) 格式(O) 工具(T) 程序(P)
通过四级学生的人数为:              44
通过四级学生的英语成绩和为:             3753.20
通过四级学生的英语成绩平均值为:              85.30
通过四级学生的英语成绩最大值为:             100.00
通过四级学生的英语成绩最小值为:              78.00
```

图 9-13 例 9-17 运行结果

5. 分类汇总

分类汇总也叫分组求和，它是对同类数据进行统计汇总，产生统计报表。

格式：

```
TOTAL TO <新表名> ON <字段名> [FIELDS <字段名表>][<范围>][FOR <条件>]
```

功能：对当前表进行分类汇总，将汇总的结果存入一个新表。

说明：

① ON <字段名>用于指定汇总时作为分组依据的字段。表必须以该字段排序或索引，排序文件、打开的索引或索引标识必须以该字段作为其关键字表达式。

② <范围>和<条件>省略时为表中所有记录。

③ FIELDS <字段名表>用于指定要汇总求和的数值型字段。列表中的字段名用逗号分隔。如果省略了 FIELDS 子句，默认对表中所有的数值型字段汇总求和。

④ 汇总时，将具有相同关键字段值，且前后相邻记录的数值型字段求和。非数值型字段仅保留具有相同关键字段值记录的第一个记录。

例 9-18 对表文件 jiaoshi.dbf 进行分类汇总操作，按部门码分类，对工资求和。

在命令窗口中输入如下命令。

```
CLEAR
USE jiaoshi
INDE ON 部门码 TO bmm
TOTAL ON 部门码 TO bmm
USE bmm
LIST
USE
```

结果如图 9-14 所示。

文件(F) 编辑(E) 显示(V) 格式(O) 工具(T) 程序(P) 窗口(W) 帮助(H)

记录号	职工号	部门码	姓名	工资	课程号
1	01	A1	袁丹	29161.00	8
2	02	A2	王林非	16322.00	4
3	03	A3	刘光旭	28490.00	6
4	04	A4	张微微	23100.00	1
5	05	A5	李洋	17668.00	13
6	09	B1	王洪磊	25881.00	10

图 9-14　例 9-18 运行结果

9.7　使用多个表

前面几节介绍的有关表文件的操作都是针对一个表文件进行的。但在实际应用中，为了减少数据冗余，经常涉及多个表的操作。例如使用的表中，表文件 xuesheng.dbf 中都是学生情况基本信息，而表文件 chengji.dbf 中都是学生成绩，当想使用姓名和各科成绩字段时，就要同时使用两个表，这就是多表操作。

9.7.1　工作区

每个打开的表都要占用一定的内存空间，这个内存空间就叫做工作区。

1. 工作区的概念

Visual FoxPro 系统中每个工作区只能打开一个表，最多可以同时打开 32 767 个表。如果同一时刻需要打开多个表，则只需要在不同的工作区打开不同的表就可以了。

Visual FoxPro 系统中工作表的表示方法有以下 3 种。

1）工作区号：使用数字 1，2，3，…，32 767。

2）系统别名：前 10 个工作区的别名默认为前 10 个英文字母，即 A 相当于 1 号工作区，B 相当于 2 号工作区，…，J 相当于 10 号工作区。11 号以后工作区分别用 W11，W12，…，W32 767 表示。

3）用户别名：在打开表的时候可以使用命令 USE <表名> ALIAS <别名>为表指定一个别名。如果没有指定别名，则默认表名作为别名。

2. 选择工作区

Visual FoxPro 系统启动后，默认当前工作区是 1 号工作区。当需要对多个表进行操作时，必须使用选择工作区命令。

格式：

```
SELECT <工作区号|别名>
```

功能：选择指定的工作区作为当前工作区。

说明：

① 命令中工作区号可以是 1～32 767。

② 命令中的别名可以是系统别名，也可以是用户定义的别名。

③ SELECT 0 命令可以将当前工作区切换至未被使用的最小编号工作区。

④ 在不同工作区打开的表都有各自的记录指针，默认各表之间记录指针互不影响。

⑤ 最后一次 SELECT 命令选择的工作区为当前工作区。

⑥ 如果关闭当前表，使用 USE 命令；如果关闭打开的所有表，使用 CLOSE ALL 命令。

3. 不同工作区之间字段的引用

在当前工作区中引用其他工作区中打开表的字段，应该在该字段前加上该工作区的别名。用法如下。

```
别名.字段名    或    别名->字段名
```

如果不加别名的字段名，默认为当前工作区中的字段名；如果当前工作区中不存在该字段名，则系统提示错误。

例 9-19 多表操作命令。

在命令窗口中输入如下命令练习。

```
CLEAR
CLOSE ALL
USE xuesheng                          &&未选择工作区,默认在第 1 工作区
SELECT C                              &&选择第 3 工作区
USE chengji
SELECT 0                              &&选择最小未用工作区,此处是第 2 工作区
```

```
USE xuanke ALIAS xk                    &&打开表文件 xuanke.dbf 的同时起别名 xk
SELECT A
DISPLAY
SELECT xk
DISPLAY
SELECT 3
DISPLAY 学号,xuesheng.姓名,B.课程号,xk->成绩     &&非当前表字段必须加别名
CLOSE ALL
```

结果如图 9-15 所示。

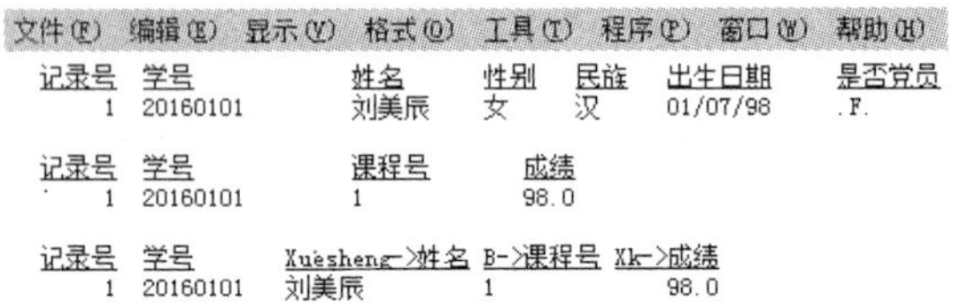

```
文件(F) 编辑(E) 显示(V) 格式(O) 工具(T) 程序(P) 窗口(W) 帮助(H)
记录号  学号          姓名      性别  民族  出生日期    是否党员
     1  20160101      刘美辰    女    汉    01/07/98    .F.

记录号  学号          课程号        成绩
     1  20160101      1             98.0

记录号  学号      Xuesheng->姓名  B->课程号  Xk->成绩
     1  20160101  刘美辰          1              98.0
```

图 9-15　例 9-19 运行结果

9.7.2　设置表间的临时性关系

前面介绍了多个工作区可以打开多个表，但是由于打开的表之间记录指针互不影响，给两个相关表间的操作带来不便。下面介绍能够使另一个工作区的表记录指针，按照某种规律随当前工作区表记录指针的移动而移动的命令。这就是表间的临时性关系设置命令。

格式：

```
SET RELATION TO [<关键字段> INTO <工作区号|别名>]
```

功能：在两个打开的表之间建立关系。

说明：

① <关键字段>必须是要建立关联的父表和子表都存在的公共字段。要建立关联，子表必须按<关键字段>建立索引。

② 关联是有方向的，父表中的记录指针移动，子表中的记录指针指向与父表<关键字段>值相匹配的第一个记录上。如果子表中找不到相匹配的记录，子表中的记录指针将指向表尾。反之，子表记录指针移动，不能影响父表。

③ SET RELATION TO 命令必须在父表所在工作区发出。

④ 不带任何参数的 SET RELATION TO 命令将删除当前工作区中的所有临时性关系。

例 9-20 将表文件 xuesheng.dbf 和表文件 chengji.dbf 建立关联，显示关联之后的前 5 个记录的学号、姓名及各科成绩。

在命令窗口中输入如下命令。

```
CLEAR
CLOSE ALL
```

```
USE chengji
INDEX ON 学号 TO XH
SELECT B
USE xuesheng
SET RELATION TO 学号 INTO A
LIST 学号,姓名,A.数学,A.英语,A.计算机 NEXT 5
CLOSE ALL
```

结果如图 9-16 所示。

文件(F)　编辑(E)　显示(V)　格式(O)　工具(T)　程序(P)

记录号	学号	姓名	A->数学	A->英语	A->计算机
1	20160101	刘美辰	78.0	80.0	92.0
2	20160102	李铮	86.0	85.5	88.0
3	20160103	王宏宇	92.0	72.0	95.0
4	20160104	杨诗瑶	82.0	80.0	90.5
5	20160105	吴峻男	88.0	82.0	93.0

图 9-16　例 9-20 运行结果

9.8　命令文件中的常用命令

命令文件的建立、编辑及运行，在前面的章节已经介绍过了，本节再介绍一些命令文件中常用的命令，以及使用命令文件进行的与表有关的程序示例。

9.8.1　辅助命令及过程化程序设计规则

在程序设计中，经常使用一些辅助命令进行清屏、注释或环境参数设置。按照过程化程序设计规则设计程序，会使程序更加简洁、高效、易懂。

1. 辅助命令

下面介绍几个常用的程序设计辅助命令。

（1）注释命令

格式：

```
NOTE|*|&& <注释>
```

功能：标明程序文件中非执行的注释行的开始。

说明：

① NOTE 和*用于注释行的行首，用于一行做注释语句时。

② &&用于行尾注释，一般用于命令行的后面进行注释。

③ 注释语句用于对程序进行解释说明，不能执行。

（2）清屏命令

格式：

```
CLEAR
```

功能：清除 Visual FoxPro 主窗口中显示的内容。

（3）设置对话状态命令

格式：

```
SET TALK ON|OFF
```

功能：用于设置某些表处理命令在屏幕上是否返回有关运行状态的信息。默认为 ON 状态，显示运行状态信息。

（4）设置字段名是否显示命令

格式：

```
SET HEADINGS ON|OFF
```

功能：用于设置是否显示字段名。默认为 ON 状态，显示字段名。

（5）设置精确比较命令

格式：

```
SET EXACT ON|OFF
```

功能：用于设置字符串进行“=”比较运算时，是精确比较还是模糊比较。默认为 OFF 状态，是模糊比较方式。

2. 结构化程序设计规则

“结构化程序设计”的思想和方法于 20 世纪 70 年代被提出了，这种方法引入了工程思想和结构化思想，使大型软件的开发和编程都得到了极大的改善。

结构化程序设计方法的主要原则可以概括为自顶向下、逐步求精、模块化设计和结构化编码几个方面。

1）自顶向下：程序设计时，应先考虑总体，后考虑细节；先考虑全局目标，后考虑局部目标。

2）逐步求精：对于复杂问题，应设计一些子目标作为过渡，逐步细化。

3）模块化设计：把程序要解决的总目标分解为分目标，再进一步分解为具体的小目标，把每个小目标称为一个模块。

4）结构化编码：在编码时使用程序设计语言中的顺序、选择和循环等有限的控制结构表示程序的控制逻辑。

9.8.2 格式化输入命令

前面介绍的输入命令都是非格式化命令，也就是不能按用户的需要输入指定格式的内容。当用户需要按自己的要求来定义格式进行输入数据时，可以使用格式化输入语句。

格式：

```
@ <行坐标,列坐标> [SAY <提示信息>] GET <变量名>
```

```
READ
```

功能：在屏幕指定位置显示提示信息，修改<变量名>的值。

说明：

① SAY <提示信息>用来在屏幕上输出提示用户输入数据的信息，必须为字符型，省略则无提示信息。

② GET <变量名>用来指定修改已经存在的变量名，必须与 READ 配套使用才能输入数据。若无 READ 语句，则只能显示而不能修改，一个 READ 语句可以激活多个 GET 命令。

例 9-21 设计一个程序文件 xt9-21.prg，在表文件 bumen.dbf 中输入一个新的部门。部门码为“C2”，部门名为“人文学院”，显示后再删除。

在命令窗口中输入命令“MODIFY COMMAND xt9-21”，按 Enter 键，在打开的程序窗口中输入如下程序。

```
CLEAR
USE bumen
LIST
APPEND BLANK
@ 20,20 SAY "部门码：" GET 部门码
@ 22,20 SAY "部门名：" GET 部门名
READ
DISPLAY
DELETE
PACK
USE
```

输入完成并保存成功后，在命令窗口中输入命令“DO xt9-21”，执行程序。

9.8.3　输出命令

在一个程序中，输出命令也是必不可少的部分。它可以把程序的运行结果反馈给用户。除去前面介绍的输出命令?/??、DISPLAY 和 LIST 等外，这里再介绍两个输出命令。

1. 文本输出命令

格式：

```
TEXT
    <文本内容>
ENDTEXT
```

功能：在屏幕当前位置原样输出。

2. 格式化输出命令

格式：

```
@ <行坐标,列坐标> SAY <表达式>
```

功能：在屏幕指定位置显示给定<表达式>的值。

9.9 面向过程的程序设计应用

数据表中存放着大量要处理的数据，使用命令只能实现简单操作，复杂、大量的数据处理必须通过程序来实现。前面介绍的结构化程序设计中的几种结构，在处理表中数据时也是经常要用到的，下面介绍的这几种结构是在处理表中数据时的用法。

9.9.1 顺序结构程序设计

顺序结构在进行表中数据处理时比较简单，就是把命令窗口中单次执行的语句，按一定顺序组织到一个命令文件中，能够完成一定的数据处理功能，就可以构成一个完整的程序。

例 9-22 设计程序 xt9-22.prg，在表文件 xuesheng.dbf 中，根据输入的姓名进行查找并显示该记录。

在命令窗口中输入命令“MODIFY COMMAND xt9-22”，按 Enter 键，在打开的程序窗口中输入如下程序。

```
CLEAR
USE xuesheng                              &&打开表
ACCEPT "请输入要查找的姓名：" TO xm       &&输入字符串不用加定界符
LOCATE FOR 姓名=xm                        &&查找输入的姓名
DISPLAY
USE                                       &&关闭表
RETURN
```

输入完成并保存成功后，在命令窗口中输入命令“DO xt9-22”，程序执行结果如图 9-17 所示。

例 9-23 设计程序 xt9-23.prg，在表文件 chengji.dbf 中，按总成绩降序显示前 3 名学生的 3 科成绩。

在命令窗口中输入命令“MODIFY COMMAND xt9-23”，按 Enter 键，在打开的程序窗口中输入如下程序。

```
CLEAR
USE chengji                               &&打开表
INDEX ON 数学+英语+计算机 TAG cj DESC     &&按总成绩降序建立索引
LIST NEXT 3                               &&前三名即总分最高的三人
USE                                       &&关闭表
RETURN
```

输入完成并保存成功后，在命令窗口中输入命令“DO xt9-23”，程序执行结果如图 9-18 所示。

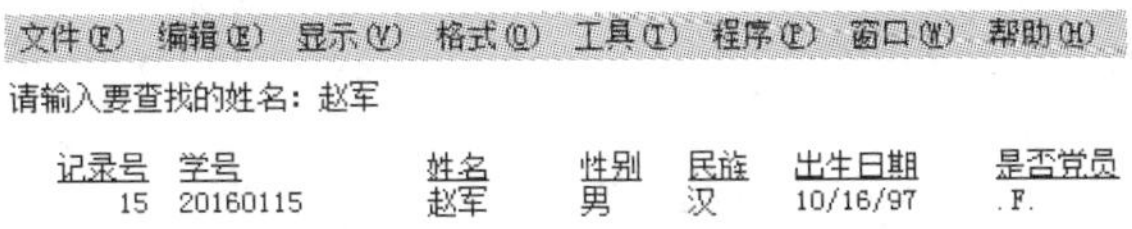

```
文件(F)  编辑(E)  显示(V)  格式(O)  工具(T)  程序(P)  窗口(W)  帮助(H)
请输入要查找的姓名：赵军

  记录号  学号        姓名    性别  民族  出生日期    是否党员
      15  20160115    赵军    男    汉    10/16/97    .F.
```

图 9-17　例 9-22 运行结果

```
文件(F)  编辑(E)  显示(V)  格式(O)  工具(T)  程序(P)  窗口(W)
  记录号  学号          数学    英语   计算机  四级过否
      34  20170109     100.0    94.0     82.0  .T.
      41  20170201      89.0    98.0     86.0  .T.
      43  20170203     100.0    90.0     80.0  .T.
```

图 9-18　例 9-23 运行结果

从上面的例子可以看出，顺序结构非常简单，就是把命令窗口中的命令，按一定的顺序放到程序中就可以了。相比命令窗口，程序的更大优势在于能够永久保存，每次需要时，可以随时、反复多次地运行，这是程序具备的显著优势。

9.9.2　分支结构程序设计

本书在前面介绍了分支结构，包括单分支、双分支和多分支结构。这些具有逻辑判断功能的结构，在对表中数据进行处理时，能够决定程序的走向，使程序具有一定的逻辑思维能力，能完成复杂的判断功能，使程序具有更为智能的数据处理功能。

例 9-24 设计程序 xt9-24.prg，在表文件 xuesheng.dbf 中，输入一个日期，查找是否有该日期出生的学生，有则显示该记录，无则显示“查无此日期出生的学生！”。

在命令窗口中输入命令“MODIFY COMMAND xt9-24”，按 Enter 键，然后在打开的程序窗口中输入如下程序。

```
CLEAR
USE xuesheng
INPUT "请输入一个出生日期:" TO csrq
LOCATE FOR 出生日期=csrq
IF FOUND()                        &&测试是否查找成功
  DISPLAY
ELSE
  ?'查无此日期出生的学生!'
ENDIF
USE
RETURN
```

保存成功后，在命令窗口中输入命令“DO xt9-24”，程序执行结果如图 9-19 所示。

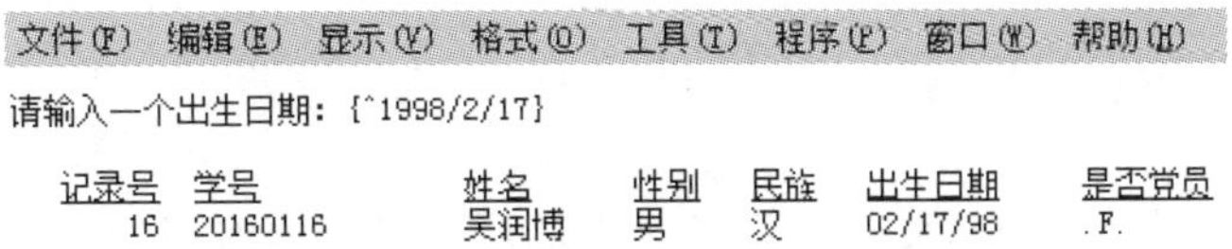

```
文件(F)  编辑(E)  显示(V)  格式(O)  工具(T)  程序(P)  窗口(W)  帮助(H)
请输入一个出生日期：{^1998/2/17}

  记录号  学号        姓名    性别  民族  出生日期    是否党员
      16  20160116    吴润博  男    汉    02/17/98    .F.
```

图 9-19　程序文件 xt9-24 运行结果

例 9-25 设计程序 xt9-25.prg，在表文件 xuesheng.dbf 中，物理删除姓名为“赵军”的记录信息，删除前确认，如果输入“Y”则确定删除，否则恢复记录。

在命令窗口中输入命令“MODIFY COMMAND xt9-25”，按 Enter 键，然后在打开的程序窗口中输入如下程序。

```
CLEAR
USE xuesheng
DELETE FOR 姓名="赵军"
WAIT "确实要删除吗?" TO yn
IF UPPER(yn)="Y"                        &&判断输入的是否为"Y"
  PACK
ELSE
  RECALL ALL
ENDIF
USE
RETURN
```

输入完成并保存成功后，在命令窗口中输入命令“DO xt9-25”，执行该程序。

9.9.3 循环结构程序设计

1. DO WHILE…ENDDO 语句

前面介绍了 DO WHILE…ENDDO 语句，它的使用范围最广，适用于任何环境中，所以在表中此循环也是必不可少的。当它用于表中时，经常使用的循环结束条件是.NOT. EOF( )，也就是从表的第一个记录开始，直到表尾结束。使用格式在第 2 章已经详细介绍，这里不再赘述。

例 9-26 设计程序 xt9-26.prg，显示表文件 bumen.dbf 中的全部记录。

在命令窗口中输入命令“MODIFY COMMAND xt9-26”，按 Enter 键，然后在打开的程序窗口中输入如下程序。

```
CLEAR
USE bumen                     &&打开表
?"部门码","部门名"
DO WHILE .NOT.EOF()
  ?"   ",部门码,部门名        &&前面显示 3 个空格常量,目的是与标题对齐
  SKIP                        &&移动记录指针
ENDDO
USE                           &&关闭表
RETURN
```

```
文件(F)  编辑(E)
部门码 部门名
   A1 基础学院
   A2 药学院
   B1 医疗学院
   B2 高职学院
   C1 研究生院
   A4 外语部
   A5 体育部
   A3 计算机中心
```

图 9-20 例 9-26 运行结果

输入完成并保存成功后，在命令窗口中输入命令“DO xt9-26”，程序执行结果如图 9-20 所示。

例 9-27 设计程序 xt9-27.prg，显示表文件 xuesheng.dbf 中所有姓张的记录。

在命令窗口中输入命令“MODIFY COMMAND xt9-27”，按 Enter 键，然后在打开的程序窗口中输入如下程序。

```
CLEAR
USE xuesheng              &&打开表
LOCATE FOR 姓名="张"
DO WHILE .NOT.EOF()
 DISPLAY
 CONTINUE                 &&继续查找
ENDDO
USE                       &&关闭表
RETURN
```

输入完成并保存成功后，在命令窗口中输入命令“DO xt9-27”，程序执行结果如图 9-21 所示。

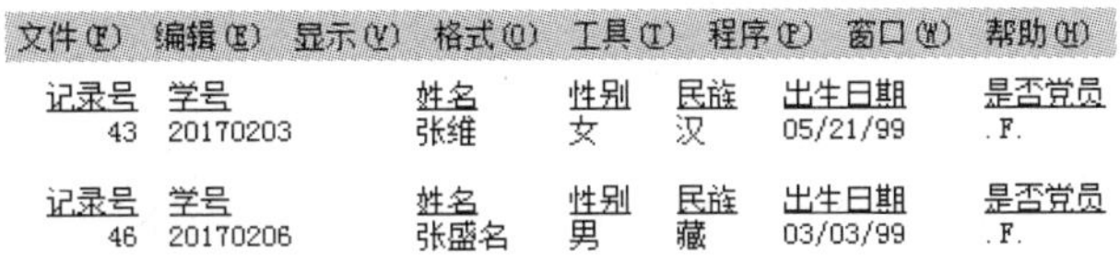

```
文件(F) 编辑(E) 显示(V) 格式(O) 工具(T) 程序(P) 窗口(W) 帮助(H)

记录号 学号        姓名    性别 民族 出生日期  是否党员
    43 20170203    张维    女   汉   05/21/99  .F.

记录号 学号        姓名    性别 民族 出生日期  是否党员
    46 20170206    张盛名  男   藏   03/03/99  .F.
```

图 9-21 例 9-27 运行结果

2. SCAN…ENDSCAN 语句

表中的循环可以使用 DO WHILE…ENDDO 语句，但是该语句使用时比较麻烦，必须移动记录指针。在 Visual FoxPro 系统中，提供了一个更为简洁的循环语句：SCAN…ENDSCAN 循环语句，此循环专门用于处理数据表中的记录，如果没有相应的数据表打开，此循环语句将不能使用。

格式：

```
SCAN [<范围>][FOR <条件>]
  <循环体>
ENDSCAN
```

功能：执行该语句时，记录指针自动从前到后，在当前表中指定范围内满足条件的记录上移动，直到表尾，对相应的记录执行循环体内的命令。

说明：

① 省略<范围>子句时的默认值是 ALL。<范围>和 FOR <条件>都省略时，是对表从第一个记录开始，直到最后一个记录逐条进行操作。

② SCAN 语句和 ENDSCAN 语句必须成对使用，SCAN 语句既是结构的入口，又是结构的出口。

③ 使用此循环结构，表中记录能够自动移动指针。如果加入移动记录命令，会影响程序的执行结果。

④ EXIT 和 LOOP 命令也可以出现在循环体中，使用方法与前面的循环语句相同。当程序执行到 LOOP 语句时，结束本次循环，返回到 SCAN 语句，记录指针自动下移一个后，通过再次判断循环是否已到表尾来决定是否继续循环。当执行到 EXIT 命令时，循环结束，

程序转去执行 ENDSCAN 命令后的语句。

⑤ 本循环也可以嵌套使用，嵌套结构只能是包含关系，不允许出现交叉关系。

例 9-28 设计程序 xt9-28.prg，显示表文件 bumen.dbf 中的全部记录。

在命令窗口中输入命令“MODIFY COMMAND xt9-28”，按 Enter 键，然后在打开的程序窗口中输入如下程序。

```
CLEAR
USE bumen                       &&打开表
?"部门码","部门名"
SCAN
  ?"   ",部门码,部门名          &&前面显示 3 个空格常量,目的是与标题对齐
ENDSCAN
USE                             &&关闭表
RETURN
```

输入完成并保存成功后，在命令窗口中输入命令“DO xt9-28”，程序执行结果如图 9-22 所示。

```
文件(F)  编辑(E)
部门码 部门名
   A1 基础学院
   A2 药学院
   B1 医疗学院
   B2 高职学院
   C1 研究生院
   A4 外语部
   A5 体育部
   A3 计算机中心
```

图 9-22　例 9-28 运行结果

此程序与例 9-26 相同，但是使用此循环设计时，不再需要移动记录指针命令，而是循环语句可以自动移动记录指针，使程序更为简洁方便。

例 9-29 设计程序 xt9-29.prg，分别统计表文件 jiaoshi.dbf 中 A1～A5 各部门的工资总和。

在命令窗口中输入命令“MODIFY COMMAND xt9-29”，按 Enter 键，然后在打开的程序窗口中输入如下程序。

```
CLEAR
USE jiaoshi     &&打开表
STORE 0 TO a1,a2,a3,a4,a5
SCAN
  DO CASE
  CASE 部门码="A1"
    a1=a1+工资
  CASE 部门码="A2"
    a2=a2+工资
  CASE 部门码="A3"
    a3=a3+工资
  CASE 部门码="A4"
    a4=a4+工资
  CASE 部门码="A5"
    a5=a5+工资
  ENDCASE
ENDSCAN
```

```
FOR i=1 TO 5
  n=STR(i,1)
  ?"表中部门 A&n.的工资总和为:",a&n
ENDFOR
USE
RETURN
```

输入完成并保存成功后，在命令窗口中输入命令“DO xt9-29”，程序执行结果如图 9-23 所示。

```
文件(F)  编辑(E)  显示(V)  格式(O)  工具(T)
表中部门A1的工资总和为:        29161.00
表中部门A2的工资总和为:        16322.00
表中部门A3的工资总和为:        28490.00
表中部门A4的工资总和为:        23100.00
表中部门A5的工资总和为:        17668.00
```

图 9-23　例 9-29 运行结果

例 9-30　设计程序 xt9-30.prg，计算表文件 jiaoshi.dbf 中部门码为“A1”的所有教师的平均工资。

在命令窗口中输入命令“MODIFY COMMAND xt9-30”，按 Enter 键，然后在打开的程序窗口中输入如下程序。

```
CLEAR
USE jiaoshi                      &&打开表
STORE 0 TO s,n                   &&求和、求个数变量初值均赋为 0,不影响计算结果
SCAN
  IF 部门码="A1"                 &&满足条件说明所在部门为 A1
    s=s+工资                     &&累加工资求和
    n=n+1                        &&累加 1,用于计算 A1 部门人数
  ENDIF
ENDSCAN
?"A1 部门教师的平均工资为: ",s/n   &&平均工资为工资和除以人数
USE
RETURN
```

输入完成并保存成功后，在命令窗口中输入命令“DO xt9-30”，程序执行结果如图 9-24 所示。

```
文件(F)  编辑(E)  显示(V)  格式(O)  工具(T)  程序(P)
A1部门教师的平均工资为:        4860.1667
```

图 9-24　例 9-30 运行结果

9.9.4　程序示例

本节用学过的知识编写一些小程序，供熟练掌握程序使用。

1）显示 xuesheng 表中第一个姓李的姓名。

```
CLEAR
SET HEADING OFF
USE xuesheng
LOCATE FOR 姓名="李"
DISPLAY 姓名 OFF
USE
SET HEADING ON
RETURN
```

2）显示表文件 xuesheng.dbf 中所有少数民族学生的姓名和年龄。

```
CLEAR
USE xuesheng
LOCATE FOR 民族<>"汉"
DO WHILE NOT EOF()
  ?姓名,YEAR(DATE())-YEAR(出生日期)
  CONTINUE
ENDD
RETURN
```

3）对表文件 jiaoshi.dbf 按部门码进行分类汇总。

```
CLEAR
USE jiaoshi
INDEX ON 部门码 TO bmm
TOTAL ON 部门码 TO bm
USE bm
DISPLAY ALL 部门码,工资
USE
RETURN
```

4）统计表文件 xuesheng.dbf 中党员的总人数。

```
CLEAR
n=0
USE xuesheng
SCAN FOR 是否党员
  n=n+1
ENDSCAN
?"党员的总人数为：",n
USE
RETURN
```

5）求表文件 chengji.dbf 中总成绩的最大值。

```
CLEAR
```

```
USE chengji
m=数学+英语+计算机
DO WHILE NOT EOF()
  IF m>数学+英语+计算机
    m=数学+英语+计算机
  ENDIF
  SKIP
ENDDO
?"总成绩的最大值为：",m
RETURN
```

6）物理删除表文件 xuesheng.dbf 中女同学的记录。

```
CLEAR
USE xuesheng
SCAN FOR 性别="女"
  DELETE
ENDSCAN
PACK
BROWSE
USE
RETURN
```

9.10　过程及其调用

在结构化程序设计中，把一个大的系统划分为若干个功能子模块，功能子模块又可划分为若干个更小的子模块。把每一个子模块编写成一个独立的程序段，这个独立的程序段，可以是子程序、过程或自定义函数。对于重复执行某种功能的一段程序，也可编写为一个子程序、过程或自定义函数。这种程序结构，不仅易于程序的调试和维护，而且在需要的时候可以多次调用，减少重复编程，提高程序的通用性。

9.10.1　模块的建立和调用

无论是子程序、过程还是自定义函数，都是程序模块，基本都存在于某个程序文件之中，所以建立和调用方式与程序的建立及调用方法相同。这 3 种模块在使用时都差不多，只是格式上略有不同。

1. 模块的建立

格式：

```
MAODIFY COMMAND <文件名>
```

功能：建立程序文件，扩展名为.prg，子程序、过程和自定义函数都存在于其中。

2. 模块的调用

格式1：

```
DO <文件名>|<过程名> [WITH <参数表>]
```

格式2：

```
<文件名>|<过程名>([<参数表>])
```

功能：

① 当模块是程序文件名时，使用<文件名>，否则使用<过程名>。

② 格式2既可以作为命令使用，也可以作为函数出现在表达式中，此格式中不能加文件扩展名。

③ 当主程序与模块之间进行参数传递时，要使用<参数表>来进行参数传递。

9.10.2 子程序

如果每一个程序段作为一个独立的程序文件存放在磁盘上，这个独立存在并能够被调用的程序文件就是子程序。调用子程序的程序称为主程序。子程序也可以嵌套调用。

格式：

```
*<子程序名>.prg
  [PARAMETERS <参数表>]
  <子程序体>
RETURN [TO MASTER]
```

说明：

① *<子程序名>.prg为注释语句，不执行，起注释说明作用，也可不写。但子程序要以<子程序名>为文件名进行保存。

② 如果主程序与子程序之间有参数传递，必须使用PARAMETERS <参数表>来定义参数，同时在调用子程序时也必须使用<参数表>来对应。

③ 在<子程序体>中编写程序完成模块实现的功能。

④ RETURN 为返回语句，返回调用该子程序的下一条语句继续执行。如果使用 TO MASTER选项，则返回主程序中调用语句的下一条语句继续执行。

例9-31 设计程序，输入任意半径，利用调用子程序的方法，求圆的面积。

在命令窗口中输入命令“MODIFY COMMAND xt9-31”，按Enter键，然后在打开的程序窗口中输入如下程序。

```
*主程序名：xt9-31.prg,求任意半径圆的面积
CLEAR
s=0
INPUT "请输入圆半径R的值：" TO r
DO zcx WITH r,s                        &&调用子程序文件名zcx
```

```
?"该圆的面积是：",s
RETURN
```

输入完成并保存成功后，在命令窗口中输入命令“MODIFY COMMAND zcx”，然后在新打开的程序窗口中输入如下子程序。

```
*子程序文件名:zcx.prg,求圆的面积
PARAMETERS a,b
b=PI()*a^2
RETURN
```

输入完成并保存成功后，在命令窗口中输入命令“DO xt9-31”，执行主程序。程序运行结果如图 9-25 所示。

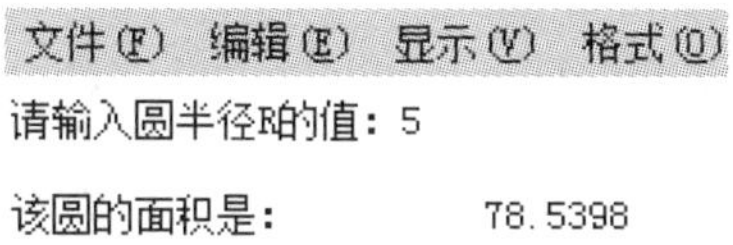

文件(F)　编辑(E)　显示(V)　格式(O)

请输入圆半径R的值：5

该圆的面积是：　　78.5398

图 9-25　例 9-31 运行结果

9.10.3　过程

子程序实现了程序的模块化和层次化，但在系统中，子程序是以文件形式独立存在的，每调用一次子程序就访问一次磁盘，如果调用子程序过多，频繁访问磁盘，会影响程序运行速度。

为解决上述问题，引入了过程的概念。为了使用方便，将一个模块程序定义为一个过程，而且可以把一个或多个过程放在主程序的末尾，调用时不用再打开了。相比子程序文件，过程有一定的使用格式。

格式：

```
PROCEDURE <过程名>
  [PARAMETERS <参数表>]
  <语句序列>
RETURN
```

说明：

① PROCEDURE <过程名>用于定义过程名。过程调用时必须调用<过程名>。

② PROCEDURE…RETURN 结构成对使用，同一个程序文件中可以同时放置多个这样的过程结构。

例 9-32 设计程序，输入任意半径，利用调用过程的方法，求圆的面积。

在命令窗口中输入命令“MODIFY COMMAND xt9-32”，按 Enter 键，然后在打开的程序窗口中输入如下程序。

```
*主程序名：xt9-32.prg
CLEAR
```

```
s=0
INPUT "请输入圆半径 R 的值：" TO r
DO gc WITH r,s          &&调用过程名：gc
?"该圆的面积是：",s
RETURN

*过程 gc
PROCEDURE gc            &&过程名为：gc
  PARAMETERS a,b
  b=PI()*a**2
RETURN
```

输入完成并保存成功后，在命令窗口中输入命令“DO xt9-32”，执行主程序。程序运行结果与例 9-31 结果相同。

9.10.4 自定义函数

虽然系统提供了大量的标准函数，但系统仍然允许用户通过自己设计所需的函数，来完成某种特定的功能。这样的函数称为自定义函数，它也有一定的格式。

格式：

```
FUNCTION <函数名>
   [PARAMETERS <形参表>]
   <语句序列>
RETURN <表达式>
```

说明：

① FUNCTION <函数名>中<函数名>为自定义函数名，在调用时使用。

② RETURN 语句返回<表达式>的值，此表达式的值即为自定义函数的值。

例 9-33 设计程序，输入任意半径，利用调用自定义函数的方法，求圆的面积。

在命令窗口中输入命令“MODIFY COMMAND xt9-33”，按 Enter 键，然后在打开的程序窗口中输入如下程序。

```
*主程序 xt9-33.prg
CLEAR
s=0
INPUT "请输入圆半径 R 的值:" TO r
?"该圆的面积是:",mj(r)          &&调用自定义函数:mj
RETURN
*自定义函数 mj,求圆的面积
FUNCTION mj                     &&自定义函数名:mj
PARAMETERS a
b=PI()*a^2
RETURN  b                       &&表达式 b 的值返回给函数
```

输入完成并保存成功后，在命令窗口中输入命令“DO xt9-33”，执行主程序。程序运行结果与例 9-31 结果相同。

9.10.5 内存变量作用域

主程序在调用子程序、过程和自定义函数时，经常需要主程序把必要的数据传递给子程序、过程和自定义函数，然后将处理结果送回子程序。为解决数据传递问题，可以使用两种办法：一种是上面模块程序中使用的参数传递，另一种是利用不同属性的变量来实现数据的传递。

由于变量的属性不同，它们的作用范围就不同，而作用范围的不同就使变量传递数据的方式和结果不同。变量的作用域指的是变量在什么范围内有效或能被访问。在 Visual FoxPro 系统中，按变量的作用域将内存变量分为公共变量、私有变量和局部变量 3 种。

1. 公共变量

公共变量也叫全局变量，是用 PUBLIC 定义的，可用于任何模块。凡是在命令窗口中创建的任何变量自动具有全局属性。

格式：

```
PUBLIC <内存变量名表>
```

该命令的功能是建立一个或多个公共变量，并为它们赋初值为逻辑假.F.。

2. 私有变量

私有变量是 Visual FoxPro 程序直接使用，不需要特殊关键字定义的变量。如果在上层模块中已经有同名变量，可以用 PRIVATE 关键字予以声明，以限定其范围。私有变量的作用域是建立它的模块及其下属的各模块。

PRIVATE 并不创建变量，它只在当前程序中隐藏变量，这些变量是在高层程序中声明的。

格式：

```
PRIVATE <内存变量名表>
```

该命令并不建立新的内存变量，它的作用实际上是隐藏上层模块中可能已经存在的同名变量，使其在当前模块中暂时无效。

3. 局部变量

局部变量是用 LOCAL 定义的，只能在建立它的模块中使用，不能在上层或下层模块中使用。

格式：

```
LOCAL <内存变量名表>
```

该命令的功能是建立一个或多个局部变量，并为它们赋初值为逻辑假.F.。为了与前面的顺序查询命令 LOCATE 相区分，此命令不能缩写，必须写全。

9.10.6 程序示例

本节用学过的知识编写一些小程序，要求能够写出程序的运行结果，供熟练掌握程序使用。

1）写出下面程序的运行结果。

```
CLEAR
t=4
i=1
DO WHILE i<=5
  DO p1 WITH t,i
  i=i+2
ENDDO
RETURN
PROCEDURE p1
  PARAMETERS x,r
  s=x*r^2
  ?s
RETURN
```

程序运行结果如图 9-26 所示。

```
文件(F) 编辑(E)
     4.00
    36.00
   100.00
```

图 9-26 程序示例 1）运行结果

2）写出下面程序的运行结果。

```
CLEAR
fs=0
DO k2 WITH 5,fs
?fs
RETURN
**子程序 k2.prg
PARAMETERS x,y
  y=x*x+15
RETURN
```

程序运行结果如图 9-27 所示。

```
文件(F) 编辑(E)
   40
```

图 9-27 程序示例 2）运行结果

3）写出下面程序的运行结果。

```
CLEAR
a=5
b=6
c=7
DO f1
?a,b,c
RETURN
*f1.prg
a=10
b=20
c=a*b
RETURN
```

程序运行结果如图 9-28 所示。

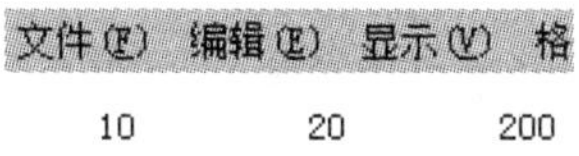

文件(F)	编辑(E)	显示(V) 格
10	20	200

图 9-28　程序示例 3）运行结果

4）写出下面程序的运行结果。

```
CLEAR
??'辽宁省'
DO p09_1
??'测试'
RETURN
PROCEDURE p09_1
  ??'高校'
  DO p09_2
  ??'等级'
RETURN
PROCEDURE p09_2
  ??'计算机'
RETURN TO MAST
```

程序运行结果如图 9-29 所示。

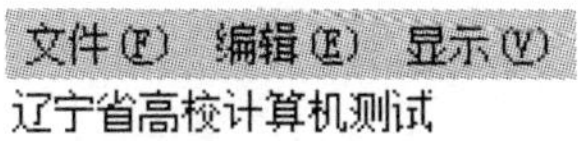

文件(F)　编辑(E)　显示(V)

辽宁省高校计算机测试

图 9-29　程序示例 4）运行结果

5）写出下面程序的运行结果。

```
CLEAR
```

```
x=0
DO gp WITH 5,x
?x
RETURN
PROCEDURE gp
PARAMETERS a,b
n=1
b=1
DO WHILE n<a
  b=b*n
  n=n+1
ENDDO
RETURN
```

程序运行结果如图 9-30 所示。

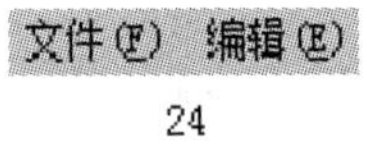

```
文件(F) 编辑(E)
24
```

图 9-30　程序示例 5）运行结果

第 10 章　面向对象的程序设计

面向对象的程序设计是以表单控件为基本对象进行编程设计的。

在表单中，控件是用来显示数据、执行命令的图形对象，是表单设计的主角，使表单具有友好的界面和交互功能。

在 Visual FoxPro 中有两种类型的控件：绑定型控件和非绑定型控件。绑定型控件是指控件在设计时与表或视图中的字段相连接，用户通过绑定型控件可以向表或视图中的字段输入数据，或者从表或视图中的字段选择数据；非绑定型控件在设计时与表或视图没有任何联系，是独立的。

在第 3 章中，侧重介绍了非绑定型控件及与数据表无关的程序设计，本章重点介绍绑定型控件及与数据表相关的程序设计。

10.1　表单的数据环境

数据环境（Data Environment）泛指设计表单或表单集时使用的数据源，包括表、视图和关系。数据环境是一个容器对象。

在 Visual FoxPro 表单中，可以将某些控件与数据库表的字段绑定，从而更加方便地对数据进行显示和控制操作。Visual FoxPro 6.0 可以通过设置数据环境设计器来实现数据绑定。

10.1.1　数据环境

数据环境是包括 Cursor 和 Relation 两类对象的一个容器，该容器和其所含对象一起定义了表单中的数据源。数据环境也是一个对象，也有自己的属性、方法和事件。

1. 数据环境的常用属性

AutoOpenTables 属性用来设置数据环境中的表或视图是否随着表单的打开或运行而打开（默认值为.T.）。AutoCloseTables 属性用来设置数据环境中的表或视图是否随着表单的关闭或释放而关闭（默认值为.T.）。InitialSelectedAlias 属性用来指定运行表单时选定的表或视图，如果事先没有指定，在运行时首先加载到“数据环境”中的临时表（Cursor）最先被选定。

2. 数据环境的常用事件和方法

数据环境容器除支持 Init、Destroy、Error 事件外，DataEnvironment 对象还支持以下两个事件和两个方法。

1）BeforeOpenTable( )事件：打开表时发生，其事件代码在表打开之前执行。

2）AfterCloseTable( )事件：关闭表时发生，其事件代码在表关闭后执行。

3）CloseTable 方法：用于关闭数据环境中所定义的所有数据源（表、视图）。

4）OpenTable 方法：用于打开数据环境中所定义的所有数据源（表、视图）。

10.1.2　数据环境设计器

在通常情况下，数据环境设计器中的表或视图会随着表单的打开或运行而打开，并随着表单的关闭或释放而关闭。

1. 打开数据环境设计器

打开数据环境设计器有 3 种方式，在表单设计窗口中右击，在弹出的快捷菜单中选择“数据环境”选项，或单击表单设计器工具栏中的“数据环境”按钮，或选择“显示”→“数据环境”选项，都可以打开数据环境设计器窗口。进入数据环境后，系统菜单中出现“数据环境”菜单项。

2. 添加表或视图

1）在数据环境设计器窗口中右击，在弹出的快捷菜单中选择“添加”选项，或选择“数据环境”→“添加”选项，两种方式都能打开“添加表或视图”对话框。

2）选择要添加的表或视图，然后单击“添加”按钮，就将表添加到数据环境窗口中。也可以单击“其他”按钮，在“打开”对话框中选择要添加的表，再单击“确定”按钮就可以添加其他数据库中的表或其他自由表。

按同样方法添加多个表或视图，添加完毕后单击“关闭”按钮，在数据环境窗口就会显示选定的表和视图，以及表中的字段和索引。

3. 移去表或视图

1）在数据环境窗口中，单击准备移去的表或视图，被选中的表或视图呈高亮度显示。

2）右击，在弹出的快捷菜单中选择“移去”选项，即从数据环境中移去该表或视图。

注意：当表从数据环境中移去后，与该表相关的所有关系也随之消失。

4. 数据环境中表间的关系

（1）永久性关系

表添加到数据环境中以后，如果有两个或多个表，假如这些表原来已存在永久性关系，则在两表之间会自动出现表示两表关系的连线。在数据环境中删除的永久性关系，不会影响数据库中的永久性关系。

（2）添加临时性关系

如果未建立永久性关系，用户也可以在数据环境中临时建立临时性关系，建立方法是，选择关联字段，将其从父表中拖到子表对应字段上，如果子表中对应字段未建索引，系统将自动建立以该字段为关键字的索引。临时性关系会随着表单的关闭而撤销。

（3）删除关系

解除关联，只需选中关联线条，按 Delete 键删除即可。

例10-1 观察数据库中关系对数据环境中表关系的影响（准备：新建数据库文件 jiaoshiguanli .dbc，添加表 jiaoshi、gongzi、zhicheng、bumen，给 jiaoshi、gongzi 两表按“职工号”建立主索引，并建立永久性关系）。新建表单文件 form1012.scx，向数据环境中添加 jiaoshiguanli 数据库中的 4 个表。将 4 个表添加到表单中，运行表单，单击 jiaoshi 表中的记录 6，观察其他表变化。

操作步骤如下。

1）使用命令 CREATE　FORM　form1012 建立新表单文件。

2）在表单上右击，在弹出的快捷菜单中选择“数据环境”选项，打开数据环境设计器。

3）在数据环境设计器窗口右击，在弹出的快捷菜单中选择“添加”选项，添加所需数据表。因为 jiaoshi、gongzi 两表按“职工号”原来已经建立了永久性关系，所以在此可以看到关系连线，如图 10-1 所示。

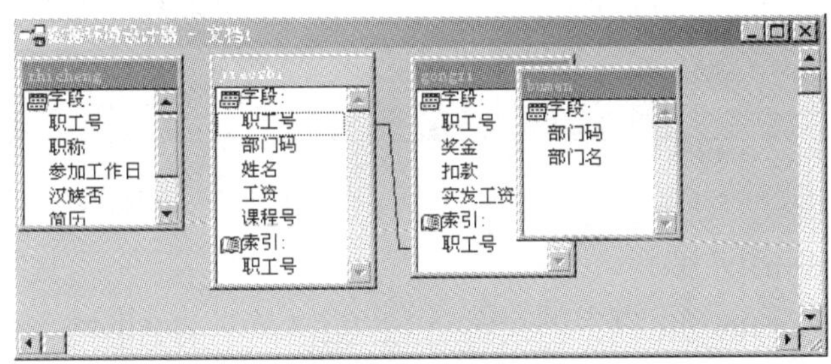

图 10-1　表单 form1012 数据环境设计器

4）将 4 个表拖动到表单中，安排合适的位置。

5）运行表单，单击 jiaoshi 表中的记录 6，zhicheng 表指针联动，其他表无变化，如图 10-2 所示。

职工号	部门码	姓名
01	A1	袁月
02	A2	王林非
03	A3	刘光旭
04	A4	张微微
05	A5	李洋
06	A1	孙皓月
07	A2	钱瑞金
08	A3	韩若曦

职工号	奖金	扣款
06	218.00	38.00

部门码	部门名
A1	基础学院
A2	药学院
B1	医疗学院
B2	高职学院
C1	研究生院
A4	外语部
A5	体育部
A3	计算机中心

职工号	职称	参加工作日	汉族否
01	教授	07/13/85	T
02	讲师	07/21/03	T
03	助教	08/11/11	T
04	讲师	08/24/01	T
05	副教授	07/23/92	F
06	助教	08/29/12	T
07	副教授	07/25/93	T
08	教授	07/30/89	F

图 10-2　表单数据环境设置示例

例 10-2 观察数据环境设计器中关系的变化对数据库中关系是否有影响。

打开表单文件 form1012.scx，将数据环境设计器打开，为 jiaoshi 表和 zhicheng 表建立临时性关系，然后另存表单为 form1012b。运行表单，单击记录 3，观察其他表变化。返回编辑状态，在数据环境设计器中删除 jiaoshi 表和 gongzi 表之间的关系，保存并运行表单，单击记录 3，观察其他表变化。最后关闭表单，查看数据库中各表关系。

操作步骤如下。

1）使用命令 MODIFY FORM form1012 打开表单文件。

2）在表单上右击，在弹出的快捷菜单中选择“数据环境”选项，打开数据环境设计器。

3）从 jiaoshi 表到 zhicheng 表拖动“职工号”字段建立临时性关系，打开如图 10-3 所示的对话框。单击“确定”按钮，为 jiaoshi 表和 zhicheng 表建立临时性关系，如图 10-4 所示。

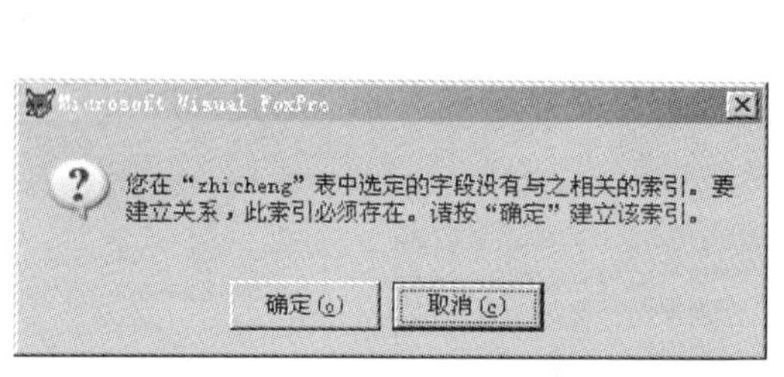

图 10-3　无索引提升信息框

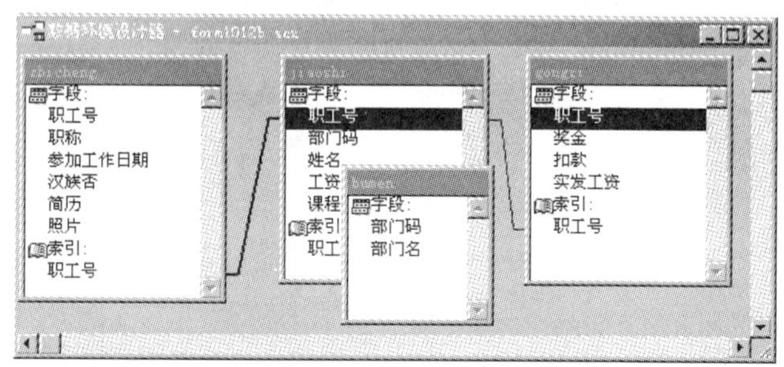

图 10-4　数据环境中建立表间关系

4）另存表单为 form1012b。

5）运行表单，单击 jiaoshi 表中的记录 3，gongzi 表、zhicheng 表指针联动，bumen 表无变化，如图 10-5 所示。

6）单击表单“关闭”按钮回到表单编辑状态，将数据环境设计器打开，单击 jiaoshi 表和 gongzi 表关系连线，使其加粗，然后按 Delete 键，删除表之间的关系，保存并运行表单，单击记录 3，发现只有 zhicheng 表指针联动，其他表无变化，如图 10-6 所示。

图 10-5　数据环境改变示例

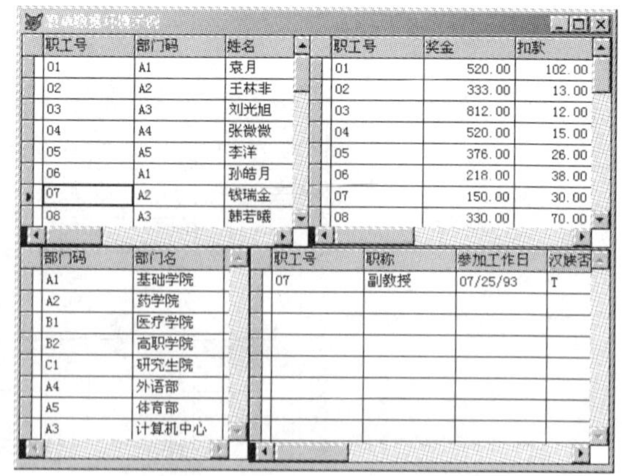

图 10-6　数据环境再改变示例

7）最后关闭表单，查看数据库中各表关系，发现在表单数据环境中删除的关系不会影响原数据库的永久性关系，仍然如图 10-1 所示。

10.2　使用表单向导设计数据表表单

Visual FoxPro 提供了 20 多种向导工具，其作用是引导用户通过简单的操作产生程序，从而减少编写代码的过程。表单向导便是其中之一。利用表单向导制作表单时，并不需要对表单有太多了解，只需逐步回答向导中提出的一系列问题，最终表单向导会根据相应要求自动产生一个表单。

10.2.1　启动表单向导

启动表单向导的常用方法有 3 种。

1）选择“工具”→“向导”→“表单”选项，打开“向导选取”对话框，如图 10-7 所示。

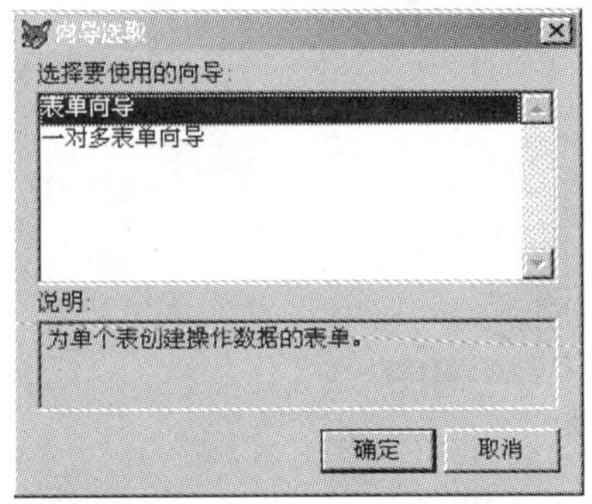

图 10-7　“向导选取”对话框

2）选择“文件”→“新建”选项，在打开的“打开”对话框中选中“表单”单选按钮，单击“向导”按钮，打开“向导选取”对话框。

3）在项目管理器的“文档”选项卡中选择“表单”选项，然后单击“新建”按钮，在打开的“新建表单”对话框中单击“向导”按钮，打开“向导选取”对话框。

10.2.2　用表单向导创建表单

Visual FoxPro 提供了两种表单向导来帮助用户创建表单：表单向导和一对多表单向导。表单向导适合创建基于一个表的表单，一对多表单向导适合创建基于两个具有一对多关系的表的表单。

1. 用表单向导创建表单

1）选取字段。

2）选择表单样式。

3）选择排序字段。

4）输入表单标题。

例 10-3 使用表单向导创建只包含单表 xuesheng 表的表单，并按学生出生日期降序建立表单 form1022。

操作步骤如下。

1）打开“向导选取”对话框，选择“文件”→“新建”选项，在打开的“打开”对话框中选中“表单”单选按钮，单击“向导”按钮，在打开的对话框中选择“表单向导”选项，单击“确定”按钮，打开“表单向导”对话框。

2）选取字段。单击“数据库和表”的浏览按钮，在打开的对话框中选择 xuesheng.dbf 表，将相关字段从“可用字段”列表框移动到“选定字段”列表框，单击“下一步”按钮，如图 10-8 所示。

3）选择表单样式。为表单选择一种“样式”和“按钮类型”，单击“下一步”按钮，如图 10-9 所示。

图 10-8　选取字段

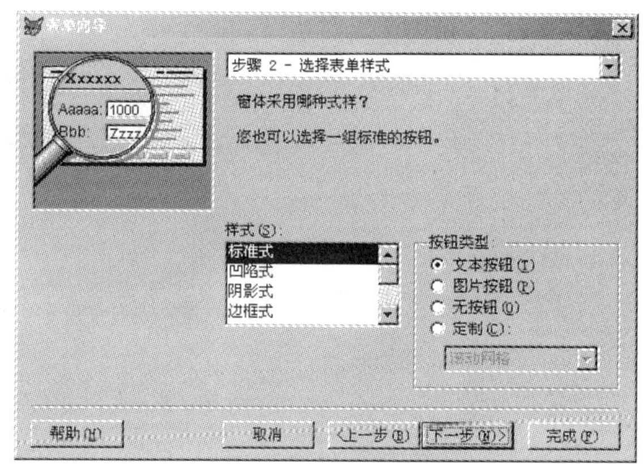

图 10-9　选择表单样式

4）排序字段。设置数据记录在表单中的显示顺序，在“可用的字段或索引标识”列表框中，将排序字段“姓名”添加到“选定字段”列表框中，选中“降序”单选按钮，单击“下一步”按钮，如图 10-10 所示。

5）完成。在“请键入表单标题”文本框中输入“学生出生日期降序信息”，然后选择一种保存表单方式，如图 10-11 所示。在此步骤中，在单击“完成”按钮前，可以单击“预览”按钮，预览形成的表单样式及其内容，如图 10-12 所示。若要修改表单，可依次单击“上一步”按钮返回前面的操作。保存表单文件为 form1022.scx。

2. 利用一对多表单向导创建两个表的表单

一对多表单向导可以帮助用户创建一个使用两个表的表单。表单中所使用的两个表之间要存在一对多的关系，一方所对应的表称为父表，多方所对应的表称为子表。在表单中，父表数据以文本框显示，子表数据以表格显示。有不满意的格式可以保存表单后再用表单设计器打开重新编辑。

用表单设计器设计表单能快速地建立记录浏览的命令按钮组，非常方便实用。

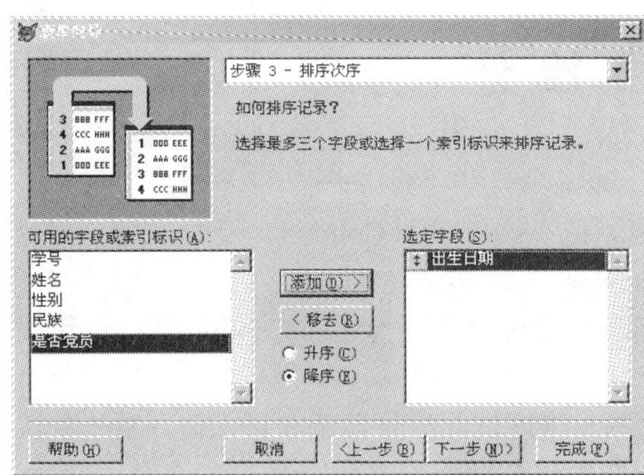

图 10-10　排序次序

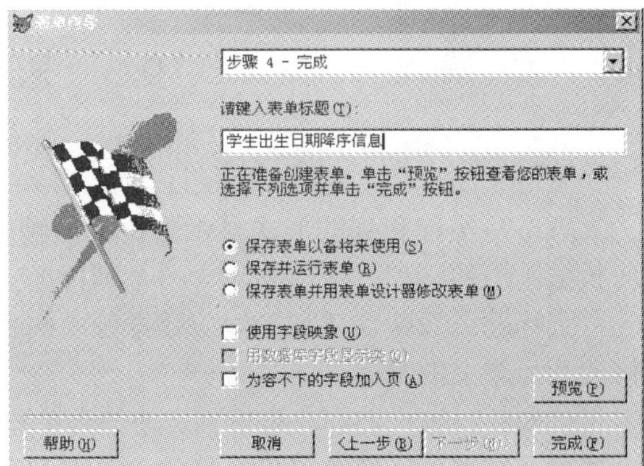

图 10-11　完成表单设置

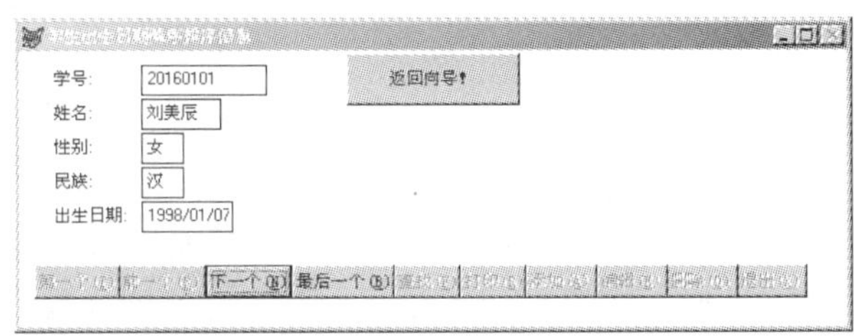

图 10-12　表单向导预览窗口

10.2.3　用表单设计器修改表单

利用表单向导，系统能够根据需要在表单上自动生成一组控件，并省去了编写代码的麻烦。这种产生表单的方法简单、方便、快捷，但它所产生的表单模式固定，若想随意设计或修改表单，利用表单设计器会更灵活一些。所以一般用向导快速制作表单，保存后用表单向导打开，继续编辑。

例 10-4 使用表单设计器修改用向导创建的表单 form1022，将单标题改为“学生信息”，横向排列学生信息，并另存为 form1023。

操作步骤如下。

1）用命令 MODIFY FORM 学生出生日期降序信息.scx 打开表单。

2）在表单设计器中，单击表单，在属性窗口修改 Caption 属性为“学生信息”。

3）用鼠标拖动标签和文本框控件到合适的地方，用布局工具栏排列控件。

4）选择“文件”→“另存为”选项，在打开的对话框中输入表单名“form1023”，运行表单如图 10-13 所示。

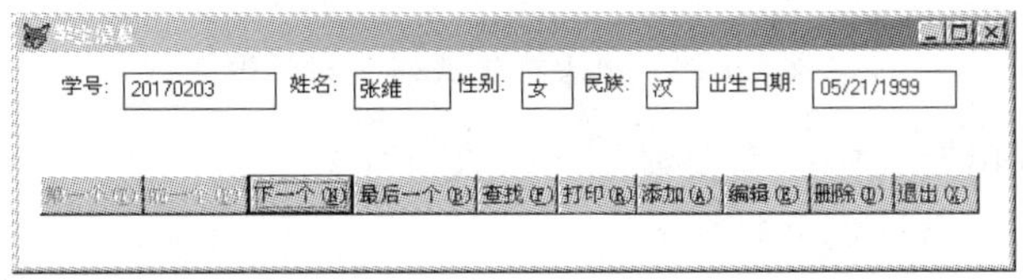

图 10-13　表单编辑

10.3 表格控件

表格（Grid）控件是容器控件。

表格是按行和列的形式显示数据的一种容器，它由若干列（Column）组成。每一列对应数据源中的一列。每个列包含一个列标题（Header）和一个列控件。

列标题：系统默认显示对应数据源中的列标题，通过修改列标题的 Caption 属性值可以修改列标题上的文字。

列控件：每一列都有列控件，使该列中每个单元格通过此控件显示和输入值。系统默认列控件是文本框，但允许将其修改为与本列所对应数据类型相容的列控件。

表格、列、列标题和列控件都有各自的属性、事件和方法，因此，对表格的控制比较灵活。

1. 创建表格

在表单设计器中创建表格有两种方法。

1）鼠标拖动数据环境中的视图或表窗口的标题栏，至表单窗口后释放。

在表单设计器中会产生类似于浏览窗口的表格，表格的各列标题自动设为视图或表中对应的字段名，运行表单时数据记录也自动添加到表格控件中。

2）利用表单控件工具栏上的按钮，在表单中创建表格。

2. 表格生成器

表格生成器用于设置表格的有关属性，在表格上右击，在弹出的快捷菜单中选择“生成器”选项，打开“表格生成器”对话框，如图 10-14 所示。对话框中的用选项卡有以下几种。

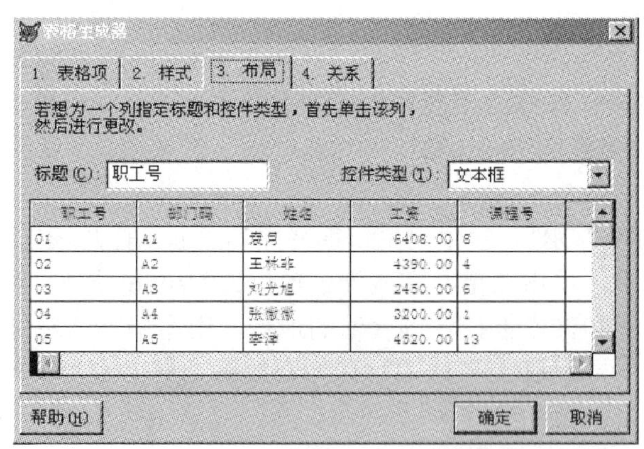

图 10-14 “表格生成器”对话框

1）表格项：可以指定表格中需要显示的表及其字段。

2）样式：可以为表格选定某种样式。

3）布局：主要包括“标题”文本框、“控件类型”文本框和表格区，可以利用该选项卡为表格中的列指定标题和控件类型，以及调整各列的宽度。

在表格区内单击选定某列后，该列的标题会显示在“标题”文本框中，可以修改列标题，但这种修改只能改变表格中的列标题，不能改变表中的字段名。被选定列的列控件显示在“控件类型”文本框中，系统默认列控件是文本框，可以在其下拉列表中选择其他控件或输入字段的值。例如，字符型字段选择编辑框，数值型字段选择微调控件，逻辑型字段选择复选框等。

3. 常用的表格属性

表格的常用属性有以下几种。

1）ColumnCount：用于指定表格中的列数，系统默认值为-1，表示表格中将列出数据源中的全部列。

2）RecordSource：用于指定表格的数据源，即表格中显示数据的来源，系统默认值为空字符串。

3）RecordSourceType：用于指明表格中数据源的类型。RecordSourceType 属性常用值如下。

0-表：可以在 RecordSource 属性中指定表名。运行表单时，系统将自动打开表，以便在表格中显示表中的数据记录。

1-别名：为系统默认值。表示数据来源于数据环境或打开的表（视图）别名，用 RecordSource 属性指定别名。

在 RecordSourceType 的值设为“0-表”或“1-别名”的情况下，运行表单时，如果 RecordSource 值为空且有当前表，则在表格中将显示当前表中的数据记录。这里的当前表可能是执行表单时的当前表（视图）或第一个放入数据环境中的表（视图），也可能是在表单的 Load 事件中打开或选择的表（视图）。事情变得比较复杂，有许多不确定因素。在实际应用中，通常将 RecordSource 设置成确定值，避免造成显示数据混乱。

2-提示：在表单运行时，根据提示选择需要的数据源。

3-查询（.QPR）：表示数据来源于查询，由 RecordSource 属性指定一个查询文件。

4-SQL 说明：表示数据来源于 SQL 语句，在程序中由 RecordSource 属性指定一条 SQL 语句。

4. 常用的列属性

1）CurrentControl：为列指定一个活动控件。该控件用于显示本列中活动单元格的数据，非活动单元格的数据将在系统默认的文本框中显示。

2）Sparse：用于确定 CurrentControl 是影响列中所有单元格还是只影响活动单元格。系统默认值为.T.，即只有列中的活动单元格使用 CurrentControl 指定的控件显示，其他单元格的数据仍使用系统默认的文本框显示。若此属性值取.F.，则列中所有单元格都使用 CurrentControl 指定的控件显示数据。

3）ControlSouce：指定要在列中显示的数据源，通常是表中的一个字段。如果不设置该属性，列中将显示（由 RecordSource 属性所指定的）表格数据源中下一个还没有显示的字段。

例 10-5 设计表单 form1034，如图 10-15 所示，在文本框中输入数据表名后，数据表中的数据将显示在表格中。

图 10-15　在表格中显示数据

操作步骤如下。

1）建立表单 form1034，表单中所包含的对象及其属性如表 10-1 所示。

表 10-1　表单 form1034 中的对象及其属性

对象名	属性名	属性值	说明
Label1	Caption	请输入数据表名：	
	AutoSize	.T.	
Text1			默认值为文本型
Grid1	RecordSourceType	1	根据表别名判断

2）将 xuesheng 表、chengji 表、kecheng 表和 xuanke 表添加到数据环境中。

3）Text1 的 LostFocus 事件代码如下。

```
ThisForm.Grid1.RecordSource=ThisForm.Text1.Value
```

4）保存并运行表单，首先浏览的是最先加入数据环境的表的记录。在文本框中输入数据环境中有的表名即可浏览表的记录。

10.4　控件与数据绑定

数据绑定是指将控件与数据源的数据结合在一起。若要实现数据绑定，则需要为控件指定数据源。控件绑定的意义在于数据源可以决定控件的值，而控件值的改变也将会直接影响数据源中的数据。

以文本框为例，当它与某个数据绑定后，文本框的 Value 属性值便与数据源的数据相对应，即文本框内显示的数据由数据源决定；反过来，通过修改文本框中的内容可以实现修改数据源中的数据。

控件可以通过其 ControlSource 属性与指定数据源进行绑定，数据源可以是数据环境中某表中的字段名，也可以是内存变量。

除了文本框有 ControlSource 属性以外，编辑框、列表框、组合框、选项按钮组和复选框等控件也有 ControlSource 属性，其设置方法和作用基本相同。

例 10-6 设计表单 form1040，如图 10-16 所示，使文本框与 jiaoshi 表中的姓名字段绑定，即 jiaoshi 表的当前记录的姓名字段值与文本框的 Value 属性值绑定。在文本框中输入新的内容，按 Enter 键确认的时候，就改变了 jiaoshi 表中第一个记录的姓名字段值。通过表格控件浏览 jiaoshi 表，检验修改文本框内的数据是否对表中当前记录的姓名字段值有影响。

数据源绑定例题

姓名：袁月　　工资：6408.00

职工号	部门码	姓名	工资
01	A1	袁月	6408.00
02	A2	王林非	4390.00
03	A3	刘光旭	2450.00
04	A4	张微微	3200.00
05	A5	李洋	4520.00
06	A1	孙皓月	2976.00
07	A2	钱瑞金	4987.00
08	A3	韩若曦	6220.00
09	B1	王洪磊	3980.00

图 10-16　文本框数据绑定

操作步骤如下。

1）建立表单 form1040，并将 jiaoshi 表添加至表单的数据环境中。

2）表单中所包含的对象及其属性如表 10-2 所示。

表 10-2　表单 form1040 中的对象及其属性

对象名	属性名	属性值	说明
Label1	Caption	姓名：	
Text1	ControlSource	jiaoshi.姓名	当数据环境中已添加表后， 此值可以在属性输入区的下拉列表中选择
Label2	Caption	工资：	
Text2	ControlSource	jiaoshi. 工资	当数据环境中已添加表后， 此值可以在属性输入区的下拉列表中选择
Grid1			将数据环境中的 jiaoshi 表拖动到表单中

3）运行表单，在两个文本框中可以看到绑定的表中数据。

4）修改文本框中的内容，检验当前记录的姓名是否更改。可以在表格控件中看到当前记录即第一个记录值的变化。

本例中表格的当前记录是第一个记录，改变当前记录的操作可以通过添加控件，并编写相应的事件代码来实现。

10.5 列表框与组合框控件

10.5.1 列表框

运行表单时，列表框（ListBox）中提供了一组数据项，可以从中选择一行或多行数据。

1. 列表框的常用属性

1）RowSourceType：用于设置列表框中数据源的类型，即指出列表框中显示的数据来源类型，如表 10-3 所示。

2）RowSource：RowSource 和 RowSourceType 属性一起使用。RowSource 属性用于指出列表框中显示的数据来源，如表 10-3 所示。

表 10-3 RowSourceType 属性取值及 RowSource 的使用

RowSourceType 值	列表框、组合框的数据源
0-无 （系统默认值）	在程序运行时，用 AddItem 方法添加列表框条目，用 RemoveItem 方法从列表框中移去条目
1-值	用 RowSource 属性手工指定要在列表框中显示的条目，各条目之间用逗号分隔。例如，在属性窗口中设置 RowSource 属性为英语,数学,计算机；在程序中设置 RowSource 属性为 ThisForm.List1. RowSource="英语,政治,计算机"
2-别名	将表中的字段值作为列表框条目的数据源。表由数据环境提供，用 RowSource 属性指出表名，用 ColumnCount 属性指定字段个数，也就是列表框中所含的列数
3-SQL 语句	将 SQL Select 语句的执行结果作为列表框条目的数据源。在 RowSourcc 属性中添一条 Select 语句。若在程序中设置 RowSource 属性，Select 语句应作为字符型数据赋值，如 ThisForm.List1. RowSource="SELECT * FROM xuesheng INTO CURSOR TMP"
4-查询（.QPR）	用查询的执行结果作为列表框条目的数据源。RowSource 属性应设置为一个具体的查询（.qpr）文件。例如，ThisForm.List1.RowSource="xscx.qpr"
5-数组	将数组中的内容作为列表框条目的来源，即用数组中的元素填充列表框。RowSource 属性应设置为数组名，在表单的 Init 事件中定义数组及为元素赋值
6-字段	将表中的一个或几个字段作为列表框条目的来源，RowSource 属性中各字段间用逗号分隔，首字段应有表名前缀，表由数据环境提供。例如，ThisForm.List1.RowSource="chengji.数学,英语,计算机"
7-文件	将某个驱动器和目录下的文件名作为列表框的条目。在 RowSource 属性中设置路径，也可以使用通配符，如 d:\zyb*.dbf。表单运行时，可以选择不同的驱动器和目录
8-结构	用 RowSource 属性指定表，将表中的字段名作为列表框的条目
9-弹出式菜单	用一个先前定义的快捷菜单作为列表框数据源

3）ListCount：用于获取列表框中数据的行数。此属性值在属性窗口中不可修改，在表单运行时只读。

4）MultiSelect：用于设置列表框中是否允许同时选定多行数据。系统默认值为.F.，即不允许同时选定多行数据。当其值为.T.时，允许同时选定多行数据。在表单运行时，只需按住 Ctrl 键或 Shift 键单击数据即可完成多选操作。

5）List（*i*）：用于读取列表框中第 *i* 行数据。此属性值在属性窗口中不可修改。

6）Selected（*i*）：用于判断列表框中某个数据条目是否处于被选定状态，如果选定第 *i* 行数据，则 Selected（*i*）的值为.T.。

7）ColumnCount：用于指定列表框的列数。

8）BoundColumn：在列表框包含多项时指定哪一列作为 Value 属性的值。

9）DisplayValue：指定列表框中选定数据项的第一列的内容。

10）Value：返回列表中被选中的条目。该属性可以是数值型，也可以是字符型（系统默认值）。若为数值型，返回选定条目在列表框中的序号；若为字符型，返回选定条目的具体数据，如果列表框不止一列，则返回由 BoundColumn 属性指明的列上的数据项。

11）Sorted：此属性为逻辑值，当 RowSourceType 为 0 或 1 时，列表项数据是（.T.）否（.F.）由小到大排序。

2. 列表框的常用方法

1）AddItem（<表达式>）：将表达式的值作为一行数据添加到列表框中。

2）RemoveItem（<行号>）：从列表框中移出指定的数据行。

3）Clear：清除列表框中全部数据行。

3. 列表框的常用事件

InteractiveChange：当选定或取消选定数据行时触发该事件。

例 10-7 建立表单 form1051，要求在列表框中显示 jiaoshi 表的“姓名”字段。在表单上单击，刷新表单；在列表框中选一个姓名，则在表单上输出该教师的信息，如图 10-17 所示。

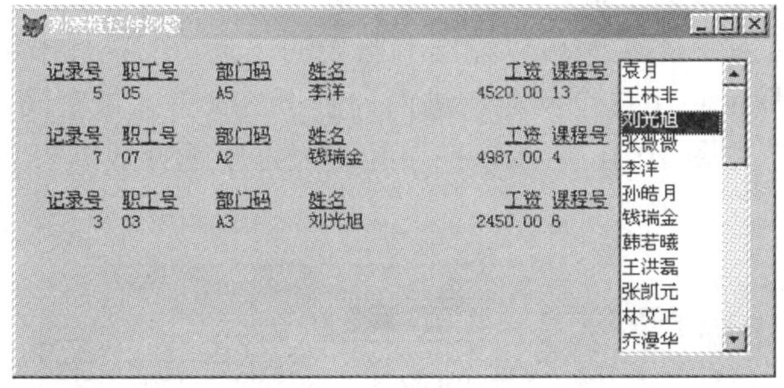

图 10-17　列表框控件实例

操作步骤如下。

1）用命令 CREATE FORM form1051 新建表单。

2）添加 jiaoshi 表到数据环境，添加控件 List1。

3）设置控件属性：设置 List1 的 RowSourceType 属性为 6，RowSource 属性设为“姓名”。

4）编写事件代码。

Form1 的 Click 事件代码如下。

```
ThisForm.Refresh
```

在 List1 的 InteractiveChange 事件中添加如下代码。

```
DISP FOR 姓名=ThisForm.List1.Value
```

5）保存表单。运行表单时表单上的列表框中显示所有教师的名字，单击其中一个名字，在表单上显示出此人信息，单击表单可以刷新。

10.5.2 组合框

组合框（ComboBox）兼有列表框和文本框的功能，有下拉列表框和下拉组合框两种形式。

组合框与列表框类似，也是提供一组数据项供用户选择，但它与列表框的区别主要在于：列表框任何时候都会显示它的列表；而组合框仅显示一个数据项，其他数据隐藏于其下拉列表框中，可以通过单击组合框上的箭头按钮，展开下拉列表框。

组合框具有与列表框相同的一些属性、事件和方法，如 RowSourceType、RowSource、ListCount、List（*i*）和 Selected（*i*）属性，AddItem（<表达式>）、RemoveItem（<行号>）、Clear 方法和 InteractiveChange 事件，其含义和用法与列表框基本相同，此处不再赘述。组合框的另外两个具有特殊性的属性如下。

1）Style：组合框分为下拉组合框和下拉列表框两种样式，前者允许在组合框的输入区内输入数据，而后者只允许在组合框的下拉列表框中选取数据。

Style 属性用于设置组合框为下拉组合框还是下拉列表框，系统默认值为 0，即为下拉组合框；当其属性值为 2 时，组合框为下拉列表框。

2）DisplayValue：返回选定数据项的第一列内容，当作为下拉组合框时能返回输入区中输入的数据。

在例 10-5 中，在文本框中输入表名，在表格中显示该表记录。如果在文本框中输入错误表名，则无法输出记录。不清楚可以输出哪些表的记录，很容易出错。然而把文本输入改为列表框选择表名，就避免了这个问题。进而为了不占表单大量空间，使用下拉列表框。

例 10-8 设计表单如图 10-18 所示，在下拉列表框中选择数据表名后，数据表中的数据将显示在表格中。

图 10-18　在表格中显示数据实例

操作步骤如下。

1）建立表单 form1052，表单中所包含的对象及其属性如表 10-4 所示。

表 10-4　表单 form1052 中的对象及其属性

对象名	属性名	属性值	说明
Combo1	Style	2	设置组合框为下拉列表框
	RowSourceType	1-值	手工指定下拉列表框中显示的值
	RowSource	xuesheng,jiaoshi	下拉列表框中显示的具体数据
Label1	Caption	请选择数据表名：	
Grid1	RecordSourceType	1-别名	

2）将 xuesheng 和 jiaoshi 等数据表添加到数据环境中。

3）Combo1 的 Click 事件代码如下。

```
Do Case
Case This.Value="xuesheng"
  ThisForm.Grid1.RecordSource='xuesheng'
Case This.Value="jiaoshi"
  ThisForm.Grid1.RecordSource='jiaoshi'
EndCase
```

4）保存并运行表单。在下拉列表框中选择表，按 Enter 键后在表格中显示表记录。

10.6　页　　框

页框（PageFrame）是包含页面（Page）的容器，可在一个页框中定义若干个页面，而页面自身也是一种容器，在页面中可以包含其他对象。

10.6.1　页框的常用属性

1）PageCount：用于指定页框中包含的页数。系统默认值为 2，取值范围是 0～99。

2）ActivePage：用于设置页框中活动的页号，当更换活动页面后，ActivePage 属性值返回新的活动页号。

3）Tabs：用于设置页框是否有选项卡，系统默认值为.T.，即页框中包含页面标签；若 Tabs 值为.F.，则表示页框中不显示页面的标签。

4）TabStyle：用于指定页面标题的排列方式。系统默认值为 0-两端，表示所有页面标题充满页框的宽度；若取值为 1-非两端，则表示所有页面标题以紧缩方式左对齐。

5）TabStretch：用于设置页面标题的排列方式。系统默认值为 1-单行，表示在页框内单行显示页面标题；若取值为 0-多重行，则表示多行显示页面标题。在页面较多或页面标题较长时，使用此属性。

10.6.2　页框中页面的设置方法

1）使页框处于编辑状态，然后选择页面作为当前对象，再用表单控件工具栏创建对象或直接从数据环境中拖入对象。

2）页面与其中的控件组合成一体，一个页面将遮盖另一个页面中的对象。当改变页框位置时，每个页面中的对象随之移动。

例 10-9 创建一个表单 form1062，如图 10-19 所示，表单的标题为“页框控件例题”，在表单中包括一个页框控件 Pageframe1，在页框中有 3 个页面，Page1（学生信息）、Page2（课程信息）和 Page3（成绩）。要求当表单运行时，在 Page1 中显示 xuesheng 表的内容，在 Page2 中显示 kecheng 表的内容，在 Page3 中显示 chengji 表的内容。

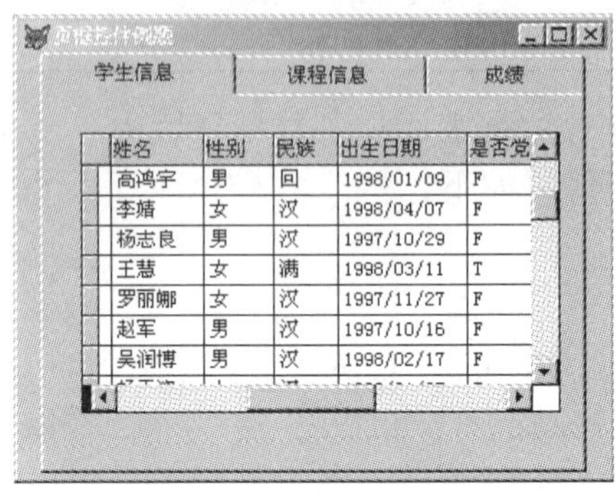

图 10-19　页框控件例题

操作步骤如下。

1. 创建表单界面

1）在命令窗口中输入“CREATE FORM form1062”，启动表单设计器。
2）向表单中添加页框控件 Pageframe1。
3）打开表单的数据环境，依次添加表 xuesheng、kecheng、chengji。

2. 设置控件属性

1）打开属性窗口。
2）选择 Form1，设置 Caption 属性：页框控件例题。
3）选择 Pageframe1，设置 PageCount 属性：3。
4）选择 Pageframe1 中的 Page1，设置 Caption 属性：学生信息。
从表单数据环境中选择表 xuesheng，将其拖拽到 Page1 中。
5）选择 Pageframe1 中的 Page2，设置 Caption 属性：课程信息。
从表单数据环境中选择表 kecheng，将其拖拽到 Page2 中。
6）选择 Pageframe1 中的 Page3，设置 Caption 属性：成绩。
从表单数据环境中选择表 chengji，将其拖拽到 Page3 中。
保存并运行表单 form1062。

10.7　表单集设计

表单集是一个容器，其中可以包含一个或多个表单，在表单集里可以把一个记录的字段分别放在不同的表单里。运行表单集时，它所包含的所有表单都会被加载，所以屏幕上会同

时出现多个表单，且这些表单能够相互切换。另外，表单集中的表单可显示也可隐藏。表单集及其所有的表单都存储在同一个.scx 文件中，因而这些表单共享一个数据环境，只要经过适当关联，就能使不同表单中的表做到记录指针同步移动。

10.7.1　表单集的创建

创建表单集的操作步骤：新建或打开某表单，选择“表单”→“创建表单集”选项。创建表单集后，表单集的内容存储在第一次新建或打开的表单文件中，打开该表单文件后，表单集也自动打开，但层次上表单集却是一个容器，表单属于表单集。

10.7.2　表单集的删除

选择“表单”→“移除表单集”选项可以删除表单集。但只有表单集中只剩一个最初的表单时方可删除表单集，且删除后，最初的表单仍存在。

10.7.3　表单集的编辑

要编辑表单，可通过选定表单窗口，或在属性窗口的对象列表中选定某表单来打开它；若要编辑表单集（如 Formset1），则只能在属性窗口的对象列表中选定。

表单集创建后，在表单窗口打开的状态下可以利用“表单”→“添加新表单”命令来添加表单。

在表单窗口已经打开的状态下，若要从表单集中移去表单，可先选定表单窗口，或在属性窗口的对象列表中选择要移去的表单，然后选择“表单”→“移除表单集”选项。

例 10-10　用表单集来查看学生信息，如图 10-20 所示。使用命令按钮组，使其能够同时关闭表单集中所有的表单，也可以隐藏和显示各表单。

图 10-20　表单集的运行

操作步骤如下。

（1）创建表单界面

1）在命令窗口中输入“CREATE FORM form1070”，启动表单设计器。

2）选择“表单”→“创建表单集”选项，新建一个表单集，选择“表单”→“添加新表单”选项，共添加 3 个表单，形成有 4 个表单的表单集。

3）向 Form1 中添加一个命令按钮组 Commandgroup1，并右击，在弹出的快捷菜单中选择“生成器”选项，设置命令按钮组由 6 个命令按钮组成，修改标题如图 10-21 所示。

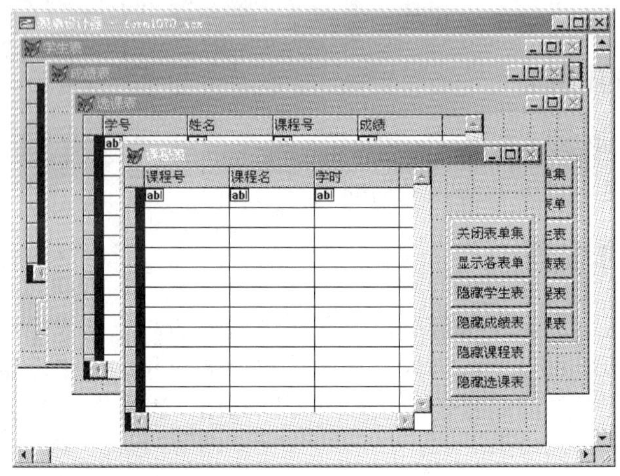

图 10-21　表单集的建立

4）打开表单的数据环境，依次添加表 xuesheng、chengji、xuanke、kecheng，并建立表间关系，如图 10-22 所示。并将各表分别拖动到表单集的 Form1、Form2、Form3、Form4 表单中。

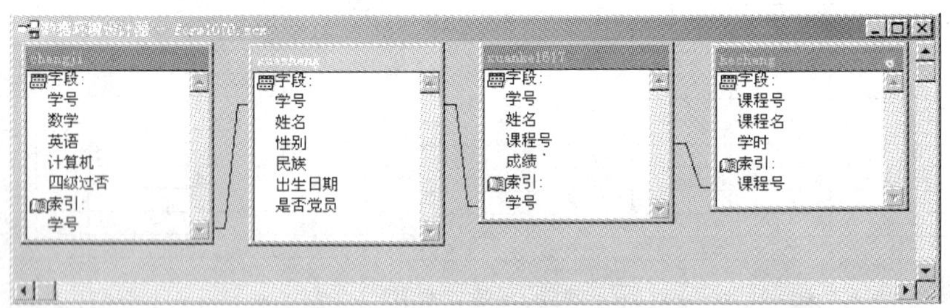

图 10-22　表单集的数据环境

（2）设置控件属性

打开属性窗口，选择 Form1、Form2、Form3、Form4，分别设置 Caption 属性：学生表、成绩表、选课表、课程表。

（3）添加事件代码

1）在对象 Command1 的 Click 事件中添加如下代码。

```
ThisFormset.Release
```

2）在对象 Command2 的 Click 事件中添加如下代码。

```
DO FORM  form1070
```

3）在对象 Command3 的 Click 事件中添加如下代码。

```
If  This.Caption="隐藏学生表"
  ThisFormset.Form1.Hide
  This.Caption="显示学生表"
  ThisFormset.Form2.Commandgroup1.Command3.Caption="显示学生表"
  ThisFormset.Form3.Commandgroup1.Command3.Caption="显示学生表"
  ThisFormset.Form4.Commandgroup1.Command3.Caption="显示学生表"
  ThisFormset.Refresh
ELSE
  ThisFormset.Form1.Show
  This.Caption="隐藏学生表"
  ThisFormset.Form2.Commandgroup1.Command3.Caption="隐藏学生表"
  ThisFormset.Form3.Commandgroup1.Command3.Caption="隐藏学生表"
  ThisFormset.Form4.Commandgroup1.Command3.Caption="隐藏学生表"
  ThisFormset.Refresh
ENDIF
```

4）在对象 Command4 的 Click 事件中添加如下代码。

```
If  This.Caption="隐藏成绩表"
   ThisFormset.Form2.Hide
   This.Caption="显示成绩表"
   thisFormset.Form1.Commandgroup1.Command4.Caption="显示成绩表"
   ThisFormset.Form3.Commandgroup1.Command4.Caption="显示成绩表"
   ThisFormset.Form4.Commandgroup1.Command4.Caption="显示成绩表"
   ThisFormset.Refresh
ELSE
 ThisFormset.Form2.Show
 This.Caption="隐藏成绩表"
 ThisFormset.Form1.Commandgroup1.Command4.Caption="隐藏成绩表"
 ThisFormset.Form3.Commandgroup1.Command4.Caption="隐藏成绩表"
 ThisFormset.Form4.Commandgroup1.Command4.Caption="隐藏成绩表"
 ThisFormset.Refresh
ENDIF
```

5）在对象 Command5 的 Click 事件中添加如下代码。

```
If  This.Caption="隐藏选课表"
    ThisFormset.Form3.Hide
    This.Caption="显示选课表"
    ThisFormset.Form2.Commandgroup1.Command5.Caption="显示选课表"
    ThisFormset.Form1.Commandgroup1.Command5.Caption="显示选课表"
    ThisFormset.Form4.Commandgroup1.Command5.Caption="显示选课表"
```

```
        ThisFormset.Refresh
    ELSE
        ThisFormset.Form3.Show
        This.Caption="隐藏选课表"
        ThisFormset.Form2.Commandgroup1.Command5.Caption="隐藏选课表"
        ThisFormset.Form1.Commandgroup1.Command5.Caption="隐藏选课表"
        ThisFormset.Form4.Commandgroup1.Command5.Caption="隐藏选课表"
        ThisFormset.Refresh
    ENDIF
```

6）在对象 Command6 的 Click 事件中添加如下代码。

```
    If  This.Caption="隐藏课程表"
        ThisFormset.Form4.Hide
        This.Caption="显示课程表"
        ThisFormset.Form2.Commandgroup1.Command6.Caption="显示课程表"
        ThisFormset.Form3.Commandgroup1.Command6.Caption="显示课程表"
        ThisFormset.Form1.Commandgroup1.Command6.Caption="显示课程表"
        ThisFormset.Refresh
    ELSE
        ThisFormset.Form4.Show
        This.Caption="隐藏课程表"
        ThisFormset.Form2.Commandgroup1.Command6.Caption="隐藏课程表"
        ThisFormset.Form3.Commandgroup1.Command6.Caption="隐藏课程表"
        ThisFormset.Form1.Commandgroup1.Command6.Caption="隐藏课程表"
        ThisFormset.Refresh
        ENDIF
```

保存并运行表单 form1070。单击各命令按钮查看表单集中表单的隐藏和显示，以及表单集的释放。

第 11 章　数据库基础

数据库是 20 世纪 60 年代末发展起来的一项重要技术，它的出现使数据处理进入了一个崭新的时代，它能把大量的数据按照一定的结构存储起来，在数据库管理系统的集中管理下，实现数据共享。Visual FoxPro 是目前比较优秀的数据库管理系统之一，它采用了可视化的、面向对象的程序设计方法，简化了应用系统的开发过程。

本章旨在引导用户建立有关数据处理和关系数据库的基本概念，从总体上掌握数据库系统的基础知识，熟悉数据库管理系统的特点，全面了解开发适用的数据库应用系统必不可少的基础知识。

11.1　数据库基础知识

11.1.1　数据及数据管理

1. 基本概念

数据和信息是两个相互联系、但又相互区别的概念；数据是信息的具体表现形式，信息是数据有意义的表现。数据处理就是将数据转换为信息的过程。

（1）数据

数据是人们用来反映客观世界事物而记录下来的可以鉴别的符号，如语言、文字、声音、图像等均可称为数据。在这里数据是广义的，它可以是数值型数据，也可以是非数值型数据。反映一个人的基本情况可用姓名、性别、年龄、文化程度、业务专长等数据来描述，这里就有了数值型和非数值型数据。

简而言之，数据指存储在某一种媒体上能够被识别的物理符号。数据包括数字、文字、图形、图像、声音、动画、影像等多种表现形式。使用最多、最基本的主要有数字和文字。

在计算机中，通过计算机软件来管理数据，通过应用程序来对数据进行加工处理，通过用外存储器来存储数据。

（2）信息

信息在一般意义上被认为是有一定含义的、经过加工处理的、对决策有价值的数据。例如，某班学生在期末考试中考了 4 门课程，我们可以收集每名同学的 4 科成绩作为基本数据，相加求出其总分，进而再排出名次，从而得到有用的信息。

可见，所有的信息都是数据，而只有经过提炼和抽象之后具有使用价值的数据才能成为信息。经过加工所得到的信息仍以数据的形式表现，此时的数据是信息的载体，是人们认识信息的一种媒体。

（3）数据处理

在计算机的发展史中，其应用的主要方面从最初的数值计算发展到数据处理。数据处理是指对各种类型的数据进行收集、存储、分类、计算、加工、检索及传输的过程。

数据处理的目的是得到信息，即从大量的数据中，根据数据自身的规律和及其相互联系，通过分析、归纳、推理等科学方法，利用计算机技术、数据库技术等技术手段，提取有效的信息资源，为进一步分析、管理、决策提供依据。数据处理也称信息处理。

例如，以学生各门成绩为原始数据，经过计算得出平均成绩和总成绩等信息，计算处理的过程就是数据处理。

2. 数据管理的发展及其发展概况

数据处理是指对数据的组织、分类、编码、存储、检索和维护等工作。其目的是为用户提供有意义的信息和决策依据。

随着计算机硬件、软件技术和计算机应用范围的发展，数据处理经历了由低级到高级的几个发展阶段，即人工管理、文件系统、数据库系统、分布式数据库系统和面向对象数据库系统等几个阶段。

（1）人工管理

在计算机出现之前，人们运用常规的手段从事记录、存储和数据加工，也就是利用纸张来记录和利用计算工具（算盘、计算尺）来进行计算，并主要使用人的大脑来管理和利用这些数据。而早期的计算机主要用于科学计算，计算处理的数据量很小，基本上不存在数据管理的问题。20 世纪 50 年代初，计算机开始应用于数据处理。当时的计算机的外存储器只有卡片、纸带、磁带，没有像磁盘这样可以随机访问、直接存取的外部存储设备。软件方面，没有专门管理数据的软件，数据由计算或处理它的程序自行携带。计算机对数据的管理没有一定的格式，数据依附于处理它的应用程序，使数据和应用程序一一对应，互为依赖。数据管理任务，包括存储结构、存取方法、输入/输出方式等完全由程序设计人员自负其责。

由于数据与应用程序的对应、依赖关系，应用程序中的数据无法被其他程序利用，程序与程序之间存在着大量重复数据，称为数据冗余。同时，由于数据是对应某一应用程序的，数据的独立性很差，如果数据的类型、结构、存取方式或输入/输出方式发生变化，处理它的程序必须相应改变，数据结构性差，而且数据不能长期保存。

在人工管理阶段，应用程序与数据之间的关系如图 11-1 所示。

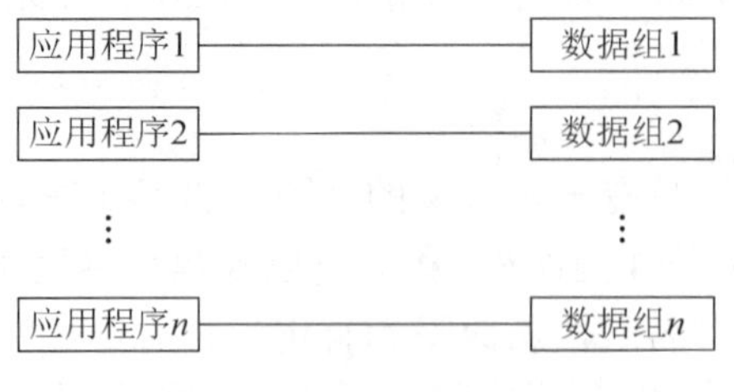

图 11-1　应用程序与数据之间的关系

（2）文件系统

从 20 世纪 50 年代后期开始至 60 年代中后期，操作系统中出现了文件系统。这一阶段，计算机开始大量地用于管理中的数据处理工作，将大量的数据保存在外存的文件中。数据处理应用程序利用操作系统的文件管理功能，将相关数据按一定的规则构成文件，通过文件系统对文件中的数据进行存取、管理，实现数据的文件管理方式。

在文件系统阶段，程序与数据有了一定的独立性，程序和数据分开存储，有了程序文件和数据文件的区别。数据文件可以长期保存在外存储器上被多次存取。文件系统为程序与数据之间提供了一个公共接口，使应用程序采用统一的存取方法来存取、操作数据，程序与数据之间不再是直接的对应关系，因而程序和数据有了一定的独立性。

在文件系统的支持下，程序只需用文件名访问数据文件，程序员可以集中精力在数据处理的算法上，而不必关心记录在存储器上的地址和内、外存交换数据的过程。但是，文件系统中的数据文件是为了满足特定业务领域或某部门的专门需要而设计的，服务于某一特定应用程序，数据和程序相互依赖。同一数据项可能重复出现在多个文件中，导致数据冗余度大。这不仅浪费存储空间、增加更新开销，更严重的是，由于不能统一修改，容易造成数据的不一致性。

在文件系统阶段，应用程序与数据之间的关系如图 11-2 所示。

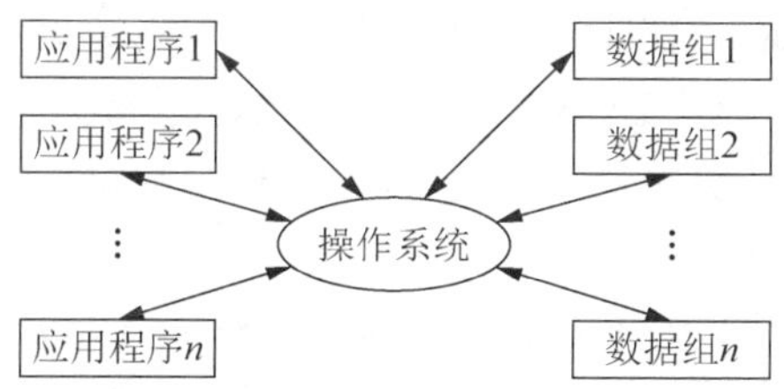

图 11-2　应用程序与数据之间的关系

（3）数据库系统

20 世纪 60 年代后期，计算机性能得到进一步提高，更重要的是出现了大容量磁盘，存储容量大大增加且价格下降。在此基础上，才有可能克服文件系统管理数据时的不足，而满足和解决实际应用中多个用户、多个应用程序共享数据的要求，从而使数据能为尽可能多的应用程序服务，这就出现了数据库这样的数据管理技术。数据库的特点是数据不再只针对某一个特定的应用，而是面向全组织，具有整体的结构性，共享性高，冗余度减小，具有一定的程序与数据之间的独立性，并且对数据进行统一的控制。

数据库技术的主要目的是有效地管理和存取大量的数据资源。

数据库管理系统（DataBase Management System，DBMS）利用了操作系统提供的输入/输出控制和文件访问功能。Visual FoxPro 就是一种在操作系统上运行的数据库管理系统软件。数据库技术使数据有了统一的结构，对所有的数据实行统一、集中、独立的管理，以实现数据的共享，保证数据的完整性和安全性，提高数据管理效率。数据库也是以文件方式存储数据的，但它是数据的一种高级组织形式。在应用程序和数据库之间，由数据库管理软件 DBMS 把所有应用程序中使用的相关数据汇集起来，按统一的数据模型，以记录为单位存储在数据库中，为各个应用程序提供方便、快捷的查询、使用。

在数据库系统阶段，应用程序与数据之间的关系如图 11-3 所示。

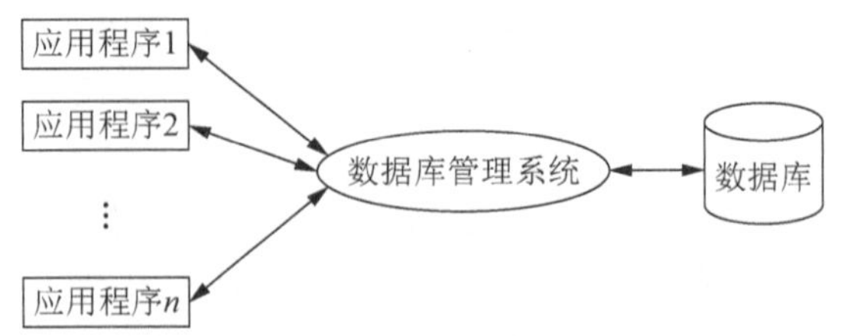

图 11-3　应用程序与数据之间的关系

（4）分布式数据库系统

分布式数据库系统（Distributed DataBase System，DDBS）是在集中式数据库基础上发展起来的，是数据库技术与计算机网络技术、分布处理技术相结合的产物。在 20 世纪 70 年代后期之前，数据库系统多是集中式的。网络技术的发展为数据库提供了分布式的运行环境。分布式数据库系统是地理上分布在计算机网络不同结点，逻辑上属于同一系统的数据库系统，能支持全局应用，同时存取两个或两个以上结点的数据。

分布式数据库系统的主要特点有以下两个。

1）数据是分布的。数据库中的数据分布在计算机网络的不同结点上，而不是集中在一个结点，区别于数据存放在服务器上由各用户共享的网络数据库系统。

2）数据是逻辑相关的。分布在不同结点的数据，逻辑上属于同一个数据库系统，数据间存在相互关联，区别于由计算机网络连接的多个独立数据库系统。

（5）面向对象数据库系统

面向对象数据库系统（Object Oriented DataBase System，OODBS）是将面向对象的模型、方法和机制，与先进的数据库技术有机地结合而形成的新型数据库系统。它从关系模型中脱离出来，强调在数据库框架中发展类型、数据抽象、继承和持久性；它的基本设计思想是，一方面把面向对象语言向数据库方向扩展，使应用程序能够存取并处理对象；另一方面扩展数据库系统，使其具有面向对象的特征，提供一种综合的语义数据建模概念集，以便对现实世界中复杂应用的实体和联系建模。因此，面向对象数据库系统首先是一个数据库系统，具备数据库系统的基本功能，其次是一个面向对象的系统，是针对面向对象的程序设计语言的永久性对象存储管理而设计的，充分支持完整的面向对象概念和机制。

（6）数据库新技术

数据库技术发展之快、应用之广是计算机科学其他领域技术无可比拟的。随着数据库应用领域的不断扩大和信息量的急剧增长，占主导地位的关系数据库系统已不能满足新的应用领域的需求，如 CAD（计算机辅助设计）/CAM（计算机辅助制造）、CIMS（计算机集成制造系统）、CASE（计算机辅助软件工程）、OA（办公自动化）、GIS（地理信息系统）、MIS（管理信息系统）、KBS（知识库系统）等，都需要数据库新技术的支持。这些新应用领域的特点是存储和处理的对象复杂，对象间的联系具有复杂的语义信息；需要复杂的数据类型支持，包括抽象数据类型、无结构的超长数据、时间和版本数据等；需要常驻内存的对象管理，以及支持对大量对象的存取和计算；支持长事务和嵌套事务的处理。这些需求是传统关系数据库系统难以满足的。

整个数据管理的发展阶段中，主要是人工管理、文件系统和数据库系统 3 个阶段的特点非常突出。现将其进行比较，如表 11-1 所示。

表 11-1 数据管理的 3 个阶段

特点阶段	人工管理	文件系统	数据库系统
数据共享程度	无共享，冗余度大	共享性差，冗余度大	共享性大，冗余度小
数据独立性	不独立，完全依赖于程序	独立性差	具有高度的物理独立性和一定的逻辑独立性

11.1.2 数据库系统的组成

数据库系统（DataBase System，DBS）实际上是一个应用系统，它是在计算机硬、软件系统的支持下，由用户、数据库管理系统、存储设备上的数据和数据库应用程序构成的数据处理系统。

数据库系统由以下 5 部分组成：硬件系统、数据库、数据库管理系统及相关软件、数据库管理员、用户。

1. 计算机硬件

计算机硬件（Hardware）是数据库系统赖以存在的物质基础，是存储数据库及运行数据库管理系统的硬件资源，主要包括主机、存储设备、I/O 通道等。大型数据库系统一般都建立在计算机网络环境下。

为使数据库系统获得较满意的运行效果，计算机中 CPU、内存、磁盘、I/O 通道等技术性能指标应采用较高的配置。

2. 数据库

数据库（DataBase，DB）是指存储在计算机存储设备上的、结构化的相关数据集合。它不仅包括描述事物的数据本身，而且还包括相关事物之间的联系，可以被多个用户共享、与应用程序相互独立。

数据库中的数据也是以文件的形式存储在存储介质上的，它是数据库系统操作的对象和结果。它不像文件系统那样，只面向某一特定应用程序，而是面向多种应用，可以被多个用户、多个程序共享，具有集中性和共享性。集中性是指把数据库看成性质不同的数据文件的集合，其中的数据冗余很小。共享性是指多个不同用户使用不同语言，为了不同应用目的可同时存取数据库中的数据。例如，学生管理系统所涉及的全部数据，其数据结构独立于使用数据的程序，对于数据库中数据的增加、删除、修改和检索由数据库管理系统进行统一管理和控制。

3. 数据库管理系统

数据库管理系统是为定义、建立、维护、使用及控制数据库而提供的有关数据管理的系统软件。为了让多种应用程序并发地使用数据库中具有最小冗余度的共享数据，必须使数据与程序具有较高的独立性。这就需要一个软件系统对数据实行专门管理，提供安全性和完整性等统一控制机制，方便用户以交互命令或程序方式对数据库进行操作。数据库管理系统提供对数据库中数据资源进行统一管理和控制的功能，将用户应用程序与数据库数据相互隔离。它是数据库系统的核心，其功能的强弱是衡量数据库系统性能优劣的主要指标。

数据库管理系统必须运行在相应的系统平台上，在操作系统和相关的系统软件支持下，才能有效地运行，如图 11-4 所示。较流行的微机中小型数据库管理系统有 FoxBASE、FoxPro、Visual FoxPro、Access 等。

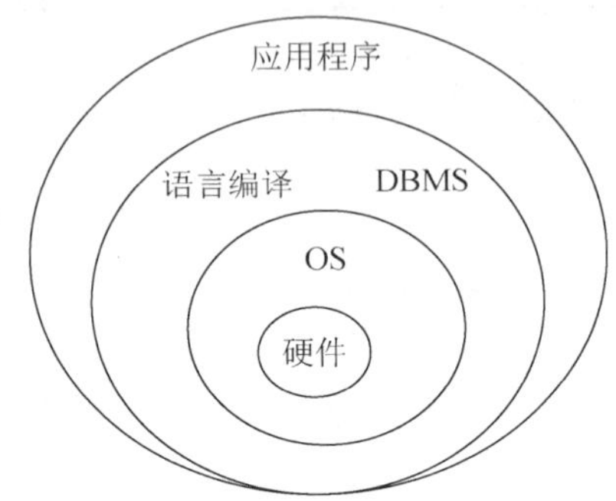

图 11-4　数据库系统在计算机系统中的结构

4. 应用程序

应用程序（Application）是在数据库管理系统的基础上，由系统开发人员利用数据库系统资源开发出来的，面向某一类实际应用的应用软件系统。应用程序包括为特定的应用环境建立的数据库、开发的各类应用程序及编写的文档资料，它们是一个有机整体。应用程序的操作范围通常仅是数据库的一个子集，即用户所需的那部分数据。例如，以数据库为基础的财务管理系统、人事管理系统、图书管理系统、教学管理系统、生产管理系统等。无论是面向内部业务和管理的管理信息系统，还是面向外部、提供信息服务的开放式信息系统，从实现技术角度而言，都是以数据库为基础和核心的计算机应用系统。

5. 数据库用户

用户（User）是指管理、开发、使用数据库系统的所有人员，通常包括数据库管理员、应用程序员和终端用户。数据库管理员（DataBase Administrator，DBA）负责管理、监督、维护数据库系统的正常运行；应用程序员（Application Programmer）负责分析、设计、开发、维护数据库系统中运行的各类应用程序；终端用户（End-User）是在数据库管理系统与应用程序支持下，操作使用数据库系统的普通使用者。不同规模的数据库系统，用户的人员配置可以根据实际情况有所不同，大多数用户都属于终端用户，在小型数据库系统中，特别是在微机上运行的数据库系统中，通常 DBA 就由终端用户担任。

11.1.3　数据库系统的内部结构体系

为了有效地组织、管理数据，提高数据库的逻辑独立性和物理独立性，人们为数据库设计了一个严谨的体系结构，包括 3 个模式（外模式、模式和内模式）和 2 个映射（外模式-

模式映射和模式-内模式映射）。美国 ANSI/X3/SPARC 的数据库管理系统研究小组于 1975 1978 年提出了标准化的建议，将数据库结构分为 3 级：面向用户或应用程序员的用户级；面向建立和维护数据库人员的概念级；面向系统程序员的物理级。用户级对应外模式，概念级对应模式，物理级对应内模式，使不同级别的用户对数据库形成不同的视图。视图就是指观察、认识和理解数据的范围、角度和方法。简而言之，视图就是数据库在用户“眼中”的反映。很显然，不同层次（级别）的用户所“看到”的数据库是不相同的。

1. 数据库的三级模式

（1）概念模式

概念模式又称模式或逻辑模式，对应概念级。它是由数据库设计者综合所有用户的数据，按照统一的观点构造的全局逻辑结构，是对数据库中全部数据的逻辑结构和特征的总体描述，是所有用户的公共数据视图（全局视图）。它是由数据库系统提供的数据模式描述语言（Data Description Language，DDL）来描述、定义的，体现、反映了数据库系统的整体观。

（2）外模式

外模式又称子模式，对应于用户级。它是某个或某几个用户所看到的数据库的数据视图，是与某一应用有关的数据的逻辑表示。外模式是从模式导出的一个子集，包含模式中允许特定用户使用的那部分数据。用户可以通过外模式描述语言（外模式 DLL）来描述、定义对应于用户的数据记录（外模式），也可以利用数据操纵语言（Data Manipulation Language，DML）对这些数据进行记录。外模式反映了数据库的用户观。

（3）内模式

内模式又称存储模式，对应于物理级。它是数据库中全体数据的内部表示或底层描述，是数据库最低一级的逻辑描述，它描述了数据在存储介质上的存储方式和物理结构，对应着实际存储在外存储介质上的数据库。内模式由内模式描述语言（内模式 DLL）来描述、定义，它是数据库的存储观。

在一个数据库系统中，只有唯一的数据库，因而作为定义、描述数据库存储结构的内模式和定义、描述数据库逻辑结构的模式，也是唯一的，但建立在数据库系统之上的应用则是非常广泛、多样的，所以对应的外模式不是唯一的，也不可能唯一。

2. 两级映射

数据库系统的三级模式是数据在 3 个级别（层次）上的抽象，使用户能够逻辑地、抽象地处理数据而不必关心数据在计算机中的物理表示和存储。实际上，对于一个数据库系统而言，只有物理级数据库是客观存在的，它是进行数据库操作的基础，概念级数据库中不过是物理数据库的一种逻辑的、抽象的描述（即模式），用户级数据库则是用户与数据库的接口，它是概念级数据库的一个子集（外模式）。

（1）外模式-模式映射

用户应用程序根据外模式进行数据操作，通过外模式-模式映射，定义和建立某个外模式与模式间的对应关系，将外模式与模式联系起来。当模式发生改变时，只要改变其映射，就可以使外模式保持不变，对应的应用程序也可保持不变。

（2）模式-内模式映射

通过模式-内模式映射，定义建立数据的逻辑结构（模式）与存储结构（内模式）间的对应关系。当数据的存储结构发生变化时，只需改变模式-内模式映射，就能保持模式不变，因此应用程序也可以保持不变。

11.1.4　数据库系统的特点

数据库系统的出现是计算机数据处理技术的重大进步，它具有以下特点。

1. 数据模型表示复杂的数据

数据库中数据的结构通过数据模型描述，不仅描述数据本身的特点，而且描述数据之间的联系。

2. 实现数据共享，减少数据冗余

数据共享是指多个用户可以同时存取数据而不相互影响，数据共享包括以下 3 个方面：①所有用户可以同时存取数据；②数据库不仅可以为当前的用户服务，也可以为将来的新用户服务；③可以使用多种语言完成与数据库的接口。数据的最小单位是字段，即可以按字段的名称存取库中某一个或某一组字段，也可以存取一个记录或一组记录。数据冗余就是数据重复，数据冗余既浪费存储空间，又容易产生数据的不一致。在非数据库系统中，由于每个应用程序都有自己的数据文件，所以数据存在着大量的重复。数据库从全局观念来组织和存储数据，数据已经根据特定的数据模型结构化，在数据库中用户的逻辑数据文件和具体的物理数据文件不必一一对应，从而有效地节省了存储资源，减少了数据冗余，增强了数据的一致性。

3. 具有较高的数据独立性

数据独立是指数据与应用程序之间的彼此独立，它们之间不存在相互依赖的关系。应用程序不必随数据存储结构的改变而变动。

在数据库系统中，数据库管理系统通过映像，实现应用程序对数据的逻辑结构与物理存储结构之间较高的独立性。数据库的数据独立包括两个方面。

1）物理数据独立：数据的存储格式和组织方法改变时，不影响数据库的逻辑结构，从而不影响应用程序。

2）逻辑数据独立：数据库逻辑结构的变化（如数据定义的修改、数据间联系的变更等）不影响用户的应用程序。

数据独立提高了数据处理系统的稳定性，从而提高了程序维护的效益。

4. 有统一的数据控制功能

数据的存取是并发的，即多个用户同时使用一个数据库。所以，数据库管理系统必须要提供必要的保护措施（并发访问控制、数据安全控制和数据的完整性控制）。数据库加入了

安全保密机制，可以防止对数据的非法存取。由于实行集中控制，有利于控制数据的完整性。数据库系统采取了并发访问控制，保证了数据的正确性。另外，数据库系统还采取了一系列措施，实现了对数据库破坏的恢复。

11.1.5 数据库管理系统的功能

作为数据库系统核心软件的 DBMS，通过三级模式间的映射转换，为用户实现了数据库的建立、使用、维护操作，因此，DBMS 必须具备相应的功能。它主要包括如下功能。

1. 数据库定义（描述）功能

DBMS 为数据库的建立提供了数据定义（描述）语言。用户使用 DDL 定义数据库的子模式（外模式）、模式和内模式，以定义和刻画数据库的逻辑结构，正确描述数据之间的联系，DBMS 根据这些数据定义，从物理记录导出全局逻辑记录，再从全局逻辑记录导出应用程序所需要的数据记录。

2. 数据库操纵功能

DBMS 通过提供的数据操纵语言实现对数据库的检索、插入、修改、删除等基本操作。DML 通常分为两类：一类是嵌入主语言中的，如嵌入 C、COBOL 等词组语言中，这类 DML 一般本身不能独立使用，称为宿主型语言；另一类是交互式命令语言，它语法简单，可独立使用，称为自含型语言。目前 DBMS 广泛采用的就是可独立使用的自含型语言，为用户或应用程序员提供操作使用数据库的语言工具。Visual FoxPro 6.0 提供的是自含型语言。

3. 数据库管理功能

DBMS 具有对数据库的建立、更新、重编、结构维护、恢复及性能监测等管理功能。它是 DBMS 运行的核心部分，主要包括两方面的功能：系统建立与维护功能和系统运行控制功能，分别通过相应的控制程序完成有关功能，包括系统总控、存取控制（即存取权限检查）、并发控制、数据库完整性控制、数据访问、数据装入、性能监测、系统恢复等。所有数据库的操作都要在这些控制程序的统一管理下进行，以保证运行的正确执行和数据库的正确有效。

4. 通信功能

DBMS 提供数据库与操作系统 OS 的联机处理接口，以及与远程作业输入的接口。

另外，作为用户与数据库的接口，用户可以通过交互式和应用程序方式使用数据库。交互式直观明了、使用简单，通常是借助于 DBMS 的 DML 对数据库中的数据进行操作；应用程序方式则是用户或应用程序员依据外模式（子模式）编写应用程序模块，实现对数据库中数据的各种操作。

DBMS 的功能随不同系统而有所不同，大型系统的功能较强、较全，而小型系统的功能则较弱。例如，目前运行于微机上的许多 DBMS 就不具备存取控制功能，对数据库操作的权限管理很弱或没有，而在网络环境下运行的 DBMS 则具有存取控制及并发控制功能。

11.2 数据模型

计算机信息处理的对象是现实生活中的客观事物，在对客观事物实施处理的过程中，首先要经历了解、熟悉的过程，从观测中抽象出大量描述客观事物的信息，再对这些信息进行整理、分类和规范，进而将规范化的信息数据化，最终由数据库系统存储、处理。在这一过程中，涉及不同的层次，经历了抽象和转换。

数据模型按不同的应用层次分成 3 种类型，即概念数据模型、逻辑数据模型、物理数据模型。概念数据模型又称实体联系模型（E-R 模型），逻辑数据模型又称数据模型，分为层次模型、网状模型、关系模型，物理数据模型又称物理模型。下面主要介绍前两种数据模型。

11.2.1 概念数据模型

概念数据模型是反映实体之间联系的模型。数据库设计的重要任务就是建立实体模型，建立概念数据库的具体描述。在建立实体模型时，实体要逐一命名以示区别，并描述它们之间的各种联系。实体模型只是将现实世界的客观对象抽象为某种信息结构，这种信息结构并不依赖于具体的计算机系统，所以一般用 E-R 图，也称实体联系图（Entity Relationship Diagram）来表示。

1. E-R 模型的基本概念

（1）实体

客观事物在信息世界中称为实体（Entity），它是现实世界中任何可区分、识别的事物。实体可以是具体的人或物，也可以是抽象概念。

（2）属性

实体具有许多特性，实体所具有的特性称为属性（Attribute）。一个实体可用若干属性来刻画。每个属性都有特定的取值范围，即值域（Domain），值域的类型可以是整数型、实数型、字符型等。

（3）实体集

性质相同的同类实体的集合称为实体集（Entity Set），如一个班的学生。

（4）实体联系

建立实体模型的一个主要任务就是要确定实体之间的联系。常见的实体联系有 3 种：一对一联系、一对多联系和多对多联系，如图 11-5 所示。

1）一对一联系（1∶1）。若两个不同型实体集中，任一方的一个实体只与另一方的一个实体相对应，称这种联系为一对一联系。例如，学号与学生的联系，一个学号只对应一个学生，一个学生也只有一个学号。

2）一对多联系（1∶n）。若在两个不同型实体集中，一方的一个实体对应另一方若干个实体，而另一方的一个实体只对应本方一个实体，称这种联系为一对多联系。例如，班主任与学生的联系，一个班主任对应多个学生，而本班每个学生只对应一个班主任。

3）多对多联系（m∶n）。若两个不同型实体集中，两实体集中任一实体均与另一实体

集中若干个实体对应，称这种联系为多对多联系。例如，教师与学生的联系，一位教师为多个学生授课，每个学生也有多位任课教师。

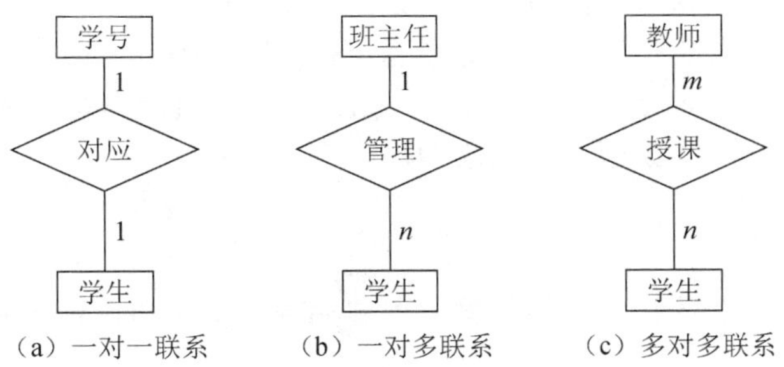

图 11-5　E-R 图

2. E-R 模型的图形表示法

通常情况下，我们用图形表示 E-R 模型。

1）矩形表示实体集。

2）菱形表示联系。

3）椭圆形表示属性。

4）直线表示实体集与属性间的联接关系。

例如，商场各实体属性如下。

商场（商场号，名称，地址，规模）。

经理（姓名，性别，电话，地址，商场号）。

商品（商品号，名称，类别，价格，生产日期，库存量）。

顾客（顾客编号，姓名，会员否，性别，年龄）。

绘制出的 E-R 图如图 11-6 所示。

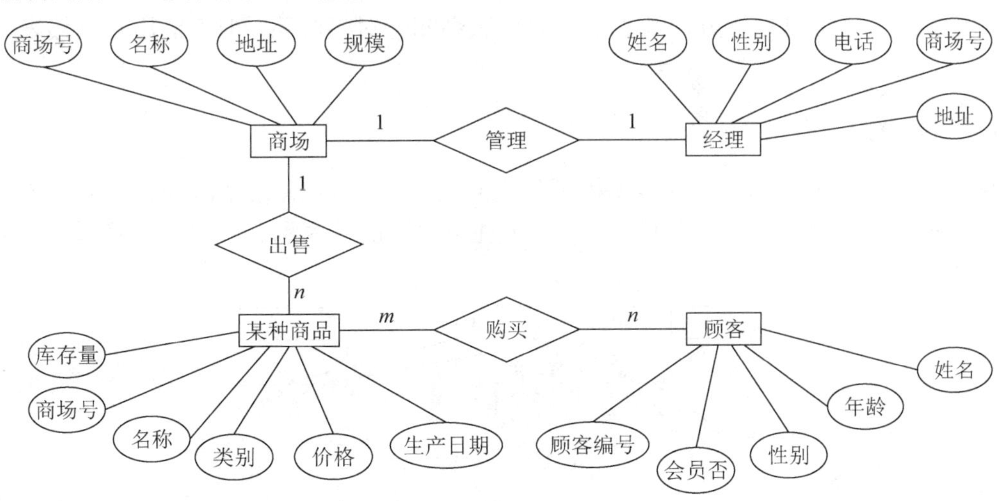

图 11-6　商场 E-R 图

11.2.2 逻辑数据模型

逻辑数据模型通常称为数据模型，是指数据库中数据与数据之间的关系。

数据模型是数据库系统中的一个关键概念，数据模型不同，相应的数据库系统就完全不同，任何一个数据库管理系统都是基于某种数据模型的。数据库管理系统常用的数据模型有下列 3 种：层次模型、网状模型、关系模型。

1. 层次模型

用树形结构表示数据及其联系的数据模型称为层次模型（Hierarchical Model），如图 11-7 所示。

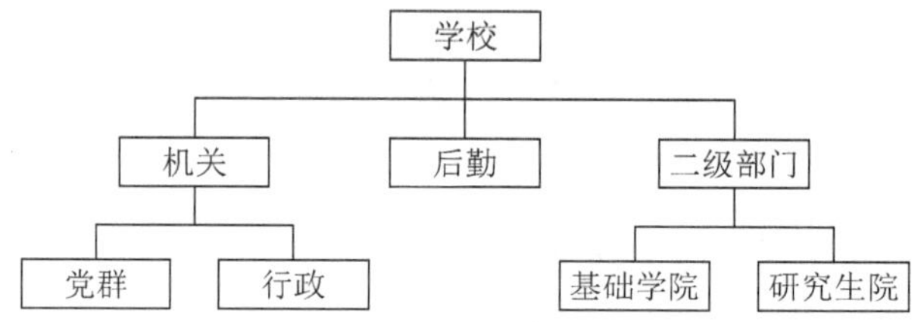

图 11-7 层次模型

树由结点和连线组成，结点表示数据集，连线表示数据之间的联系，树形结构只能表示一对多联系。通常将表示“一”的数据放在上方，称为父结点；而将表示“多”的数据放在下方，称为子结点。树的最高位置只有一个结点，称为根结点。根结点以外的其他结点都有一个父结点与它相连，同时可能有一个或多个子结点与它相连。没有子结点的结点称为叶结点，它处于分枝的末端。

层次模型的基本特点：有且仅有一个结点无父结点，称其为根结点；其他结点有且只有一个父结点。

支持层次模型的 DBMS 称为层次数据库管理系统，在这种系统中建立的数据库是层次数据库。层次模型可以直接方便地表示一对一联系和一对多联系，但不能用它直接表示多对多联系。

2. 网状模型

用网络结构表示及其联系的数据模型称为网状模型（Network Model）。网状模型是层次模型的拓展，网状模型的结点间可以任意发生联系，能够表示各种复杂的联系，如图 11-8 所示。

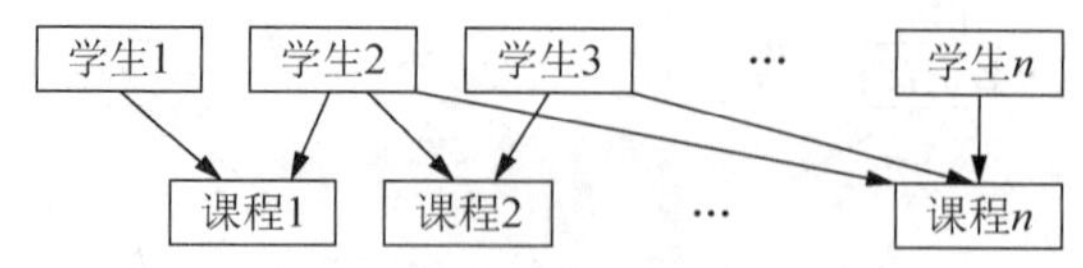

图 11-8 网状模型

网状模型的基本特点：一个以上结点无父结点；至少有一个结点有多于一个的父结点。

网状模型和层次模型在本质上是一样的。从逻辑上看，它们都是用结点表示数据，用连线表示数据间的联系；从物理上看，层次模型和网络模型都是用指针来实现两个文件之间的联系。层次模型是网状模型的特殊形式，网状模型是层次模型的一般形式。

支持网状模型的 DBMS 称为网状数据库管理系统，在这种系统中建立的数据库是网状数据库。网络结构可以直接表示多对多联系，这也是网状模型的主要优点。但网状模型在实现时比较困难。

3. 关系模型

人们习惯用表格的形式表示一组相关的数据，既简单又直观，如表 11-2 所列就是一个学生基本情况表。这种由行与列构成的二维表，在数据库理论中称为关系，用关系表示的数据模型称为关系模型（Relational Model）。在关系模型中，实体和实体间的联系都是用关系表示的，也就是说，二维表格中既存放着实体本身的数据，又存放着实体间的联系。关系不但可以表示实体间一对多的联系，通过建立关系间的关联，也可以表示多对多的联系。

表 11-2 学生基本情况表

记录号	学号	姓名	性别	民族	出生日期
1	20160101	刘美辰	女	汉	01/07/98
2	20160102	李铮	男	汉	03/17/98
3	20160103	王宏宇	男	汉	02/18/98
4	20160104	杨诗瑶	女	汉	09/27/97
5	20160105	吴峻男	男	满	11/17/97
6	20160106	李光宁	男	汉	02/26/98
7	20160107	赵红静	女	藏	05/11/98
8	20160108	刘博	男	汉	09/19/97
9	20160109	杨一凡	男	汉	03/07/98
10	20160110	高鸿宇	男	回	01/09/98

关系模型是建立在关系代数基础上的，因而具有坚实的理论基础。与层次模型和网状模型相比，关系模型具有数据结构单一、理论严密、使用方便、易学易用等特点，因此，目前绝大多数数据库系统的数据模型都采用关系模型。

Visual FoxPro 是一种典型的关系数据库管理系统。

11.2.3 关系数据库

关系数据库是建立在关系模型基础上的数据库。

1. 关系模型中的常用关系术语

（1）关系

一个关系就是一个二维表，每个关系有一个关系名。每个关系用一个文件来存储，扩展名为.dbf。

（2）元组

二维表的每一行叫一个记录，在关系中称为元组。在 Visual FoxPro 中，一个元组对应表中的一个记录。

（3）属性

二维表的每一列叫一个字段，在关系中称为属性，每个属性都有一个属性名。每个属性包括属性名、数据类型、长度。在 Visual FoxPro 中，一个属性对应表中一个字段，属性名对应字段名。

（4）域

在关系中属性的取值范围称为域。

（5）关键字

关系中能唯一区分、确定不同元组（记录）的属性或属性组合，称为该关系的一个关键字。单个属性组成的关键字称为单关键字，多个属性组合的关键字称为组合关键字。需要强调的是，关键字的属性值不能取“空值”（空值是指“不知道”或“不确定”的值），否则导致无法唯一地区分、确定元组。

表 11-2 中“学号”属性可以作为单关键字，因为学号不允许相同。而“姓名”及“出生日期”则不能作为关键字，因为学生中可能出现重名或相同出生日期。如果所有同名学生的出生日期不同，则可将“姓名”和“出生日期”组合成为组合关键字。

（6）候选关键字

关系中能够成为关键字的属性或属性组合可能不是唯一的。凡在关系中能够唯一区分、确定不同元组的属性或属性组合，称为候选关键字，如表 11-2 中，假设要求记录中不能有重名的学生，那么“学号”“姓名”属性都是候选关键字。

（7）主关键字

在候选关键字中选定一个作为关键字，称为该关系的主关键字。关系中主关键字是唯一的。

（8）外部关键字

关系中某个属性或属性组合并非关键字，但却是另一个关系的主关键字，称此属性或属性组合为本关系的外部关键字。关系之间的联系是通过外部关键字实现的。例如，表 11-3 中的“学号”字段有重复值，不是 xuanke 关系的主关键字，但是“学号”是 xuesheng 关系的主关键字，所以称“学号”属性是 xuanke 关系的外部关键字。

表 11-3　xuanke 关系

记录号	学号	课程号	成绩
1	20160101	1	98.0
2	20160102	1	74.0
3	20160103	1	66.0
4	20160104	1	84.0
5	20160105	2	69.0
6	20160106	2	81.0
7	20160101	3	82.0
8	20160102	3	77.0
9	20160103	3	91.0
10	20160104	4	70.0
11	20160105	4	69.0
12	20160106	4	50.0

（9）关系模式

对关系结构的描述称为关系模式，一个关系模式对应一个关系的结构。

格式：

关系名（属性名 1，属性名 2，…，属性名 n）

关系既可以用二维表格描述，也可以用数学形式的关系模式来描述。一个关系模式对应一个关系的数据结构，也就是表的数据结构。

如表 11-2 对应的关系，其关系模式可以表示为学生（学号，姓名，性别，民族，出生日期）。其中，“学生”为关系名，括号中各项为该关系所有的属性名。

2. 关系的基本特点

一个关系就是一个二维表，但是一个二维表并不一定就是一个关系。不能把日常手工管理所用的各种表格，按照一个表一个关系直接存放到数据库系统中。在关系模型中，关系必须具有以下基本特点。

1）关系必须规范化，属性不可再分割。规范化是指关系模型中每个关系模式都必须满足一定的要求，最基本的要求是关系必须是一个二维表，每个属性值必须是不可分割的最小数据单元，即表中不能再包含表。

2）在同一关系中不允许出现相同的属性名。

3）关系中不允许有完全相同的元组。

4）在同一关系中元组及属性的顺序可以任意。

以上是关系的基本性质，也是衡量一个二维表格能否构成关系的基本要素。其中属性不可再分割是关键要素。

3. 关系数据库

以关系模型建立的数据库就是关系数据库（Relational Data Base，RDB）。

关系数据库中包含若干个关系，每个关系都由关系模式确定，每个关系模式包含若干个属性和属性对应的域，所以，定义关系数据库就是逐一定义关系模式，对每一关系模式逐一定义属性及其对应的域。

一个关系就是一个二维表格，表格由表格结构与数据构成，表格的结构对应关系模式，表格每一列对应关系模式的一个属性，该列的数据类型和取值范围就是该属性的域。因此，定义了表格就定义了对应的关系。换言之，要定义一个关系，只要定义此关系对应的二维表就可以了。

在 Visual FoxPro 系统中，与关系数据库对应的是数据库文件，一个数据库文件包含若干个表，表由表结构及若干个数据记录组成，表结构对应关系模式；每个记录由若干个字段构成，字段对应关系模式的属性，字段的数据类型和取值范围对应属性的域。

11.3　关 系 运 算

关系代数是关系模型及关系数据库的理论基础。关系代数的运算主要分两类：传统的集合运算和专门的关系运算。

11.3.1 传统的集合运算

传统的集合运算包括并、差、交等，而进行并、差、交集合运算的两个关系必须具有相同的关系模式，即两个关系结构相同——列相同。运算结果关系模式不变，即列不变，元组发生变化，即运算是行的变化。

本节中的运算以两个相同结构的关系为例，即关系 *B*1（*A*，*B*，*C*）和 *B*2（*A*，*B*，*C*）结构相同，如表 11-4 和表 11-5 所示。

表 11-4　关系 *B*1

A	*B*	*C*
aa	ba	ca
kk	hh	mm
d	e	f

表 11-5　关系 *B*2

A	*B*	*C*
aaa	baa	caa
kk	hh	mm
d	e	f

1. 并运算

两个相同结构关系的并是由两个关系中取出不重复的元组（记录）组成的集合，即所有不相同的行的集合。关系 *B*1（*A*，*B*，*C*）和 *B*2（*A*，*B*，*C*）的并运算结果如表 11-6 所示。

表 11-6　*B*1∪*B*2 并运算结果

A	*B*	*C*
aa	ba	ca
kk	hh	mm
d	e	f
aaa	baa	caa

2. 差运算

关系 *B*1 和关系 *B*2 的差是由属于 *B*1 而不属于 *B*2 的元组组成的集合，即从 *B*1 中去掉 *B*2 中已有的元组，如表 11-7 所示。

表 11-7　*B*1-*B*2 差运算结果

A	*B*	*C*
aa	ba	ca

3. 交运算

关系 $B1$ 和关系 $B2$ 的交是由既属于 $B1$ 又属于 $B2$ 的元组组成的集合，如表 11-8 所示。

表 11-8　$B1 \cap B2$ 交运算结果

A	*B*	*C*
kk	hh	mm
d	e	f

11.3.2　专门的关系运算

在关系数据库中查询用户所需数据时，需要对关系进行一定的关系运算。关系运算主要有选择、投影和联接 3 种。

1. 选择

选择（Selection）运算是从关系中查找符合指定条件元组的操作。

以逻辑表达式指定选择条件，选择运算将选取使逻辑表达式为真的所有元组。选择运算的结果构成关系的一个子集，是关系中的部分元组，其关系模式不变。

选择运算是从关系中选取若干行的操作，在表中则是选取若干个记录的操作。

在 Visual FoxPro 中，通过命令子句 FOR<逻辑表达式>、WHILE<逻辑表达式>和设置记录过滤器实现选择运算。例如，表 11-2 按照“性别='女'”的条件进行选择运算，可得到表 11-9 的结果。

表 11-9　选择运算结果

记录号	学号	姓名	性别	民族	出生日期
1	20160101	刘美辰	女	汉	01/07/98
4	20160104	杨诗瑶	女	汉	09/27/97
7	20160107	赵红静	女	藏	05/11/98

2. 投影

投影（Projection）运算是从关系中选取若干个属性的操作。

投影运算从关系中选取若干属性形成一个新的关系，其关系模式中属性个数比原关系少，或者排列顺序不同，同时也可能减少某些元组。因为排除了一些属性后，特别是排除了原关系中关键字属性后，所选属性可能有相同值，出现相同的元组，而关系中必须排除相同元组，所以有可能减少某些元组。

因为 Visual FoxPro 允许表中有相同记录，所以可以不排除相同的记录。根据需要，可以由用户删除相同记录。在 Visual FoxPro 中，通过命令子句 FIELDS <字段表>和设置字段过滤器实现投影运算。例如，选取表 11-2 中姓名、性别、出生日期 3 列的投影操作，可得到表 11-10 所示的结果。

表 11-10 投影运算结果

姓名	性别	出生日期
刘美辰	女	01/07/98
李铮	男	03/17/98
王宏宇	男	02/18/98
杨诗瑶	女	09/27/97
吴峻男	男	11/17/97
李光宁	男	02/26/98
赵红静	女	05/11/98
刘博	男	09/19/97
杨一凡	男	03/07/98
高鸿宇	男	01/09/98

3. 联接

联接（Join）运算是将两个关系模式的若干属性拼接成一个新的关系模式的操作，对应的新关系中包含满足联接条件的所有元组。

联接过程是通过联接条件来控制的，联接条件中将出现两个关系中的公共属性名，或者具有相同语义、可比的属性。

联接是将两个二维表格中的若干列，按同名等值的条件拼接成一个新二维表格的操作。在表中则是将两个表的若干字段，按指定条件（通常是同名等值）拼接生成一个新的表。例如，将表 11-2 和表 11-3 中若干列，以“学号”列为依据，联接牛成一个新的表格，结果如表 11-11 所示。

表 11-11 联接运算结果

记录号	学号	姓名	性别	民族	出生日期	课程号	成绩
1	20160101	刘美辰	女	汉	01/07/98	1	98.0
2	20160101	刘美辰	女	汉	01/07/98	3	82.0
3	20160102	李铮	男	汉	03/17/98	1	74.0
4	20160102	李铮	男	汉	03/17/98	3	77.0
5	20160103	王宏宇	男	汉	02/18/98	1	66.0
6	20160103	王宏宇	男	汉	02/18/98	3	91.0
7	20160104	杨诗瑶	女	汉	09/27/97	1	84.0
8	20160104	杨诗瑶	女	汉	09/27/97	4	70.0
9	20160105	吴峻男	男	满	11/17/97	2	69.0
10	20160105	吴峻男	男	满	11/17/97	4	69.0
11	20160106	李光宁	男	汉	02/26/98	2	81.0
12	20160106	李光宁	男	汉	02/26/98	4	50.0
13	20160107	赵红静	女	藏	05/11/98	—	—
14	20160108	刘博	男	汉	09/19/97	—	—

续表

记录号	学号	姓名	性别	民族	出生日期	课程号	成绩
15	20160109	杨一凡	男	汉	03/07/98	—	—
16	20160110	高鸿宇	男	回	01/09/98	—	—

在对关系数据库的查询中，利用关系的投影、选择和联接运算可以方便地分解或构造新的关系。

11.3.3 关系的完整性约束

关系完整性是为保证数据库中数据的正确性和相容性，对关系模型提出的某种约束条件或规则。完整性通常包括实体完整性、参照完整性和用户定义完整性（又称域完整性）。

1. 实体完整性

实体完整性是指关系的主关键字不能取空值。

一个关系对应现实世界中一个实体集，如表 11-2 所示关系就对应一组学生的集合。现实世界中的实体是可相互区分、识别的，即它们应具有某种唯一性标识。在关系模式中，以主关键字作为唯一性标识，而主关键字中的属性（称为主属性）不能取空值，否则，表明关系模式中存在着不可标识的实体（因为空值是“不确定”的），这与现实世界的实际情况相矛盾，这样的实体就不是一个完整实体。按实体完整性规则要求，主属性不能取空值，如主关键字是多个属性的组合，所有主属性均不得取空值。例如，表 11-2 将“学号”列作为主关键字，那么，该列不得有空值，否则无法对应某个具体的学生，这样的表格不完整，对应关系不符合实体完整性规则的约束条件。

2. 参照完整性

参照完整性是指定义建立关系之间联系的主关键字与外部关键字引用的约束条件。

关系数据库中通常都包含多个存在相互联系的关系，关系与关系之间的联系是通过公共属性来实现的。公共属性是一个关系 R（称为被参照关系或目标关系）的主关键字，同时又是另一关系 S（称为参照关系）的外部关键字。如果参照关系 S 中外部关键字的取值，要么与被参照关系 R 中某元组主关键字的值相同，要么取空值，那么，在这两个关系间建立关联的主关键字和外部关键字引用符合参照完整性规则要求。如果参照关系 S 的外部关键字也是其主关键字，根据实体完整性要求，主关键字不得取空值，因此，参照关系 S 外部关键字的取值实际上只能取相应被参照关系 S 中已经存在的主关键字值。

3. 用户定义完整性

实体完整性和参照完整性适用于任何关系数据库系统，主要是对关系的主关键字和外部关键字取值必须做出有效的约束。用户定义完整性则是根据应用环境的要求和实际的需要，对某一具体应用所涉及的数据提出约束性条件。这一约束机制一般不应由应用程序提供，而应由关系模型提供定义并检验。用户定义完整性主要包括字段有效性约束和记录有效性约束。

附　录

本书共使用 8 个基本数据表（附表 1～附表 8）和两个拓展数据表（附表 9、附表 10），在此给出基本数据表的原始数据格式。各表在正文中以 Visual FoxPro 软件运算结果的形式出现，即正文中展现的不同于附录中的数据形式，是经过软件处理后的数据格式，是根据特定环境下的格式要求显示的。

这里也给出了两个拓展数据表的原始形式，用于师生对原表设计的解读及对表文件中完整数据内容的查阅，也可以在进行建表实验输入原始数据时使用。特别标注了表中字段的类型和宽度。请正确理解其在正文中的不同表现形式，特别是日期型、逻辑型等类型的数据其输入与输出格式不同。

附表 1　xuesheng.dbf

记录号	学号 C10	姓名 C6	性别 C2	民族 C2	出生日期 D	是否党员 L
1	20160101	刘美辰	女	汉	1998-1-7	.F.
2	20160102	李铮	男	汉	1998-3-17	.F.
3	20160103	王宏宇	男	汉	1998-2-18	.F.
4	20160104	杨诗瑶	女	汉	1997-9-27	.F.
5	20160105	吴峻男	男	满	1997-11-17	.F.
6	20160106	李光宁	男	汉	1998-2-26	.F.
7	20160107	赵红静	女	藏	1998-5-11	.F.
8	20160108	刘博	男	汉	1997-9-19	.T.
9	20160109	杨一凡	男	汉	1998-3-7	.F.
10	20160110	高鸿宇	男	回	1998-1-9	.F.
11	20160111	李婧	女	汉	1998-4-7	.F.
12	20160112	杨志良	男	汉	1997-10-29	.F.
13	20160113	王慧	女	满	1998-3-11	.T.
14	20160114	罗丽娜	女	汉	1997-11-27	.F.
15	20160115	赵军	男	汉	1997-10-16	.F.
16	20160116	吴润博	男	汉	1998-2-17	.F.
17	20160117	杨天姿	女	汉	1998-1-5	.F.
18	20160118	李晓娴	女	汉	1997-9-16	.F.
19	20160119	胡少鹏	男	汉	1998-5-7	.F.
20	20160120	刘建	男	汉	1997-11-3	.F.
21	20160121	冯业权	男	满	1998-2-17	.F.
22	20160122	吴秀秀	女	汉	1997-10-13	.F.

续表

记录号	学号 C10	姓名 C6	性别 C2	民族 C2	出生日期 D	是否党员 L
23	20160123	李梦彤	女	汉	1997-11-7	.F.
24	20160124	王赞	男	汉	1998-4-8	.T.
25	20160125	李晓蕾	女	汉	1998-3-9	.F.
26	20170101	王旭	女	汉	1999-2-25	.F.
27	20170102	刘君伟	男	汉	1998-10-7	.F.
28	20170103	王一彤	女	汉	1998-11-9	.T.
29	20170104	潘小琪	女	满	1999-4-1	.F.
30	20170105	吴伟平	男	汉	1999-1-6	.T.
31	20170106	李剑	男	汉	1998-10-8	.F.
32	20170107	杨润博	男	汉	1998-10-17	.F.
33	20170108	杨晴	女	汉	1998-12-7	.F.
34	20170109	周一明	男	汉	1999-2-17	.F.
35	20170110	邹洁	女	汉	1999-3-9	.F.
36	20170111	李倩	女	汉	1999-1-8	.F.
37	20170112	周立勇	男	汉	1999-4-6	.F.
38	20170113	王冬羽	女	汉	1998-11-21	.F.
39	20170114	胡小萌	女	汉	1998-12-4	.T.
40	20170115	侯文新	男	汉	1999-1-15	.F.
41	20170201	沈毅	男	汉	1998-9-7	.F.
42	20170202	柳楠	女	满	1999-2-18	.F.
43	20170203	张维	女	汉	1999-5-21	.F.
44	20170204	于英东	男	汉	1999-2-13	.F.
45	20170205	朱杨	男	汉	1998-8-9	.F.
46	20170206	张盛名	男	藏	1999-3-3	.F.
47	20170207	苏丽雪	女	汉	1998-12-22	.F.
48	20170208	黄赫	男	汉	1998-10-1	.T.
49	20170209	郑文如	女	汉	1998-12-15	.F.
50	20170210	林小瑛	女	汉	1999-5-17	.F.
51	20170211	付朝阳	男	藏	1998-3-24	.F.

附表 2　chengji.dbf

记录号	学号 C6	数学 N(5,1)	英语 N(5,1)	计算机 N(5,1)	四级过否 L
1	20160101	78	80	92	.T.
2	20160102	86	85.5	88	.T.
3	20160103	92	72	95	.F.
4	20160104	82	80	90.5	.T.
5	20160105	88	82	93	.T.
6	20160106	69	88	85	.T.
7	20160107	88.8	86.5	89	.T.
8	20160108	75	60	86	.F.

续表

记录号	学号 C6	数学 N(5,1)	英语 N(5,1)	计算机 N(5,1)	四级过否 L
9	20160109	56	86	78	.T.
10	20160110	90	92	73.5	.T.
11	20160111	88	80	86	.T.
12	20160112	87	85	90	.T.
13	20160113	85	55	87	.F.
14	20160114	88	90	89	.T.
15	20160115	79	78	92	.T.
16	20160116	58	60	70	.F.
17	20160117	70	80	75	.T.
18	20160118	85	80	89	.T.
19	20160119	86	88	85	.T.
20	20160120	90	79	95	.T.
21	20160121	80	85	86	.T.
22	20160122	90	84	92	.T.
23	20160123	85	80	50	.T.
24	20160124	60	80	53	.T.
25	20160125	78	90	94	.T.
26	20170101	96	48	95	.F.
27	20170102	86	88	90	.T.
28	20170103	87	79	86	.T.
29	20170104	54	78	80	.T.
30	20170105	76	90	94	.T.
31	20170106	90	92.2	76	.T.
32	20170107	80	85	90	.T.
33	20170108	90	80	92	.T.
34	20170109	100	94	82	.T.
35	20170110	90	80	88	.T.
36	20170111	79	80	100	.T.
37	20170112	56	49	80	.F.
38	20170113	80	70	69	.F.
39	20170114	79	80	88	.T.
40	20170115	75	88	90	.T.
41	20170201	89	98	86	.T.
42	20170202	90	88	85	.T.
43	20170203	100	90	80	.T.
44	20170204	90	100	74	.T.
45	20170205	80	90	98	.T.
46	20170206	58	90	98	.T.
47	20170207	87	89	90	.T.
48	20170208	81	80	90	.T.
49	20170209	87	89	85	.T.

续表

记录号	学号 C6	数学 N(5,1)	英语 N(5,1)	计算机 N(5,1)	四级过否 L
50	20170210	90	79	92	.T.
51	20170211	80	87	84	.T.

附表 3　xuanke.dbf

记录号	学号 C10	课程号 C2	成绩 N(5,1)
1	20160101	1	98
2	20160102	1	74
3	20160103	1	66
4	20160104	1	84
5	20160105	2	69
6	20160106	2	81
7	20160107	2	77
8	20160108	2	67
9	20160109	2	53
10	20160110	3	75
11	20160101	3	82
12	20160102	3	77
13	20160103	3	91
14	20160104	4	70
15	20160105	4	69
16	20160106	4	50
17	20160107	4	81
18	20160108	5	76
19	20160109	5	64
20	20160110	5	66
21	20160121	5	90
22	20160122	7	86
23	20160123	7	79
24	20160124	7	65
25	20160125	7	78
26	20170201	8	79
27	20170202	8	82
28	20170203	8	91
29	20170204	8	77
30	20170205	9	54
31	20170206	9	86
32	20170207	9	71
33	20170208	9	83
34	20170209	10	66
35	20170210	10	76
36	20170211	10	71

续表

记录号	学号 C10	课程号 C2	成绩 N(5,1)
37	20170101	10	65
38	20170102	11	85
39	20170103	11	97
40	20170104	11	93
41	20170105	11	96
42	20170106	12	84
43	20170107	12	76
44	20170108	12	94
45	20170109	12	93
46	20170110	13	85
47	20170111	13	83
48	20170112	13	72
49	20170113	13	97
50	20170114	5	88
51	20170115	6	78

附表 4　kecheng.dbf

记录号	课程号 C2	课程名 C10	学时 N（3,0）
1	1	大学英语	60
2	2	生理	90
3	3	生化	96
4	4	药理	64
5	5	药分	64
6	6	计算机基础	36
7	7	程序设计	36
8	8	解剖学	102
9	9	内科学	64
10	10	外科学	64
11	11	妇产科学	64
12	12	儿科	64
13	13	足球	60
14	14	篮球	60
15	15	健美操	60

附表 5　bumen.dbf

记录号	部门码 C2	部门名 C10
1	A1	基础学院
2	A2	药学院

续表

记录号	部门码 C2	部门名 C10
3	B1	医疗学院
4	B2	高职学院
5	C1	研究生院
6	A4	外语部
7	A5	体育部
8	A3	计算机中心

附表 6 jiaoshi.dbf

记录号	职工号 C2	部门码 C2	姓名 C6	工资 N(10,2)	课程号 C2
1	1	A1	袁月	6408	8
2	2	A2	王林非	4390	4
3	3	A3	刘光旭	2450	6
4	4	A4	张微微	3200	1
5	5	A5	李洋	4520	13
6	6	A1	孙皓月	2976	3
7	7	A2	钱瑞金	4987	4
8	8	A3	韩若曦	6220	6
9	9	B1	王洪磊	3980	10
10	10	A1	张凯元	2400	3
11	11	A2	林文正	1800	5
12	12	A3	乔漫华	5400	7
13	13	A5	周沛东	3670	14
14	14	A2	欧阳鹏	3345	5
15	15	A3	Jack	8000	7
16	16	A4	David	6000	1
17	17	A5	Diana	3408	13
18	18	A1	Elen	4390	2
19	19	B1	Herry	2450	9
20	20	A3	Maggie	3200	6
21	21	A4	Harry	4520	1
22	22	B1	Linda	2976	9
23	23	A1	Caroly	2987	8
24	24	A3	Cindy	3220	7
25	25	A4	Dolly	3980	1
26	26	A5	Frank	2400	15
27	27	A2	Thomas	1800	4
28	28	A4	Wallac	5400	1
29	29	A5	Mirana	3670	13
30	30	B1	杨果	3345	11
31	31	A1	李增坤	10000	2

续表

记录号	职工号 C2	部门码 C2	姓名 C6	工资 N(10,2)	课程号 C2
32	32	B1	徐悦	6000	10
33	33	B1	冯伟娟	7130	12

附表 7 gongzi.dbf

记录号	职工号 C2	奖金 N(8,2)	扣款 N(8,2)	实发工资 N(8,2)
1	1	520	102	0
2	2	333	13	0
3	3	812	12	0
4	4	520	15	0
5	5	376	26	0
6	6	218	38	0
7	7	150	30	0
8	8	330	70	0
9	9	540	90	0
10	10	612	55	0
11	11	900	46	0
12	12	300	118	0
13	13	216	10	0
14	14	70	5	0
15	15	0	0	0
16	16	0	0	0
17	17	0	0	0
18	18	0	0	0
19	19	0	0	0
20	20	0	0	0
21	21	0	0	0
22	22	0	0	0
23	23	0	0	0
24	24	0	0	0
25	25	0	0	0
26	26	0	0	0
27	27	0	0	0
28	28	0	0	0
29	29	0	0	0
30	30	66	4	0
31	31	400	50	0
32	32	350	10	0
33	33	700	80	0

附表 8　zhicheng.dbf

记录号	职工号 C2	职称 C10	参加工作日 D	汉族否 L	简历 M	照片 G
1	1	教授	1985-7-13	.T.	memo	gen
2	2	讲师	2003-7-21	.T.	memo	gen
3	3	助教	2011-8-11	.T.	memo	gen
4	4	讲师	2001-8-24	.T.	memo	gen
5	5	副教授	1992-7-23	.F.	memo	gen
6	6	助教	2012-8-29	.T.	memo	gen
7	7	副教授	1993-7-25	.T.	memo	gen
8	8	教授	1989-7-30	.F.	memo	gen
9	9	讲师	2008-8-8	.T.	memo	gen
10	10	助教	2012-8-1	.T.	memo	gen
11	11	助教	2013-8-1	.T.	memo	gen
12	12	教授	1988-8-1	.F.	memo	gen
13	13	讲师	2005-7-19	.T.	memo	gen
14	14	讲师	2002-8-7	.T.	memo	gen
15	15	教授	1987-4-10	.F.	memo	gen
16	16	教授	1990-3-5	.F.	memo	gen
17	17	讲师	1999-3-3	.F.	memo	gen
18	18	副教授	1992-2-16	.F.	memo	gen
19	19	助教	2010-3-1	.F.	memo	gen
20	20	讲师	2008-4-22	.F.	memo	gen
21	21	副教授	1995-8-15	.F.	memo	gen
22	22	助教	2011-4-17	.F.	memo	gen
23	23	助教	2011-3-15	.F.	memo	gen
24	24	讲师	1999-3-26	.F.	memo	gen
25	25	讲师	1998-4-15	.F.	memo	gen
26	26	助教	2010-5-12	.F.	memo	gen
27	27	助教	2013-6-30	.F.	memo	gen
28	28	教授	1991-3-2	.F.	memo	gen
29	29	讲师	1997-6-18	.F.	memo	gen
30	30	讲师	1995-8-21	.T.	memo	gen
31	31	教授	1985-8-18	.T.	memo	gen
32	32	教授	1989-7-28	.F.	memo	gen
33	33	教授	1988-8-14	.T.	memo	gen

附表 9　Visual FoxPro 常用函数

函数名	函数功能
ABS( )	返回指定数值表达式的绝对值
ADIR( )	将文件的有关信息存入指定的数组中，然后返回文件数
AELEMENT( )	由元素下标值返回数组元素的编号
AERROR( )	创建包含 Visual FoxPro 或 ODBC 错误信息的内存变量

续表

函数名	函数功能
AFIELDS	把当前表的结构信息存放在一个数组中，并且返回表的字段数
AINSTANCE( )	将类的所有实例存入内存变量数组中，然后返回数组中存放的实例数
ALEN( )	返回数组中元素、行或列数
ALIAS( )	返回当前工作区或指定工作区内表的别名
ALLTRIM( )	从指定字符表达式的首尾两端删除前导和尾随的空格字符，然后返回截去空格后的字符串
ASC( )	返回指定字符表达式中最左字符的 ASCII 码值
ASIN( )	计算并返回指定数值表达式反正弦值
ASORT( )	按升序或降序排列数组中的元素
ASUBSCRIPT( )	计算并返回指定元素号的行或列坐标
AT( )	返回一个字符表达式或备注字段在另一个字符表达式或备注字段中首次出现的位置，从最左边开始计数
ATC( )	返回一个字符表达式或备注字段在另一个字符表达式或备注字段中首次出现的位置，此函数不区分字符大小写
ATCLINE( )	返回一个字符表达式或备注字段在另一个字符表达式或备注字段中第一次出现的行号，此函数不区分字符大小写
AUSED( )	将一次会话期间的所有表别名和工作区存入变量数组之中
BETWEEN( )	确定指定的表达式是否介于两个相同类型的表达式之间
BITOR( )	计算并返回两个数值进行逐位或（OR）运算的结果
BOF( )	确定当前记录指针是否在表头
CANDIDATE( )	如果索引标记是候选索引标记则返回真，否则返回假
CDOW( )	从给定 Date 或 Datetime 类型表达式中，返回该日期所对应的星期数
CDX( )	返回打开的、具有指定索引号的复合索引文件名（.cdx）
CEILING( )	返回大于或等于指定数值表达式的最小整数
CHR( )	返回指定 ASCII 码值所对应的字符
CHRTRAN( )	对字符表达式中的指定字符串进行转换
CMONTH( )	从指定的 Date 或 Datetime 表达式返回该日期的月名称
COL( )	返回光标的当前列位置
CTOD( )	将字符表达式转换成日期表达式
CTOT( )	从字符表达式返回一个日期时间值
CURDIR( )	返回当前的目录或文件夹名
DATE( )	返回当前的系统日期，是由操作系统控制的
DATETIME( )	以 DateTime 类型值的形式返回当前的日期和时间
DAY( )	返回指定日期所对应的日子
DBC( )	返回当前数据库的名称和路径
DBF( )	返回指定工作区打开表的名称或返回别名指定的表名称
DELETED( )	测试并返回一个指示当前记录是否加删除标志的逻辑值
DISKSPACE( )	返回默认磁盘驱动器上的可用字节数
DMY( )	从 Date 或 DateTime 类型表达式中返回日/月/年形式的字符串类型的日期
DOW( )	从 Date 或 DateTime 类型表达式中返回表示星期几的数值
DTOC( )	从 Date 或 DateTime 类型表达式中返回字符的日期
DTOS( )	从指定的 Date 或 DateTime 类型表达式中返回字符串形式的日期，它的具体格式是 yyyymmdd(年月日)
DTOT( )	从日期表达式中返回 DateTime 类型的值

续表

函数名	函数功能
EMPTY( )	确定指定表达式是否为空值
EOF( )	确定记录指针位置是否超出当前表或指定表中的最后一个记录
ERROR( )	返回 ON ERROR 例程捕获错误的编号
EVALUATE( )	计算字符表达式，然后返回其结果值
EXP( )	返回以自然对数为底的函数值
FCOUNT( )	返回表中的字段数
FDATE( )	返回文件的最后修改日期
FIELD( )	返回表中某个字段的名称
FILE( )	在磁盘中寻找指定的文件，如果被测试的文件存在，函数返回真
FILTER( )	返回由 SET FILTER 命令设置的表过滤器表达式
FKLABEL( )	从对应的功能键号中返回功能键的名称（如 F1、F2 等）
FKMAX( )	返回键盘中可编程的功能键和组合键数
FLDLIST( )	返回 SET FIELDS 命令中指定的字段或可计算字段表达式
FLOOR( )	计算并返回小于或等于指定数值的最大整数
FOR( )	返回指定工作区中打开的 IDX 索引文件或索引标记的索引过滤表达式
FOUND( )	测试并返回 CONTINUE、FIND、LOCATE 或 SEEK 命令的执行情况
FSIZE( )	返回指定字段的字节数（长度）
FTIME( )	返回文件的最后修改时间
FULLPATH( )	返回指定文件的路径，或相对另一个文件的路径
GETFONT( )	显示“字体”对话框，返回所选择的字体名
GOMONTH( )	返回某个指定日期之前或之后若干月的那个日期
HEADER( )	返回当前或指定表文件头的字节数
HOUR( )	从 DateTime 类型表达式中返回它的小时数
IDXCOLLATE( )	返回索引文件或索引标记的整理顺序
IIF( )	根据逻辑表达式的值，返回两个指定值之一
INDBC( )	测试指定的数据库对象是否在指定的数据库中
INKEY( )	返回与单击鼠标按钮或键盘缓冲区中按键相对应的数值
INLIST( )	判断一个表达式是否与一组表达式中的某一个相匹配
INSMODE( )	返回当前插入状态，或设置插入状态为 ON 或 OFF
INT( )	计算表达式的值，然后返回整数部分
ISALPHA( )	测试字符表达式中的最左字符是否是一个字母字符
ISBLANK( )	确定表达式是否是空表达式
ISLOWER( )	确定指定字符表达式中的最左字符是否是一个小写字母字符
ISMOUSE( )	测试并返回系统中是否安装有鼠标器械
ISNULL( )	测试表达式的值是否为空值
ISREADONLY( )	测试表达式是否按只读方式打开的
ISUPPER( )	确定指定字符表达式的最左字符是否是一个大写的字母字符
KEY( )	返回索引标记或索引文件的索引关键字表达式
KEYMATCH( )	寻找在索引标记或索引文件中指定的索引键值
LASTKEY( )	返回最后一次击键的键值
LEFT( )	从指定字符串的最左端字符开始，返回规定数量的字符

续表

函数名	函数功能
LEN( )	返回指定字符表达式中的字符个数（字符串长度）
LIKE( )	确定一个字符表达式是否与另一个字符表达式相匹配
LOCK( )	锁定表中的一个或多个记录
LOG( )	返回给定数值表达式的自然对数（底数为 e）
LOG10( )	返回给定数值表达式的常用对数（以 10 为底）
LOWER( )	把指定的字符表达式中的字母转变为小写字母，然后返回该字符串
LTRIM( )	删除指定字符表达式中的前导空白，然后返回该字符串
MAX( )	计算一组表达式，然后返回其中的最大值
MDOWN( )	确定是否有鼠标按钮按下
MDX( )	返回已经打开的、指定序号的.cdx 复合索引文件名
MDY( )	将指定的日期表达式或日期时间表达式转换成月日年的形式，并且其中的月份采用全英文的名称
MEMORY( )	返回为了运行一个外部程序而可以使用的内存总量
MESSAGE( )	返回当前的错误提示信息，或返回产生的程序内容
MESSAGEBOX( )	显示用户自定义的对话框
MIN( )	计算一组表达式的值，然后返回其中的最小值
MINUTE( )	返回 DateTime 类型表达式分钟部分的值
MLINE( )	以字符串型从备注字段中返回指定的行
MOD( )	将两个数值表达式进行相除，然后返回它们的余数
MONTH( )	返回由 Date 或 DateTime 类型表达式所确定日期中的月份数
MROW( )	返回 Visual FoxPro 主窗口或用户自定义窗口中鼠标指针的行位置
MTON( )	从 Currency（货币）表达式中返回 Numeric 类型的值
MWINDOW( )	返回鼠标指针所指窗口的名称
NDX( )	返回当前表或指定表中打开.idx 索引文件的名称
NORMALIZE( )	将字符表达式转换成可以用 Visual FoxPro 函数进行比较，返回其值的形式
NTOM( )	从数值表达式中构成具有 4 位小数的货币类型的货币值
NUMLOCK( )	返回当前 NumLock 键的状态，或者设置其状态
NVL( )	从两个表达式中返回一个非空的值
OBJNUM( )	返回控件的对象号，可以使用控制的 TabIndex 属性代替它
OBJVAR( )	返回与@…GET 控件相关的内在变量、数组元素或字段名
OCCURS( )	返回字符表达式在另一字符表达式中出现的次数
OEMTOANSI( )	将指定字符表达式中的每个字符转换成 ANSI 字符集中的相应字符
OLDVAL( )	返回被编辑的但没有更改的字段的原始值
ORDER( )	返回当前表或指定表中控件索引文件或控件索引标记的名称
OS( )	返回 Visual FoxPro 正在运行的操作系统的名称和版本号
PARAMETERS( )	返回最近传递给被调用程序、过程或用户自定义函数的参数个数
PCOL( )	返回打印机头的当前列位置
PI( )	返回圆周率的值
PRIMARY( )	测试并返回索引标记是否是主索引标记
PROGRAM( )	返回当前执行的程序名或返回错误发生时正在执行的程序名
PROPER( )	从字符表达式中返回一个字符串，字符串中的每个首字母大写
PROW( )	返回打印机打印头的当前位置

续表

函数名	函数功能
PRTINFO( )	返回当前指定的打印机设置
PV( )	返回某次投资的现值
RAND( )	返回介于 0 到 1 之间的随机数
RECCOUNT( )	返回当前或指定表中的记录个数
RECNO( )	返回当前表或指定表中当前记录的记录号
RECSIZE( )	返回表中记录的长度（记录宽度）
REFRESH( )	刷新当前表或指定表中的记录
RELATION( )	返回在指定工作区中打开表的指定关联表达式
REPLICATE( )	将指定的字符表达式重复规定的次数，返回所形成的字符串
RGB( )	根据一组红、绿、蓝颜色成分返回一个单一的颜色值
RGBSCHEME( )	从指定调色板中返回 RGB 颜色对或返回 RGB 颜色对列表
RIGHT( )	从指定字符的最右端字符开始，返回规定数量的字符
ROUND( )	返回对数值表达式中的小数部分进行舍入处理后的数值
ROW( )	返回光标的当前行位置
RTRIM( )	删除字符表达式中尾随的空格，然后返回此字符串
SEC( )	返回 DateTime 类型表达式中的秒数部分
SEEK( )	寻找被索引的表中，索引关键字值与指定的表达式相匹配的第一个记录，然后返回一个值表示是否成功找到匹配记录
SELECT( )	返回当前工作区号，或返回最大未用工作区的号
SIGN( )	根据指定表达式的值，返回它的正负号
SIN( )	返回角的正弦值
SPACE( )	返回由指定个数的空格字符组成的字符串
SQRT( )	计算并返回数值表达式的平方根
SROWS( )	返回主 Visual FoxPro 窗口中可用的行数
STR( )	返回与指定数值表达式对应的字符
STRTRAN( )	在字符表达式或备注字段中搜索另一字符表达式或备注字段，找到后再用指定字符表达式或备注字段替代
STUFF( )	用字符表达式置换另一字符表达式中指定数量的字符，然后返回新的字符串
SUBSTR( )	从字符表达式或备注字段中截取一个子串，然后返回此字符串
SYSMETRIC( )	返回操作系统屏幕元素的大小
TAG( )	返回打开的、多入口复合索引文件的标记名或返回打开的、单入口的文件名
TAGCOUNT( )	返回复合索引文件中的标记，以及所打开的单入口索引文件的总数
TAGNO( )	返回复合索引文件中的标记，以及打开的单入口.idx 索引文件的索引位置
TAN( )	返回一个角的正切值
TIME( )	以 24 小时，8 个字符（hh:mm:ss）的形式返回当前的系统时间
TRIM( )	删除指定字符表达式中的尾空格，然后返回新的字符串
TTOC( )	从日期时间表达式中返回一个字符值
TTOD( )	从日期时间表达式中返回一个日期值
TXTWIDTH( )	根据字体的平均字符宽度返回字符表达式的长度
TYPE( )	计算字符表达式并返回其内容的数据类型
UNIQUE( )	如果指定的索引标记或索引文件，在建立时位于 SET UNIQUE ON 状态或使用了关键字 UNIQUE，则函数返回真；否则，函数返回假

续表

函数名	函数功能
UPDATED( )	如果在当前 READ 期间数据发生变化，则返回逻辑值真
UPPER( )	以大写字母形式返回指定的字符表达式
USED( )	确定表是否在指定工作区中打开
VAL( )	从包含字符串的字符表达式中返回一数值
VERSION( )	返回字符串，其中包含正在使用的 Visual FoxPro 版本号
WBORDER( )	确定活动的窗口或指定的窗口是否有边界
WCHILD( )	根据在父窗口栈中的顺序，返回子窗口数或名称
WCOLS( )	返回活动窗口或指定窗口的列数
WEEK( )	从 Date 或 DateTime 表达式返回表示一年中第几个星期的数值
WEXIST( )	确定指定的用户自定义窗口是否存在
WLCOL( )	返回活动窗口或指定窗口的左上角列坐标
WLROW( )	返回活动窗口或指定窗口的左上角行坐标
WMAXIMUM( )	确定活动窗口或指定窗口是否处于最大化状态
WMINIMUM( )	确定活动窗口或指定窗口是否处于最小化状态
WONTOP( )	确定活动窗口或指定窗口是否处于所有其他窗口的前面
WOUTPUT( )	确定显示内容是否输出到活动窗口或指定窗口
WPARENT( )	返回活动窗口或指定窗口的父窗口名
WREAD( )	确定活动窗口或指定窗口是否对应于当前 READ 命令
WROWS( )	返回活动窗口或指定窗口中的行数
WTITLE( )	返回活动窗口或指定窗口的标题
WVISIBLE( )	确定指定窗口是否已激活，并处于非隐藏状态
YEAR( )	从指定的 Date 或 DateTime 表达式中返回年号

附表 10　Visual FoxPro 常用命令

常用命令	功能
=	为表达式赋值
?	在下一行显示表达式的值
??	在当前行显示表达式的值
@<行,列>	将数据按用户设定的格式显示在屏幕上或在打印机上打印
ACCEPT	把一个字符串赋给内存变量
APPEND	给表文件追加记录
APPEND FROM	从其他表文件将记录添加到表文件中
AVERAGE	计算数值表达式的算术平均值
BROWSE	全屏幕显示和编辑表记录
CANCEL	终止程序执行，返回命令窗口
CASE	在多重选择语句中指定一个条件
CHANGE	对表中的指定字段和记录进行编辑
CLEAR	清除屏幕，将光标移动到屏幕左上角
CLEAR ALL	关闭所有打开的文件，释放所有内存变量，选择 1 号工作区
CLEAR GETS	从全屏幕 READ 中释放任何当前 GET 语句的变量
CLEAR MEMORY	清除当前所有内存变量

续表

常用命令	功能
CLOSE	关闭指定类型文件
CONTINUE	把记录指针指到下一个满足 LOCATE 命令给定条件的记录，在 LOCATE 命令后出现，无 LOCATE 则出错
COPY FILE	复制任何类型的文件
COPY STRUCTURE TO	将正在使用的表文件的结构复制到目的表文件中
COPY TO	将使用的表文件复制到另一个表文件或文本文件
COUNT	计算给定范围内指定记录的个数
CREATE	定义一个新表文件结构并将其登记到目录中
CREATE DATABASE	创建并打开一个数据库
CREATE FROM	根据表结构文件建立一个新的表文件
CREATE LABEL	建立并编辑一个标签格式文件
CREATE REPORT	建立并编辑一个报表格式文件
DELETE	给指定的记录加上删除标记
DELETE DATABASE	从磁盘上删除数据库
DELETE FILE	删除一个未打开的文件
DIMENSION	定义内存变量数组
DIR 或 DIRECTORY	列出指定磁盘上的文件目录
DISPLAY	显示一个打开的表文件的记录和字段
DISPLAY FILES	查阅磁盘上的文件
DISPLAY HISTORY	查阅执行过的命令
DISPLAY MEMORY	分页显示当前的内存变量
DISPLAY STATUS	显示系统状态和系统参数
DISPLAY STRUCTURE	显示当前表文件的结构
DO	执行 Visual FoxPro 程序
DO CASE…ENDCASE	根据不同的条件表达式结果，执行不同的命令
DO WHILE…ENDDO	在一个条件循环里执行一组命令
EDIT	编辑数据表的内容
ELSE	在 IF…ENDIF 结构中提供另一个条件选择路线
ERASE	从目录中删除指定文件
EXIT	在循环体内执行退出循环的命令
FOR…ENDFOR	按指定的次数重复执行一组命令
FIND	将记录指针移动到第一个含有与给定字符串一致的索引关键字的记录上
GATHER FROM	将数组元素的值赋予表的当前记录中
GO/GOTO	将记录指针移动到指定的记录号
HELP	激活帮助菜单，解释 FoxBASE+的命令
IF…ENDIF	根据逻辑表达式值，有选择地执行一组命令
INDEX	根据指定的关键词生成索引文件
INPUT	接受键盘输入的一个表达式并赋予指定的内存变量
INSERT	在指定的位置插入一个记录
JOIN	从两个表文件中把指定的记录和字段组合成另一个表文件
KEYBOARD	将字符串填入键盘缓冲区

续表

常用命令	功能
LABEL FROM	用指定的标签格式文件打印标签
LIST	列出表文件的记录和字段
LIST MEMORY	列出当前内存变量及其值
LIST STATUS	列出当前系统状态和系统参数
LIST STRUCTURE	列出当前使用的表的表结构
LOCATE	将记录指针移动到对给定条件为真的记录上
LOOP	跳过循环体内 LOOP 与 ENDDO 之间的所有语句，返回循环体首行
MENU TO	激活一组@…PROMPT 命令定义的菜单
MODIFY COMMAND	进入 Visual FoxPro 系统的字处理状态，并编辑一个 ASCII 码文本文件(如果指定文件名以.prg 为扩展名，则编辑一个 Visual FoxPro 命令文件)
MODIFY LABEL	建立并编辑一个标签（.lbl）文件
MODIFY REPORT	建立并编辑一个报表格式文件（.frm）文件
MODIFY STRUCTURE	修改当前使用的表文件结构
NOTE/*	在命令文件（程序）中插入一行注释（本行不被执行）
OPEN DATABASE	打开一个数据库
ON ERROR	指定当出现错误时执行的命令
OTHERWISE	在多重判断（DO CASE）中指定除给定条件外的其他情况
PACK	彻底删除加有删除标记的记录
PARAMETERS	指定子过程接受主过程传递来的参数所存放的内存变量
PRIVATE	在当前程序中隐藏指定的、在调用程序中定义的内存变量或数组
PROCEDURE	一个子过程开始的标志
PUBLIC	定义内存变量为全局性质
QUIT	结束当前 Visual FoxPro 工作期，并将控制权返回给操作系统
READ	激活 GET 语句，并正式接受在 GET 语句中输入的数据
RECALL	恢复用 DELETE 加上删除标记的记录
REINDEX	重新建立正在使用的原有索引文件
RELEASE	从内存中删除内存变量和数组
RENAME	修改文件名
REPLACE	用指定的数据替换表字段中原有的内容
REPORT FORM	显示数据报表
RESTORE FROM	从内存变量文件（.mem）中恢复内存变量
RESUME	使暂停的程序从暂停的断点继续执行
RETRY	从当前执行的子程序返回调用程序，并从原调用行重新执行
RETURN	结束子程序，返回调用程序
RUN/!	在 Visual FoxPro 中执行一个操作系统程序
SAVE SCREEN	将当前屏幕显示内容存储在指定的内存变量中
SAVE TO	把当前内存变量及其值存入指定的磁盘文件（.mem）
SCAN…ENDSCAN	自动将记录指针移到下一个满足指定条件的记录，并执行相应的命令块
SCATTER	将当前表文件中的数据移到指定的数组中
SEEK	将记录指针移到第一个含有与指定表达式相符的索引关键字的记录
SELECT	选择一个工作区

续表

常用命令	功能
SET	设置 Visual FoxPro 控制参数
SET CARRY ON/OFF	决定使用 INSERT、APPEND 和 BROWSE 命令创建新记录时，是否将当前记录数据复制到新记录中
SET CENTURY ON/OFF	设置日期型变量显示/不显示世纪值
SET CLEAR ON/OFF	设置屏幕信息能/不能被清除
SET COLOR TO	设置屏幕显示色彩
SET CONFIRM ON/OFF	指定是否可以用在文本框中输入最后一个字符的方法退出文本框
SET CONSOLE ON/OFF	激活或废止从程序中向 Visual FoxPro 主窗口或活动的用户自定义窗口的输出
SET DATE	指定日期表达式和日期时间表达式的显示格式
SET DEBUG ON/OFF	决定能否从 Visual FoxPro 的菜单系统中打开调试窗口和跟踪窗口
SET DECIMALS TO	设置计算结果需要显示的小数位数
SET DEFAULT TO	设置默认的驱动器
SET DELETED ON/OFF	设置隐藏/显示有删除标记的记录
SET DELIMITER ON/OFF	选择可选的定界符
SET DELIMITER TO	为全屏幕显示字段和变量设置定界符
SET ECHO ON/OFF	为调试程序打开/关闭跟踪窗口
SET ESCAPE ON/OFF	决定是否可以通过按 Esc 键中断程序和命令的运行
SET EXACT ON/OFF	设置在字符串的比较中是否为精确比较
SET FIELDS ON/OFF	设置当前打开的表中部分/全部字段为可用
SET FIELDS TO	指定打开的表中可被访问的字段
SET FILTER TO	在操作中将表中所有不满足给定条件的记录排除
SET FIXED ON/OFF	设置固定/不固定显示的小数位数
SET FORMAT TO	打开指定的格式文件
SET FUNCTION	设置 F1～F9 功能键值
SET HEADING ON/OFF	设置 LIST 或 DISPLAY 时，显示/不显示字段名
SET HELP ON/OFF	确定在出现错误时，是否给用户提示
SET HISTORY ON/OFF	决定是/否把命令存储起来以便重新调用
SET HISTORY TO	决定显示历史命令的数目
SET INDEX TO	打开指定的索引文件
SET MEMOWIDTH TO	定义备注型字段输出宽度和 REPORT 命令隐含宽度
SET MENU ON/OFF	确定在全屏幕操作中是否显示菜单
SET MESSAGE TO	定义菜单中屏幕底行显示的字符串
SET ODOMETER TO	改变 TALK 命令响应间隔时间
SET ORDER TO	指定索引文件列表中的索引文件
SET PATH TO	为文件检索指定路径
SET PRINT ON/OFF	传送/不传送输出数据到打印机
SET PRINTER TO	把打印的数据输送到另一种设备或一个文件中
SET PROCEDURE TO	打开指定的过程文件
SET RELATION TO	根据一个关键字表达式连接两个表文件
SET SAFETY ON/OFF	设置保护，在重写文件时提示用户确认
SET STATUS ON/OFF	显示或移去基于字符的状态栏

续表

常用命令	功能
SET STEP ON/OFF	每当执行完一条命令后，暂停/不暂停程序的执行
SET TALK ON/OFF	决定 Visual FoxPro 是否显示命令结果
SET UNIQUE ON/OFF	在索引文件中出现相同关键字的第一个/所有记录
SKIP	以当前记录指针为准，前后移动指针
SORT TO	对当前选定表进行排序，并将排过序的记录输出到新表中
STORE	赋值语句
SUM	对当前选定表的指定数值字段或全部数值字段进行求和
SUSPEND	使用 SUSPEND 可暂停程序的执行，并返回 Visual FoxPro 的交互状态
TEXT…ENDTEXT	输出文本行、表达式和函数的结果及内存变量的内容
TOTAL TO	计算当前选定表中数值字段的总和
TYPE	显示 ASCII 码文件的内容
USE	打开/关闭一个表文件
WAIT	暂停程序执行，按任意键继续执行
ZAP	删除当前表文件的所有记录（不可恢复）

主要参考文献

安晓飞，丁茜，黄志丹，2010．Visual FoxPro 数据库设计与应用[M]．北京：机械工业出版社．

傅翠娇，2007．Visual FoxPro 典型系统实战与解析[M]．北京：电子工业出版社．

教育部考试中心，2008．全国计算机等级考试二级教程：Visual FoxPro 数据库程序设计[M]．北京：高等教育出版社．

李丽萍，安晓飞，陈志国，2012．Visual FoxPro 数据库应用技术[M]．北京：科学出版社．

辽宁省教育厅，2003．Visual FoxPro 程序设计[M]．沈阳：辽海出版社．

求是科技，郑刚，2004．Visual FoxPro 实效编程百例[M]．2 版．北京：人民邮电出版社．

史济民，2007．Visual FoxPro 及其应用系统开发[M]．2 版．北京：清华大学出版社．

王世伟，2006．Visual FoxPro 程序设计教程[M]．北京：中国铁道出版社．

王延红，肖峰，2011．Visual FoxPro 程序设计教程[M]．北京：科学出版社．

朱珍，2005．Visual FoxPro 数据库程序设计[M]．北京：中国铁道出版社．